DR.-ING. FRIEDRICH POPP

Grundriß der Chemie

3. Teil

Organische Chemie

mit 12 Textabbildungen und
4 ganzseitigen Bildtafeln

2. Auflage

VERLAG VON R. OLDENBOURG
MÜNCHEN 1949

VORWORT

Auch im Teil III wird von einfachen Übungen ausgegangen. Die Erörterung der Lehrmeinung wird in der Erklärung dieser Übungen verlegt, für die keine verwickelten Geräte erforderlich sind. Zum größten Teil wird mit dem „Universalapparat" des Chemikers, dem Reagierglas, gearbeitet.

Die sonst übliche Trennung in alifatische und aromatische Chemie wird nicht eingehalten. Im Hinblick auf das eng begrenzte Lehrziel eines Grundrisses sind Formeln verwickelt gebauter Stoffe, etwa Alkaloide, Terpene, Blutfarbstoff u. a. nicht einbezogen. Entsprechend dem behelfsmäßigen Vorgehen in den Übungen wird auf die Wiedergabe von groß angelegten Versuchen in Text und Abbildungen verzichtet.

Bei Änderungen gegenüber der ersten Auflage sind die in Buchbesprechungen geäußerten Wünsche berücksichtigt worden. Wie für die anderen Teile sei auch hier auf eine ausgiebige Benützung des Sachverzeichnisses hingewiesen.

Allgemeine Vorbemerkungen für die Übungen. Man wendet möglichst w e n i g Substanz an. Bei Lösungsversuchen in brennbaren, organischen Flüssigkeiten fülle man die Rgl. nur zu einem Drittel und schüttle oder rühre mit einem Glasstab, um Siedeverzug zu vermeiden. Sollten Dämpfe unbeabsichtigt in Brand geraten, so lösche man die Bunsenflamme und kühle die erhitzte Flüssigkeit durch Einstellen in ein zur Hälfte mit Wasser gefülltes Becherglas. Für außergewöhnliche Fälle halte man in einer flachen Eisenschale feinkörnigen Sand bereit. Auf keinen Fall werfe man ein Rgl. mit brennender Flüssigkeit weg, damit nicht Kleidungsstücke in Brand geraten. In einen Abfalltopf dürfen feuergefährliche Stoffe nicht geschüttet werden.

Fr. Popp

VERZEICHNIS DER ABKÜRZUNGEN

atü	= Atmosphärenüberdruck.	Lsg.	= Lösung.
F.	= Schmelzpunkt.	M. G.	= Molekulargewicht (Molgewicht).
Kp.	= Siedepunkt.	Rgl.	= Reagierglas (Prüfglas).
konz.	= konzentriert.	Übg.	= Übung.
l. l.	= leicht löslich.	verd.	= verdünnt.

Inhaltsverzeichnis

Erklärung der ganzseitigen Bildtafeln

Kunstseide

Filme ← Azetylzellulose → Cellon

Azetylfarbstoffe ← $(CH_3 - CO)_2 O$ → Aspirin

Essigsäure anhydrid

Polystyrolharze

$CH_2 = CH - C_6 H_5$

$CH_3 COC_6 H_5$

$CH_3 COCl$

Na-azetat u. andere Salze

Vinylazetat
$CH_2 = CH - O - CO - CH_3$ → Kunststoffe

Jndigo

Phenylglyzin ← $CH_2 Cl \ \ COOH$ ← $CH_3 - COOH$

Glykokoll (Glyzin)

$C_4 H_9 - O - COCH_3$ $C_2 H_5 - O - COCH_3$

$CH_3 CO CH_3$ → Methylkautschuk

Methakrylsäure (Kunststoffe)

Jsopren

syntet. Kautschuk

Azetessigester
Antipyrin
Pyramidon

Buttersäure-Ester

$C_3 H_7 - COOH$

$C_3 H_7 - C \overset{-H}{=} O$ $CH_3 - CH_2 - CH_2 - CH_2 OH$

$CH_3 - CH = CH - C \overset{-H}{=} O$ $CH_3 - CHOH - CH_2 - C \overset{-H}{=} O$ $CH_3 - C \overset{-H}{=} O$

Buna $CH_3 - CHOH - CH_2 - CH_2 OH$ $C_2 H_5 OH$

$CH_2 = CH - CH = CH_2$ $(C_2 H_5)_2 O$

$CH_2 = CHCl$ → PeCe-Faser

$(CH_2 = CH)_2 O$ → Kunststoffe

Polymerbenzol

Azetylenruß

Chloropren Vinylazetylen

$CH_2 = CH - CCl = CH_2$ ← $CH_2 = CH - C \equiv CH$ $CH \equiv CH$ HOOC - COOH

$CHCl_2 - CHCl_2$ $-HCl$ $CHCl = CCl_2$

Dupren $CH_2 = CH_2$ $Ca \ C_2$ $CHCl = CHCl$ $+ \ Cl_2$

$Ca \ CN_2$ $CHCl_2 - CCl_3$

Polymerparaffine $- \downarrow HCl$

$Ca \ O$ Koks C $CCl_3 - CCl_3$ $+ Cl_2$ ← $CCl_2 = CCl_2$

Bild 1

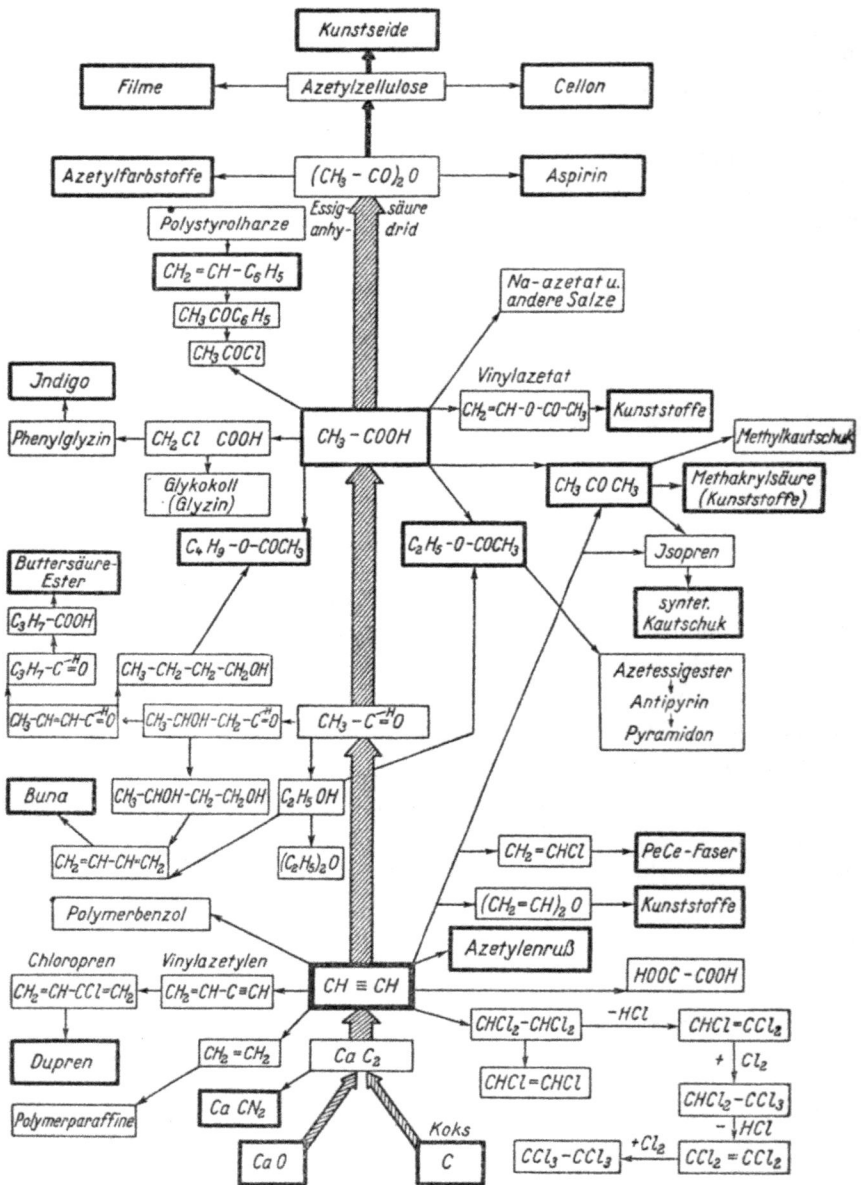

Abkömmlinge des Azetylens

1. Umfang der organischen Chemie

Unter „organischer[1]) Chemie" hat der große schwedische Chemiker Berzelius, welcher diesen Begriff geprägt hat, die Analyse der Stoffe des Tier- und Pflanzenreichs verstanden. Er glaubte, ihre Entstehung sei an die Wirkung der Lebenskraft gebunden und es könne deshalb die Analyse durch eine Synthese nicht bestätigt werden.

Die deutsche Übersetzung der „Organischen Chemie" von Berzelius, in welcher diese Begriffsbestimmung enthalten ist, hat im Jahre 1827 Friedrich Wöhler herausgegeben, derselbe deutsche Chemiker, welcher im darauffolgenden Jahre (1828) die Harnstoffsynthese entdeckte. Wöhler schrieb darüber an Berzelius: „Ich muß Ihnen erzählen, daß ich Harnstoff machen kann, ohne dazu Nieren oder überhaupt ein Tier nötig zu haben." Vgl. S. 96! Damit war die eben erst aufgestellte Beschränkung auf **Stoffe aus lebenden Organismen** gegenstandslos geworden. Es hat jedoch noch lange Zeit gedauert, bis eine sogar über die lebende Natur hinausgehende, synthetische organische Chemie geschaffen wurde. Die Zahl ihrer Verbindungen ist so groß (weit über $1/4$ Million), daß man aus praktischen Gründen für sie einen besonderen Bereich der Chemie unter dem alten Namen beibehalten hat. Aus der Beobachtung heraus, daß irgendwie bei den **organischen Verbindungen** das Element **Kohlenstoff** eine **wesentliche** Rolle spielt, hat man sie als die **Chemie der Kohlenstoffverbindungen** abgegrenzt. Nicht ganz folgerichtigerweise hat man das Element C selbst und einige einfach zusammengesetzte C-Verbindungen (CO, CO_2 und die Karbonate, CH_4 und CS_2) der anorganischen Chemie zugewiesen; I, 99—116 u. II, 34.

Während man gegen das Ende des 19. Jahrhunderts darauf stolz war, in der organischen Synthese Arbeitsmethoden zu verwenden, die den Bedingungen wesensfremd waren, unter denen die Zellen der lebenden Wesen arbeiten, sucht man jetzt die Methoden dem biologischen Geschehen anzupassen mit dem Ziele, die Grundlage der Lebensvorgänge im stofflichen Wechselspiel mit allen Feinheiten zu erkennen. Aus dieser teilweisen Zurücknahme der Verbannung des Lebens aus der organischen Chemie ist ein neuer Zweig der organischen Chemie entstanden: die **Biochemie.**

Die **qualitative und quantitave Analyse** organischer Verbindungen kann nur angedeutet werden. Während zur Kennzeichnung der vielfältig zusammengesetzten anorganischen Verbindungen den Ionenreaktionen eine überwiegende Bedeutung zukommt, ist dies für die unmittelbare Erkennung organischer Stoffe nicht der Fall. Meist müssen die organischen Verbindungen erst durch tiefgreifende Zerstörung für Ionenreaktionen, an welchen die Bestandteile erkannt

---

[1]) Organon (gr.) = Werkzeug.

werden können, aufgeschlossen werden. Zur einwandfreien Identifizierung ist dann noch eine quantitative Bestimmung der gefundenen Elemente und eine Molekulargewichtsbestimmung nötig. Wenn auch nahezu alle Elemente in organische Verbindungen eintreten können, so ist doch in den praktisch wichtigen und in den am häufigsten vorkommenden, organischen Stoffen die Zahl der in ihnen enthaltenen Elemente auf H, O, N und S beschränkt. Das Wichtigste ist definitionsgemäß die Ermittlung des C-Gehaltes.

Diese 4 Elemente könnte man als organische Elemente 2. Ordnung auffassen, weil sie den Bestand der natürlichen, organischen Verbindungen ausmachen und ohne sie die unerschöpfliche Verbindungsfähigkeit des Kohlenstoffatoms sich nicht entfalten könnte. Vgl. II, 11!

Für die **Ermittlung des M. G.** wird die Dampfdichtebestimmung nach Dumas oder Viktor Meyer und die Gefrierpunktserniedrigung oder die Kp.-Erhöhung (Beckmann) benützt; II, 93 und 42 ist der Ansatz für die Berechnung erklärt. Der Sauerstoffgehalt ist, abgesehen von Farbreaktionen bei Aldehyden und Phenolen, durch qualitative Reaktionen im Sinne der anorganischen Chemie nicht unmittelbar nachweisbar. Zum Zwecke des besseren Vergleichs mehrerer Analysen desselben Stoffes und wegen der möglichen Anwesenheit anderer Elemente werden die aus dem gefundenen CO_2 und H_2O sich ergebenden C- und H-Werte in $^0/_0$ ausgerechnet. Halogen und Schwefel müssen nämlich im Verbrennungsrohr zurückgehalten werden, während Stickstoff gasförmig durch die Absorptionsgefäße entweicht. Bei Abwesenheit von Halogen, Schwefel und Stickstoff gibt die Ergänzung auf $100^0/_0$ den Sauerstoffprozentsatz an.

Die **Formel** soll das Zahlenverhältnis der Atome in der Molekel zum Ausdruck bringen. Da jedes in der Substanz und in ihrer Formel vorhandene C-Atom 12-, jedes O-Atom 16 mal schwerer ist als jedes H-Atom, muß man die $^0/_0$-ischen Gewichtsverhältnisse durch diese Atomgewichtszahlen dividieren. Das kleinstmögliche Zahlenverhältnis in der Formel ist dasjenige, welches das Verhältnis der gefundenen Quotienten in annähernd ganzen Zahlen wiedergibt, wenn es der Regel der paaren Atomzahlen entspricht: Die Summe der Atomzahlen derjenigen Elemente, die eine ungeradzählige Wertigkeit besitzen, muß eine gerade Zahl sein.

Übg. 1: a) Rohrzucker wird in einem Rgl. (zunächst vorsichtig) erhitzt: Der Zucker schmilzt, färbt sich gelbbraun, bei weiterer Steigerung der Temperatur tritt blasige Zersetzung und Ausscheidung von unangenehm riechenden, brennbaren Dämpfen ein; es hinterbleibt eine s c h w a r z e , auch bei starkem Glühen sich nicht weiter verändernde Masse: Zuckerkohle.

b) Oxalsäure, ein weißer bzw. farblos kristallisierter Stoff, wird in einem (trockenen) Rgl. g e l i n d e erhitzt: Schmilzt im Kristallwasser, scheidet an den kalten Rohrteilen sich niederschlagende Wasserdämpfe ab und liefert einen weißen Beschlag am Glasrohr, der nach dem Erkalten besonders deutlich erkennbar ist. Oxalsäure ist ebenso wie Rohrzucker ein pflanzliches Stoffwechselprodukt und damit als organischer Stoff bekannt. Trotzdem ist in diesem Fall keine Spur von C-Ausscheidung erkennbar (Genaueres über diese „Sublimation" der Oxalsäure S. 64!).

Ergebnis : Sehr viele organische Verbindungen, namentlich soweit sie bei Zimmertemperatur fest sind, liefern bei gewaltsamem Erhitzen Kohlenstoffausscheidung (schwarz) und werden daran als organisch erkannt. Die Reaktion ist nicht ganz zuverlässig, wie das Beispiel der Oxalsäure zeigt.

Der ausgeschiedene Kohlenstoff haftet sehr fest am Glase. Deshalb verwendet man hitzebeständige Metallbleche. Das geeignete Material ist Pt, da sich auf dem silberweißen Blech die schwarze Farbe gut abhebt. Ein empfehlenswerter Ersatz für das teure Pt ist Cu, wobei jedoch zu beachten ist, daß Cu-Blech sich beim Glühen mit mattschwarzem CuO überzieht, dessen Farbe von dem ausgeschiedenen C aber deutlich genug unterschieden werden kann. Die Glühblechmethode ist dem Wesen nach eine **abgekürzte Zersetzungsdestillation** (I, 102). Sie besitzt den weiteren Vorteil, daß unzersetzt destillierende, im Rgl. keine C-Ausscheidung liefernde Stoffe an der Brennbarkeit der Dämpfe mühelos als organisch erkannt werden können. Man führe Übg. 1 a und b auch auf dem Cu-Blech durch und nehme als Beispiele unzersetzt destillierender Stoffe etwa Naphthalin oder Phenol.

Um auch in der Oxalsäure und anderen sublimierenden Stoffen C mit Sicherheit nachzuweisen, führt man den Kohlenstoff der organischen Substanz in CO_2 über, welches leicht als $BaCO_3$ oder $CaCO_3$ erkannt werden kann (I, 113). Im Sonderfall der Oxalsäure kann man durch Einwirkung von $KMnO_4$-Lsg. als Oxydationsmittel bei Gegenwart von verdünnter H_2SO_4 (in der Wärme) die Gasblasen der CO_2-Entwicklung unmittelbar aus der

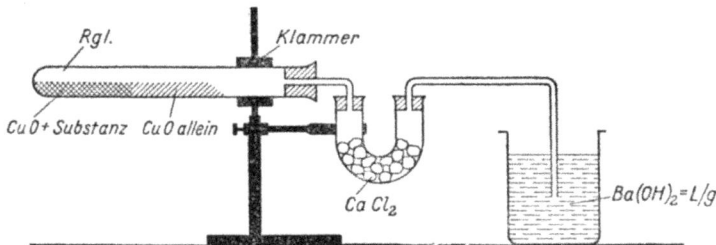

Bild 2
Modellversuch für die Verbrennung einer organischen Substanz durch CuO.

Flüssigkeit entweichen sehen (s. S. 65!). Für gewöhnlich ersetzt man aber diese „nasse Verbrennung" durch Zumischung eines trockenen Oxydationsmittels (CuO, $PbCrO_4$). Da die beiden Stoffe bei den anzuwendenden Temperaturen keine Wärmespaltung zeigen, d. h. auch bei Rotglut n u r soviel Sauerstoff abgeben, als ihnen durch die reduzierend wirkenden, organischen Stoffe entrissen wird, läßt sich die Reaktion in einer geeigneten, geschlossenen Apparatur und in einem sog. Verbrennungsofen quantitativ durchführen. Dabei kann nicht nur der C-Gehalt als CO_2 bzw. K_2CO_3 (durch Absorption in konzentrierter Kalilauge), sondern auch der H-Gehalt als H_2O (durch Absorption an gekörntem, entwässertem $CaCl_2$) bestimmt werden. Bei geeigneter Abänderung des Verbrennungsverfahrens nach Dumas kann auch der N-Gehalt quantitativ als gasförmiges N_2 bestimmt werden. Diese sog. Elementaranalyse wurde von Lavoisier, Gay-Lussac, Döbereiner und Justus v. Liebig eingeführt und war von ausschlaggebender Bedeutung für das Aufblühen der organischen Chemie. Sie erfordert eine sorgfältige

Reinheitsprüfung der Substanz vor der Analyse und bei der Analyse zahlreiche, besondere Anordnungen und Vorsichtsmaßregeln, deren ausführliche
Besprechung über den Rahmen dieses Buches hinausgeht. Als Nachteil
dieser Verfahren hat sich herausgestellt, daß für jede einzelne Analyse
relativ große Substanzmengen (100—300 mg) benötigt werden (Fehlergrenze
etwa 0,1 %). Es ist bemerkenswert, daß in neuerer Zeit sog. mikroanalytische
Methoden ausgearbeitet wurden, die schon von wenigen mg Substanz eine
quantitative Analyse mit der gleichen Sicherheit ermöglichen.

Die Glühblechmethode gestattet es auch, den Gehalt an unverbrennlicher
Substanz zu erkennen. Das Glühblech wird nach dem Erkalten mit destilliertem Wasser befeuchtet und mit Lackmuspapier geprüft. Bei Zucker verläuft der Versuch negativ. Z u c k e r e n t h ä l t n i c h t s U n v e r b r e n n
l i c h e s. Bei Weinstein beobachtet man während des Glühens violette
Flammenfärbung (Kobaltglas), und beim Befeuchten des Rückstandes Lackmusbläuung. Dies rührt von der hydrolytischen Spaltung des beim Glühen
entstandenen Kaliumkarbonats her. Bei Natriumverbindungen erhält man
ebenfalls Lackmusbläuung (Na_2CO_3) und vorher Gelbfärbung der Flamme.
Auch bei Kalziumverbindungen tritt Lackmusbläuung auf, da die Karbonate
der Erdalkalien nicht glühbeständig sind, sondern „gebrannt" werden, d. h.
Oxyde und beim Befeuchten mit Wasser alkalisch reagierende Hydroxyde
liefern. Wenn feste Rückstände ohne Lackmusreaktion hinterbleiben, handelt es sich um andere Elemente, etwa Fe usw. CuO reagiert bei Gegenwart
von H_2O nicht mit Lackmus, so daß die Untersuchung auf Alkali und Erdalkaligehalt auch auf dem Cu-Blech vorgenommen werden kann. Grüne
oder blaugrüne Flamme rührt vom Halogenkupfer her, das sich leicht aus
organischen Halogenverbindungen und CuO bildet. Die Cu-Blechmethode
zeigt also auch den Halogengehalt organischer Verbindungen an. Für den
Nachweis von Stickstoff, Schwefel und Phosphor sowie der übrigen Elemente werden die organischen Verbindungen durch einen besonderen Arbeitsgang meist vollständig zerstört.

2. Zyanverbindungen

Die Zyangruppe[1]) entsteht durch Glühen N-haltiger, organischer
Verbindungen, besonders bei Anwesenheit von Metallen, z. B. beim
N-Nachweis durch Glühen mit Na bildet sich NaCN. Die zugehörige
Wasserstoffverbindung führt den Namen **Zyanwasserstoffsäure** oder
Blausäure HCN. Diese O-freie, organische Säure weist im chemischen
Verhalten große Ähnlichkeit mit den ebenfalls O-freien, anorganischen
Halogenwasserstoffsäuren auf (AgCl, AgCN; Cl_2, $(CN)_2$), ist aber im
Gegensatz zu den letzteren eine sehr schwache Säure, schwächer als
Kohlensäure, so daß KCN, der Luft ausgesetzt, ständig HCN gasförmig
aussendet (erkennbar am Geruch) und allmählich in K_2CO_3 übergeht.
Ferner besitzt die Blausäure eine außerordentlich große Neigung zur
Bildung von Verbindungen höherer Ordnung, II, 46. Für den Menschen
ist Blausäure ein heftiges Nerven- und Blutgift, dessen tödliche Dosis
bei etwa 0,06 g liegt. Besonders bemerkenswert ist, daß die gasförmige
Blausäure zunächst die Geruchsnerven lähmt, so daß die Gefahr, in
der man sich befindet, nicht mehr zum Bewußtsein kommt.

---

[1]) Von cyanogene = Blaustoff (Gay-Lussac) wegen der Beziehungen zum
sog. Berliner Blau. Vgl. auch II, 61, 138 und 159!

Auch für Tiere, z. B. Insekten, deren Larven und Eier ist die Blausäure sehr giftig. Da wasserfreie Blausäure bei 26 ⁰ siedet und schon bei 4 ⁰ dieselbe Verdunstungsneigung besitzt wie der Äther bei Zimmertemperatur, findet gasförmige Blausäure **unter besonderen Vorsichtsmaßregeln** in der S c h ä d l i n g s - u n d U n g e z i e f e r b e k ä m p f u n g Anwendung. Durch gründliches Lüften kann sie nach Abtötung der Schädlinge wieder restlos entfernt werden (Getreidespeicher und Mühlen). Blausäure ist im Steinkohlen-Rohgas enthalten und wird bei der Reinigung daraus entfernt.

Auffallend ist, daß das starke Protoplasmagift Blausäure bei Pflanzen als normales Stoffwechselprodukt weit verbreitet ist, namentlich in Form von sog. Glykosiden, z. B. Amygdalin (s. S. 111!). Das offizinelle Bittermandelwasser (aq. amygd. amar.) enthält als wirksamen, Hustenreiz lähmenden, Bestandteil Blausäure.

Die zahlreichen, organischen Abkömmlinge der Blausäure führen die Bezeichnung Nitrile und Isonitrile, je nach der Verschiedenheit des Feinbaus: $R — C \equiv N$ oder $R — N = C$. Die Isonitrile enthalten II-wertigen Kohlenstoff wie CO. R bedeutet einen organischen Rest, z. B. $CH_3C \equiv N$, Methylzyanid oder Essigsäurenitril.

Geschmolzenes Zyankali (dunkle Rotglut, Abzug!) wird von Bleioxyd zu Kaliumzyanat oxidiert: $KCN + PbO \rightarrow KOCN + Pb$.

Im Hinblick darauf, daß Ammoniumzyanat $NH_4 — OCN$ bzw. das Isozyanat $NH_4 — NCO$ unter geeigneten Bedingungen in Harnstoff $CO(NH_2)_2$ übergeht (Wöhler), ist es wichtig, hervorzuheben, daß das Element C sich direkt mit N bei sehr hohen Temperaturen zur Zyangruppe verbindet. Aus „anorganischem" Kohlenstoff in Form von Koks und CaO entsteht in der Hitze des elektrischen Flammenbogens Kalziumkarbid ($CaO + 3 C = CaC_2 + CO$) und beim Darüberleiten von elementarem (Luft-) Stickstoff unter C-Abscheidung sog. Kalkstickstoff ($CaC_2 + N_2 = CaCN_2 + C$), welcher den wissenschaftlichen Namen Kalziumzyanamid führt; s. S. 96 u. Bild 1.

Zyan- und Isozyansäure gehen durch Wanderung des H-Atoms leicht in einander über und bilden somit ein Reaktionsgleichgewicht: $HO — C \equiv N \rightleftarrows O = C = NH$, in welchem C zwischen O und N stehen bleibt. Eine derartige Verschiebung des Wasserstoffatoms findet bei der **Knallsäure** $C = N — OH$ nicht statt, auch keine spontane Umlagerung in der Verkettung der 3 anderen Atome in die Zyanat/Isozyanatreihenfolge. Die freie Knallsäure ist sehr unbeständig und kann ähnlich wie die Zyansäure nur bei tiefer Temperatur in Lösungen hergestellt werden. Wie die Zyansäure polymerisiert (S. 14) sie sich leicht zu dem 3-fachen M. G. Das Knallquecksilber wird in den Zündhütchen als Initialzünder verwendet. Ähnlich anderen Explosivstoffen (S. 85) ist in der Knallsäuremolekel das C-Atom vom Sauerstoff durch das eingeschobene N-Atom getrennt (S. 56).

Die der Zyansäure analoge S-Verbindung ist die Rhodanwasserstoffsäure (rhodon = Rose), deren K-salz (KSCN, Rhodankalium) als Reagens auf Fe(III-)salze bekannt ist. Rotfärbung schon durch Spuren.

3. Grundsätze des chemischen Baus der Kohlenstoffverbindungen

1. Der Kohlenstoff gehört der 4. Vertikalsäule des periodischen Systems der Elemente an und ist IV-wertig; II, 48 und 149. Die einfachste

Wasserstoffverbindung ist demnach CH_4. Ausnahme: Kohlenmonoxyd CO und die Isonitrile.

Die wenigen anderen Ausnahmen, verwickelte organische Verbindungen, in denen III-wertiger Kohlenstoff angenommen wird, liegen außerhalb unseres Gesichtskreises.

2. Die 4 Wertigkeiten sind **unter sich gleich**. Diese Aussage ist nicht selbstverständlich. Im CO liegt zweifellos II-wertiger C vor. Man könnte daher vermuten, daß im CH_4 2 Wasserstoffatome fester gebunden wären als die übrigen. Dies ist nicht der Fall.

3. Obwohl zur Versinnbildlichung der 4 Wertigkeiten die Methanformel folgendermaßen geschrieben wird $\substack{H- \\ H-}$ C $\substack{-H \\ -H}$, liegen die 4 Atombindungen nicht in einer Ebene (etwa der Ebene des Papierblattes), sondern sind **räumlich angeordnet**, nach den Ecken eines regelmäßigen Tetraeders gerichtet, in dessen Mittelpunkt das C-Atom seinen Platz hat. Röntgenoptisch ist der Abstand der H-Atome in der homöopolaren C—H-Bindung nachweisbar: 1,25 Å. Vgl. S. 67 und II, 30 und 148!

4. Die **C-Atome** haben die Fähigkeit sich **untereinander sowohl kettenförmig als auch ringförmig** zu verbinden, eine Eigenschaft, die den übrigen Elementen nicht oder nur in sehr beschränktem Maße zukommt. Der Abstand der C-Atome in der C—C-Bindung beträgt 1,54 Å.

Da die C-Wertigkeit auch bei heftiger Oxydation nicht über IV erhöht werden kann, greift letztere bei Kohlenstoffketten zunächst die angehängten Atome, z. B. H oder S, an und verläuft weiterhin so, daß die Ketten durch Einschiebung von O-Atomen gesprengt werden, bis schließlich das kleinste Glied, CO_2, entsteht.

5. Zwischen C-Atomen ist nicht nur eine einfache ($\rangle$C—C$\langle$) sondern auch eine doppelte ($>$ C $=$ C $<$) und dreifache (— C $\equiv$ C —) Verknüpfung möglich.

6. Freie Drehbarkeit der e i n f a c h e n C—C-Bindung. Bei verwickelt gebauten, organischen Verbindungen können C-Atome sich um die **Achse** ihrer **Verbindungsvalenz** so drehen, bis die Raumbeanspruchung ihrer Substituenten (s. den nächsten Abs. u. S. 28 u. 86!) auf die gegenseitige Beeinflussung der substituierenden Atome sich eingestellt hat. — Durch doppelte oder dreifache Bindung geht die freie Drehbarkeit verloren. Vgl. auch S. 141 „räumliche Hinderung"!

4. Kohlenwasserstoffe, Isomerie

Aus Grundsatz (4) und (5) folgt, daß die Zahl der Verbindungen zwischen Kohlenstoff und Wasserstoff ungeheuer groß sein muß. Da man von diesen Kohlenwasserstoffen die übrigen, organischen Verbindungen durch gedachten, äquivalenten Ersatz (Substitution) von

H-Atomen durch Atome anderer Elemente ableiten kann, kommt den Kohlenwasserstoffen in der Systematik der organischen Verbindungen eine besondere Bedeutung zu.

Die Größe der Molekeln ist jedoch beschränkt. Die in den Formelregistern der letzten Jahre aufgeführten Molekeln mit der größten Zahl von C-Atomen enthalten, von den „hochpolymeren" abgesehen, bis zu 162 C-Atome. Die Länge der durch kein anderes Atom unterbrochenen Kohlenstoffketten geht nicht viel über 60 C-Atome hinaus; die Beständigkeit der Kohlenstoffringe ist sehr verschieden, wie bei der Spannungstheorie auseinandergesetzt werden wird.

Von den innerhalb dieser Grenzen liegenden Verbindungen sind bei weitem nicht alle Gegenstand der chemischen Forschung geworden, sondern nur die in den Naturstoffen uns entgegentretenden und die mit den Naturstoffen in nahen, chemischen Beziehungen stehenden Verbindungen.

Der einfachste Kohlenwasserstoff, das Methan CH_4, ist als Gruben- oder Sumpfgas bekannt, I, 107.

Außer der dort angegebenen sind weitere „an"-organische Synthesen dieses Stammstoffs der organischen Verbindungen die S. 29 genannte, da für die Herstellung der Metallkarbide „an"-organischer Koks angewandt wird, und die Darstellung aus Kohlenmonoxyd durch Ni-Katalyse: $CO + 3 H_2 = H_2O + CH_4$. Außerdem ist die S. 21, Ziff. 3 angeführte Fischersche Synthese eine „an"-organische der ganzen Reihe.

Erdgas enthält bis zu 85—95 % CH_4. Das Vorkommen in USA ist derart gewaltig (50 Bill. m³ jährlich), daß dort durch einen Spezialkatalysator umgekehrt wie in obiger Gleichung sogar H_2 aus CH_4 für techn. Zwecke hergestellt wird neben der Verwendung als ideales Heizgas, wofür riesige Rohrleitungen erbaut worden sind. Es dient auch als Ausgangsstoff für organische Synthesen (Äthylen, Azetylen und deren Folgeprodukte) und schließlich für die Darstellung des Elementes C selbst, da Kohlenstoff das stabilste Endprodukt der Spaltung durch hohe Temperatur ist (Ruß für die Kautschukindustrie).

Unter Anwendung der Grundsätze muß dem Kohlenwasserstoff mit 2 C-Atomen die Formel $H_3C — CH_3$ zukommen, mit 3 C-Atomen $H_3C — CH_2 — CH_3$, mit 4 C-Atomen $CH_3 — (CH_2)_2 — CH_3$ usw. Man erkennt, daß die allgemeine Formel dieser Verbindungen $C_n H_{2n+2}$ ist. Solche Verbindungen werden homologe Verbindungen genannt, die daraus zusammengestellte **Reihe, deren Glieder sich um je eine CH_2-Gruppe voneinander unterscheiden, eine homologe Reihe.** Die Glieder zeigen sehr ähnliches, chemisches Verhalten und ein gesetzmäßiges Fortschreiten der physikalischen Konstanten (F., Kp. usw.). Die Reihe $C_n H_{2n+2}$ wird als die Reihe der **Grenzkohlenwasserstoffe** bezeichnet, weil in ihr die Sättigungsgrenze für Wasserstoff erreicht ist.

Wegen der chemischen Trägheit ihrer Glieder (s. Übg. 2!) führt sie auch den Namen **Paraffine** [1]. Die Namen der niedrigen Glieder sind von den zugehörigen Alkoholen genommen: CH_4 Methan von Methylalkohol, C_2H_6 Äthan von Äthylalkohol, C_3H_8 Propan von Propylalkohol, C_4H_{10} Butan von Butylalkohol. Von C_5H_{12} Pentan ab werden die griechischen Zahlwörter verwendet mit der Endsilbe **an**. Die Endsilbe yl in Methyl, Äthyl usw. klingt

---

[1] parum = wenig, affinis = verwandt (lat.).

an das anorganische Hydroxyl an und bezeichnet wie bei diesem eine einwertige Gruppe oder ein Radikal (radix = Wurzel). Während aber in der anorganischen Chemie die Hydroxylgruppe hauptsächlich als elektronegativ geladenes Ion auftritt, handelt es sich bei den Kohlenwasserstoffresten CH_3-, C_2H_5- usw. n i c h t   u m   I o n e n. Die 2-wertige CH_2-Gruppe wird, weil sie auch als Bestandteil von Doppelverbindungen auftreten kann, als Methylen-Gruppe bezeichnet. Allgemein deutet die Silbe „e n" auf eine **Doppelbindung** hin.

Wie oben auseinandergesetzt, gibt es keine wasserstoffreicheren Kohlenwasserstoffe als das Methan und seine Homologen. Von der um 2 Wasserstoffatome ärmeren, allgemeinen Formel C_nH_{2n} gibt es 2 (!) Reihen, nämlich die Reihe der Zykloparaffine und die Äthylenreihe (auch Olefine[1]) genannt). Dies führt auf das in der organischen Chemie wichtige Gebiet der I s o m e r i e, welche die h o m ö o p o l a r e Bindung zwischen C-Atomen untereinander und auch gegen H-, O-, S- und N-Atome zur Voraussetzung hat. Durch elektrostatische Kräfte zusammengehaltene Ionenbindungen würden infolge ihrer Unbestimmtheit und leichten Verschieblichkeit die Isomerie nicht zulassen; vgl. II, 149!

Nimmt man z. B. in beiden Reihen 4 als die Zahl der C-Atome, so hat man den Verbindungen C_4H_8 folgenden Feinbau zu erteilen:

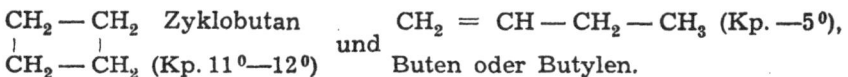

CH_2 — CH_2 Zyklobutan CH_2 = CH — CH_2 — CH_3 (Kp. —5⁰),
                                  und
CH_2 — CH_2 (Kp. 11⁰—12⁰)   Buten oder Butylen.

Man sieht, die E l e m e n t a r a t o m e sind zu zwei verschiedenen Molekeln in u n g l e i c h e r   W e i s e   z u s a m m e n g e l e g t, was man als chemische Isomerie[2]) bezeichnet. Definition: **Unter Isomerie versteht man die Verschiedenheit der chemischen und physikalischen Eigenschaften bei gleicher prozentischer Zusammensetzung und gleichem Molekulargewicht, was durch den verschiedenen Aufbau der Atome in der Molekel hervorgerufen wird.** — Man unterscheidet verschiedene Arten der Isomerie: 1. Kettenisomerie, 2. Ortsisomerie, welche anschließend an einem Beispiel erörtert wird; 3. Kern- und Ringisomerie (wird bei Benzol und Anthrazen besprochen); 4. Stereoisomerie: a) optische Isomerie (z. B. Milchsäure, Weinsäure), b) geometrische oder Cistransisomerie, welche an das Vorkommen einer Doppelbindung im Molekül gebunden ist, > C=C < oder > C=N —. Dadurch werden bestimmte Ebenen im Molekül unter Aufhebung der freien Drehbarkeit festgelegt.

Mit Isomerie verwechsele man nicht die **Polymerie** [3]), wenn bei gleicher prozentischer Zusammensetzung verschiedene Molekulargewichte vorkommen. Z. B. ist Traubenzucker $C_6H_{12}O_6$ ein Polymeres des Formaldehyds

[1]) Olefine = ölbildende Stoffe. Vgl. S. 25, 30 und 60!
[2]) isos = gleich; meros = Teil (gr.).
[3]) S. S. 140! polys = viel (gr.).

CH_2O oder: Methylen (CH_2) ist im Gegensatz zu CO nicht existenzfähig, sondern „polymerisiert" sich bei Darstellungsversuchen zu Äthylen C_2H_4 (vgl. Hydroxyl (OH) und Wasserstoffsuperoxyd H_2O_2). Das Isobutylen $(CH_3)_2C$ $= CH_2$, ein Glied der Äthylenreihe, kann man neuerdings z. B. zu kautschukähnlichen Massen (Oppanol) vom M. G. 200 000—300 000 polymerisieren. Auch erinnere man sich an die kristallographische Zweigestaltigkeit **(Dimorphie)**, II, 34; z. B. monokliner und rhombischer Schwefel und an die **Allotropie**, z. B. Graphit und Diamant; weißer und roter Phosphor, I, 101 und I, 96.

Unter Anwendung der für die Kohlenstoffverbindungen geltenden Grundsätze kann man die von einer Verbindung möglichen Isomeren auf dem Papier konstruieren. Vom Zyklobutan C_4H_8 ist ein Isomeres möglich: Methylzyklopropan. Diese Zykloverbindungen können keinen Wasserstoff ohne Zerstörung der Ringbildung aufnehmen und stehen in dieser Hinsicht zwischen der Paraffin- und der Olefinreihe. Vom Buten gibt es folgende Isomere:

$$CH_3 — CH = CH — CH_3 \quad \text{und} \quad \frac{CH_3}{CH_3} > C = CH_2 \; (Kp. — 6^0).$$
$$\text{(Buten Nr. 2)}[1] \qquad\qquad\qquad \text{(Buten Nr. 3)}$$

Nr. 3 steht zu den beiden anderen Formeln im Verhältnis der K e t t e n - i s o m e r i e ; denn es enthält eine verzweigte Kette (Isobutylen), während in Nr. 2 und 1 die Kette der C-Atome nicht verzweigt ist. Nr. 2 steht zur ursprünglich angeführten Butenformel im Verhältnis der O r t s i s o m e r i e . Dabei ist es, wie die Formeln ersehen lassen, nicht gleichgültig, w o die Doppelbindung sich befindet, ob sie am Ende der Kette steht oder in der Mitte.

Von CH_4, C_2H_6, C_3H_8 sind keine Isomeren möglich, wohl aber von Butan C_4H_{10}: I. $CH_3 \cdot CH_2 \cdot CH_2 \cdot CH_3$; normale, unverzweigte Kette (Kp. $+ 1^0$). II. $\frac{CH_3}{CH_3} > CH — CH_3$; verzweigte Kette (Kp. $— 17^0$), Isobutan.

Ortsisomere sind in diesem Falle unmöglich, da weder eine mehrfache Bindung noch andere Atome als Wasserstoff vorhanden sind. Denkt man sich aber ein Wasserstoffatom in C_4H_{10} durch ein Chloratom ersetzt, also C_4H_9Cl, so ist es nicht gleichgültig, w o der Ersatz stattfindet, ob in der (CH_3)- in der (CH_2)- oder in der (CH)-Gruppe. Man hat in diesem Falle folgende Isomere zu beachten: CH_2ClCH_2-CH_2CH_3(1); $CH_3CHClCH_2CH_3$(2); $(CH_3)_2CHCH_2Cl$(3) und $(CH_3)_3CCl$(4).

Die angegebenen Kp. sind selbstverständlich nicht als Lernstoff zu betrachten, da sie nur die Verschiedenheiten der physikalischen Eigenschaften andeuten sollen. Eine Regelmäßigkeit ist bei ihnen noch hervorzuheben, nämlich daß die Verbindungen mit unverzweigter Kette höher sieden als die mit verzweigter. Es ist also bei C_4H_9Cl zu erwarten, daß (1) und (2) höher sieden als (3) und (4).

Mit wachsender Zahl der C-Atome steigt die Zahl der Isomeren außerordentlich an. Von C_5H_{12} gibt es 3, von C_6H_{14} 5, von C_7H_{16} 9 Isomere. Der Seltsamkeit halber sei erwähnt, daß von $C_{14}H_{30}$ 1855 Isomere möglich sind.

---

[1] Dieses Buten, hier mit Nr. 2 bezeichnet, existiert in zwei geometrischen Isomeren vom Kp. $+1^0$ und vom Kp. $+2,5^0$; s. oben unter 4 b!

Den Isomeren der höheren Kohlenwasserstoffe kommt jedoch kaum eine praktische Bedeutung zu. Anders ist es bei den Eiweißverbindungen. Bei diesen großen Molekülen erhöht die Erscheinung der Isomerie die Verknüpfungsmöglichkeiten der Eiweißbestandteile ins Ungemessene, so daß es verständlich erscheint, daß jedes der zahllosen Lebewesen sein spezifisches Eiweiß besitzen kann. Erinnert sei noch an das klassische Isomeriebeispiel: Ammoniumzyanat ←→ Harnstoff (S. 7 und 11).

A. Paraffine

Übg. 2: a) Paraffin (etwa 2 g) wird im Rgl. erhitzt; schmilzt bei etwa 50⁰; gibt bei hoher Temperatur brennbare Gase ab, die am Rande des Rgl. mit leuchtender Flamme verbrennen (Rgl.-Halter!). Das Leuchten zeigt an, daß in der Flamme glühende Teilchen (C) vorhanden sind. Das erhitzte Paraffin verkohlt nicht, sondern bräunt sich nur.

Der Versuch kann als Modell der Vorgänge beim Brennen einer Paraffinkerze gelten mit der Abänderung, daß die Flamme vom Kerzenmaterial um die Länge des Rgl. getrennt ist und die Vergasungswärme von außen zugeführt wird. Auch bei der Paraffinkerze brennt das Kerzenmaterial nicht direkt, sondern die Flamme ist ein Strom glühender Gase, deren hohe Temperatur durch die chemische Reaktion der Vereinigung mit dem Luftsauerstoff erzeugt und erhalten wird. Die strahlende Wärme verflüssigt das Kerzenmaterial, das dann durch die Kapillarität in den Docht übertritt, an dessen Spitze die Zersetzungsdestillation (Vergasung) stattfindet. Dadurch, daß der geflochtene Docht selbst aus brennbarem Material besteht und seine Stärke in einem bestimmten Verhältnis zur Gesamtstärke der Kerze steht, wird bewirkt, daß der Nachschub des geschmolzenen Kerzenmaterials immer über etwa die gleiche Strecke vor sich geht und daß nach dem Auslöschen die Zersetzungsdestillation durch die Verbrennung des Dochtes selbst wieder in Gang gebracht werden kann. Schneidet man den Docht ab, so hat man Schwierigkeiten beim Anzünden. Die nach dem Verlöschen noch ausströmenden Zersetzungsdestillationsgase riechen bei Paraffin und Stearinkerzen unangenehm im Gegensatz zu Wachskerzen; vgl. I, 102!

Ein Teil des noch flüssigen Paraffins wird in ein zweites Rgl. mit destilliertem Wasser eingegossen, wo es erstarrt. Wird das Wasser zum Sieden erhitzt, so schmilzt das Paraffin und verteilt sich namentlich beim Schütteln in kleine Tröpfchen, die an die Oberfläche steigen. Beim Abkühlen erstarren diese Tröpfchen wieder, ohne daß eine Trübung, die eine Ausscheidung aus der heißen, wässrigen Lösung anzeigen würde, bemerkt wird.

Das im Rgl. noch zurückgebliebene Paraffin wird bis etwa ¹/₃ des Rgl. mit Alkohol übergossen. Beim Erhitzen tritt wieder Schmelzen ein. Die aufgewirbelten Tröpfchen sinken unter. Beim Einstellen in kaltes Wasser (Becherglas) milchige Trübung: ziemlich haltbare Emulsion, solange der F. des Paraffins nicht zu weit unterschritten wird, dann weiße Flocken erstarrten Paraffins, die zu Boden sinken. Die heiße Lösung ist im Vergleich zur kalten übersättigt; deshalb beim Abkühlen Ausscheidung. Äther und Benzin lösen große Mengen schon in der Kälte.

E r g e b n i s : Paraffin ist in kaltem und heißem Wasser praktisch unlöslich; auch im kalten Alkohol ist es schwer löslich, in heißem Alkohol leichter löslich; in Benzin oder Äther ist es leicht löslich. Sein spezifisches Gewicht (= 0,9) liegt zwischen dem des Wassers und des Alkohols (0,8). Sein F. liegt niedriger als der Kp. des Alkohols. Paraffin siedet nicht unzersetzt.

b) Etwa 5 ccm Petroleum (Leuchtöl) werden in einen Porzellantiegel gegossen. Ein brennendes Zündholz erlischt beim Eintauchen. Stellt man den Tiegel in heißes Wasser, so gerät das Petroleum beim Eintauchen des Zündholzes in Brand.

E r g e b n i s : Die Entflammungstemperatur des gereinigten Petroleums liegt höher als man vermuten sollte (bei etwa 70⁰). Die Temperatur, bei der aus Petroleum entflammbare Dämpfe entweichen (der Flammpunkt) ist gesetzlich auf 20⁰ festgelegt. Zur Zeit liegt der Entflammungspunkt der käuflichen Sorten sehr hoch, da die Fabrikation darauf eingestellt ist, möglichst viel niedrig siedende Anteile (Benzin) vom Leuchtpetroleum abzutrennen. — Der Flammpunkt ist von wesentlicher Bedeutung für Zünden und Versagen des Ce-Feuerzeugs.

c) Petroleum (Leuchtöl, Kerosin) wird 1. mit konzentrierter Schwefelsäure und 2. mit konzentrierter Natronlauge geschüttelt und durch zeitweises Einstellen in ein heißes Wasserbad erwärmt. 3. Mit konzentrierter Salpetersäure in der Kälte geschüttelt. Es tritt weder Lösung noch bemerkbare Veränderung ein, womit die Berechtigung des Gruppennamens Paraffin erwiesen ist, zumal die energische Einwirkung der konz. H_2SO_4 auf org. Substanzen schon von I, 82 bekannt ist. Erst bei der Siedetemperatur der konz. Säure würde Veränderung eintreten. Benzin verhält sich ebenso. Diese Versuche sind als Unterscheidungsreaktionen von anderen „Ölen" brauchbar. Fette Öle würden mit konz. Natronlauge Gallerte liefern (S. 57). Auf Benzol wirkt konz. HNO_3 schon in der Kälte ein (S. 81). Vgl. S. 29 und 60!

B. E r d ö l (P e t r o l e u m , M i n e r a l ö l)

Im Gegensatz zu dem in der Übung behandelten Leuchtöl ist Rohpetroleum eine äußerst feuergefährliche Substanz. Es ist eine hellbraune bis schwarze, dünn- bis dickflüssige Masse von unangenehmem Geruch ($s = 0,8$—0,95) und ist hauptsächlich aus Grenzkohlenwasserstoffen $C_n H_{2n+2}$, von den niedersten[1]) bis zu den höchsten (meistens mit unverzweigter Kette), zusammengesetzt. Auch geringe Mengen von Olefinen und Benzolderivaten, ferner O-, N- und S-haltigen Substanzen sind in ihm enthalten. Die russischen Öle bestehen hauptsächlich aus Zykloparaffinen ($C_n H_{2n}$). Wegen des Aufkommens der Auto- und Flugzeugindustrie, der Umstellung des Schiffsantriebs von Kohlen- auf Ölfeuerung und wegen der Erfindung der Rohölmotoren (Dieselmotoren) ist Erdöl in den Mittelpunkt der Weltpolitik gerückt.

---

[1]) Auch Methan ist darin gelöst.

Hauptvorkommen: In Nordamerika (Pennsylvanien, Illinois, Kalifornien) und in Mexiko seit langem ausgebeutet, ist es neuerdings auch in Südamerika aufgefunden worden. Europäische Vorkommen in Rumänien und Südrußland (Kaukasus, Kaspisches Meer); asiatische: Iran, Irak, Palästina, Indonesien und Birma (s. auch S. 19!).

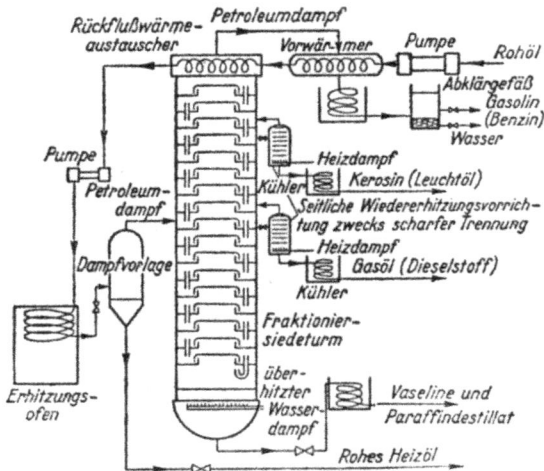

Bild 3
Erdölverarbeitung (schematisch) nach Conant,
Organic Chemistry

Das Stoffgemisch des Rohpetroleums wird durch fraktionierte, d. h. bei bestimmten Temperaturen jeweils unterbrochene, also stufenweise Destillation zerlegt, durch Waschen mit konz. H_2SO_4 und Nachwaschen mit Natronlauge gereinigt[1] und erneut fraktioniert; I, 108. Das Rohbenzin siedet bis 200 ⁰ und ist in mehreren Reinigungsfraktionen unter den Namen Petroläther, Ligroin, Benzin und Gasolin im Handel. Das Leuchtöl siedet von 200 ⁰—300 ⁰. Über 300 ⁰ gewinnt man unter Zuhilfenahme der Vakuumdestillation und der (überhitzten) Dampfdestillation (s. S. 87!) Schmieröle und Paraffin. Ein besonders gereinigtes Schmieröl mit viel „Weich"-Paraffin ist das als Salbengrundlage verwendete Vaselin. Als Rückstand der Destillation erhält man eine asphaltähnliche Masse.

Das am toten Meere und auf Trinidad in großen Mengen vorkommende **Naturprodukt Asphalt** scheint durch einen dem technischen Vorgehen ähnlichen, in den Erdschichten verlaufenen, natürlichen Prozeß entstanden zu sein, ist also als ein durch Sauerstoffaufnahme „verharzter" Erdölrückstand aufzufassen. Seine Verwendung als Straßenbelag, zur Isolierung von Grundmauern gegen Feuchtigkeit, in der Elektrotechnik und in der Lackindustrie ist allgemein bekannt.

Das **Erdwachs (Ozokerit)** kommt in Erdöl gelöst und auch ölfrei als Mineral (z. B. in Ostgalizien) vor. Gereinigt und gebleicht wird es „Zeresin" genannt, eine dem Bienenwachs sehr ähnliche Masse, welche zur Herstellung von Bodenwachs und Schuhcreme Verwendung findet.

Das Lampenpetroleum, welches im 19. Jahrhundert den Weltmarkt beherrschte, ist infolge der Ausbreitung der elektrischen Beleuchtung durch den Ausbau der Wasserkräfte nahezu überflüssig geworden.

---

[1] Neuerdings durch Behandlung mit verflüssigtem Schwefeldioxyd.

Heutzutage sind in erster Linie die Benzine nutzbringend verwertbar. Es handelt sich also darum, die höher siedenden Anteile in niedriger siedende überzuführen. Diesem C r a c k - P r o z e ß sei eine Übersicht über den **Aggregatzustand der Paraffine** vorangestellt.

Methan siedet bei — 164^0, Butan bei +1^0; $C_1 — C_4$ sind also bei unseren atmosphärischen Temperaturen und Drucken gasförmig. C_5H_{12} siedet bei 36^0, C_6H_{14} bei 69^0. Beide sind demnach Hauptbestandteile von Petroläther und Benzin. Bei $C_{17}H_{36}$ ist der Kp. 300^0 erreicht. Von $C_{20}H_{42}$ ab (F. 36^0) sind die Paraffine feste Stoffe. $C_{70}H_{142}$ (Heptakontan) schmilzt bei 105^0. Der Crack-Prozeß arbeitet also dann ideal, wenn es gelingt, die großen Ketten unter Ausschluß der Ketten $C_1 — C_4$ in kleinere Ketten, etwa $C_5 — C_8$, zu zerschlagen[1]). (Kennzeichnung von Benzin durch die Oktanzahl.) Wie bei Übg. 2 besprochen, liefert die Zersetzungsdestillation von Paraffin kleinere Ketten. Zu einem großen Hundertsatz entstehen dabei die kleinsten Bruchstücke ($C_1 — C_4$), was man gerade nicht haben will. Außerdem handelt es sich hauptsächlich darum, auch die u n z e r s e t z t siedenden Anteile[2]) des Rohöls, z. B. das bei 216^0 siedende $C_{12}H_{26}$ in den Crack-Prozeß mit einzubeziehen. Auf Einzelheiten der Verfahren, die Gegenstand zahlreicher Patente geworden sind, einzugehen erübrigt sich. Erwähnt sei nur, daß es bei geeigneten Drucken und Temperaturen gelingt, den Crack-Prozeß durch Katalysatoren, z. B. AlCl$_3$, so zu lenken, daß tatsächlich die Ausbeute an Benzinen eine wirtschaftlich nutzbringende wird. Außer niedrigen Paraffinen entstehen dabei auch noch Kohlenwasserstoffe der Olefinreihe, z. B. Äthylen und Propylen, aus welchen bei ziemlich hohen Temperaturen und Drucken mit Phosphorsäure als Katalysator Polymerbenzin hergestellt werden kann. Als Rückstand wird eine Art Petroleumkoks erhalten.

Die deutsche Petroleumindustrie hat ihren Hauptsitz in der nordwestdeutschen „Erdölprovinz" zwischen Hannover und Braunschweig. Das nahe an der Erdoberfläche lagernde Erdöl ist arm an Benzinen.

Es ist möglich, daß auch in Deutschland mehr Erdöl gefördert werden kann, wenn die in Amerika üblichen Tiefbohrungen (2000 m und tiefer) zur Anwendung kommen. Daß dies eine sehr unsichere Sache ist, zeigt folgendes Beispiel. Zwischen 1904 und 1912 wurden im Gebiet des seit 1441 bekannten Petroleumvorkommens am Westufer des Tegernsees unter Führung eines holländischen Petroleumfachmannes etwa 30 zum Teil sehr tiefe Bohrungen niedergebracht. Die Petroleumausbeute enttäuschte (von 1904 bis 1919 etwa 3500 t, d. h. im Jahr durchschnittlich etwa 220 t gegenüber der gesamten deutschen Rohölförderung von jährlich etwa 450 000 t, die wiederum ein verschwindender Bruchteil der Weltproduktion ist). Das für die Bohrungen aufgewendete Kapital wäre verloren gewesen, wenn nicht glücklicherweise die J o d q u e l l e n von Bad Wiessee dadurch erschlossen worden wären.

---

[1]) to crack = zerbrechen; I, 109.
[2]) Der Anteil Lampenpetroleum beträgt etwa 55—75 ^{0}/$_0$ der amerikanischen Rohöle.

Herstellung von flüssigen Brennstoffen. 1. Durch milde Zersetzungs-destillation der sog. **Schwelkohle** (Umgegend von Halle) wird bei 450^0—600^0 (neben Grudekoks und Leucht- bzw. Heizgas) der Schwel-teer gewonnen und aus diesem wiederum das Braunkohlenbenzin und das Solaröl (Kp. bis 275^0, dem Leuchtpetroleum entsprechend), vor allem aber in großen Mengen Paraffin (Tieftemperaturteer-Produkte). 2. Wegen ihres dunklen Aussehens wird die K o h l e häufig mit Kohlenstoff verwechselt. In Wirklichkeit sind die Braunkohle und die Steinkohle kohlenstoffreiche, verwickelt gebaute organische Verbin-dungen, in welchen wertvolle Substanzen stecken, die bei der groben Behandlung der Zersetzungsdestillation und bei der direkten Ver-wendung als Brennstoff vergeudet werden.

Kohleverflüssigung: Das nach dem Erfinder B e r g i u s genannte Berginverfahren läßt auf pulverisierte und mit Öl angeriebene Kohle bei 450^0 und 250 at Druck[1]) und Gegenwart geeigneter Katalysatoren Wasserstoff einwirken: **Hydrierung** verbunden mit dem Crack-Prozeß.

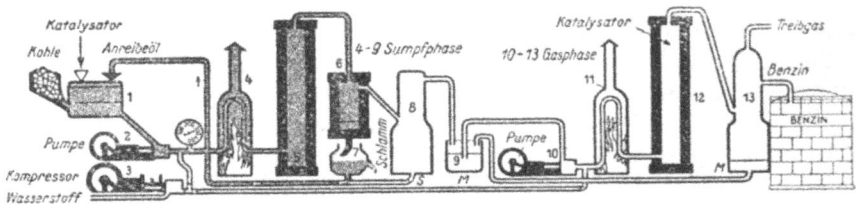

Bild 4
Hochdruckhydrierverfahren zur Benzingewinnung.
Dem unter Zumischung von Katalysatorpulver aus gemahlener Kohle und Öl in (1) hergestellten Brei wird durch den Kompressor (3) Wasserstoff zugesetzt. Nach dem Erhitzen auf 450⁰ (4) wird der Kohlebrei bei (5) in Öl und Schlamm umgewandelt, die in (6) und (7) voneinander getrennt werden. In (8) vollzieht sich die Zerlegung der dampfförmigen Produkte aus (6) in Schwer- (S) und Mittelöl (M). (S) wird als An-reibeöl verwendet, (M) in (9) gesammelt. Durch die Pumpe (10) wird nach Zuführung von frischem Wasserstoff in (11) auf die Reaktionstemperatur erhitzt und im Benzin-ofen (12) in Benzinkohlenwasserstoffe zerlegt, welche in (13) in Mittelöl (M) Benzin und Treibgas geschieden werden.

Man erzielt ein dünn- bis dickflüssiges Öl von ähnlicher Zusammen-setzung wie das Rohpetroleum, aus dem seit längerer Zeit „syntheti-sches" Benzin und Schmieröl im Großbetrieb gewonnen werden. Ge-genwärtig wird in 2 Stufen gearbeitet. Zunächst wird ein durch Pum-pen bewegbarer Brei aus Kohlen- und Katalysatorpulver (W- und Mo-sulfiden) mit Teeröl unter Druck von 250 at bei 450^0 durch Wasser-stoff in ein schweres, nur wenig Benzin enthaltendes Öl übergeführt.

---

[1]) Die B r a u n k o h l e h y d r i e r u n g ergibt aus 1 t Braunkohle etwa 600 kg Benzin. Die Herstellung von 1 Million t Benzin a u s S t e i n k o h l e erfordert 3,5 Mill. t Steinkohle = 2,5 % der ehemaligen deutschen Förderung.

Dieses wird anschließend im „Benzinofen" an einem dort b e f e s t i g -
t e n Katalysator weitgehend in Benzin und zum Teil in gasförmige
Kohlenwasserstoffe umgewandelt. Letztere werden entweder als „Flüs-
siggase", in Stahlflaschen gepreßt, verkauft oder sie dienen als Ausgangsstoffe für anderweitige, alifatische Synthesen. Die bei dem
Verfahren verwendeten Katalysatoren müssen so ausgewählt werden,
daß sie durch mitentstehende Schwefel- und Zyanverbindungen nicht
unwirksam gemacht werden. Vergleichsweise sei die sehr hohe Temperatur bei der Leuchtgasherstellung ca. 1100^0 angeführt. Vgl. I, 103!

3. Ein von dem 1947 gestorbenen Leiter des Instituts für Kohlenfor-
schung, F r a n z F i s c h e r , ausgearbeitetes (Kogasin-)Verfahren geht
vom Wassergas, dem Einwirkungsprodukt von Wasserdampf auf glü-
henden Koks aus, welches sorgfältig von Katalysatorgiften (S-Ver-
bindungen) befreit wird. Bei mäßig hohen Temperaturen von etwa
300^0 und Reaktionslenkung durch geeignete Katalysatoren (Co, Ni, Fe)
werden bei Drucken unter und über 7 atü aus Wassergas Kohlenwasserstoffe von Methan bis zu den festen Paraffinen dargestellt.

4. Kohlenextraktion. Man läßt Kresol- (S. 74) und Tetralin- (S. 33)
gemische bei Gegenwart von Wasserstoff unter Druck auf Kohle bei
etwa 300^0 einwirken. Die chemischen Vorgänge verlaufen in der Richtung, daß kleinere Moleküle gebildet werden, wodurch etwa 90 % der
ursprünglichen Kohle in Lösung gehen: Als Öl für Dieselmotoren direkt verwendbar oder als Ausgangsöl für Benzinherstellung.

Entstehung des natürlichen Erdöls: Das Erdölvorkommen ist nicht an besondere geologische Formationen gebunden, weil das Erdöl als Flüssigkeit
von seiner primären Bildungsstätte weggeflossen ist und sich auf sekundärer Lagerstätte ansammelt. Die Anhänger der anorganischen Bildungsweise glauben, daß Erdöl sich durch Einwirkung von Wasserdampf oder
von Meerwasser unter hohem Druck auf Eisenkarbid und andere Karbide
gebildet hat, gewissermaßen aus Methan, Azetylen und Wasserstoff katalytisch a u f g e b a u t worden ist, oder auch aus in der Erde vorhandenem
Kohlenmonoxyd-Wasserstoffgemisch, wie es bei vulkanischen Gasausbrüchen
festgestellt worden ist, nach Art der Fischerschen Synthese gebildet worden ist. Da das natürlich vorkommende Erdöl optisch aktive Verbindungen
(S. 68!) enthält und die Entstehung optischer Aktivität so nicht zu erklären
ist, wird allgemein die biochemische Bildungsweise bevorzugt, die aussagt,
daß Fette und fettverwandte Stoffe durch biologischen Abbau und durch
eine Art Destillation und Crack-Prozeß innerhalb der Erdschichten das
Erdöl geliefert haben. Während Kohle aus dem pflanzlichen Material der
Kohlensümpfe stammt, kommt nach dieser Anschauung als Ursubstanz des
Erdöls hauptsächlich tierisches Fett in Betracht. Die Voraussetzungen dafür, massenhafte Anhäufung von Meerestierleichen, liegt durchaus im Bereich der geologischen Möglichkeiten (z. B. Einbruch von Salzwasser in
Süßwasser und damit verbundenes Massensterben, Abschnürung von Meeres-
teilen vom Ozean). Neuerdings glaubt man, daß die Erdölbildung in engen
Zusammenhang mit der Kohlenentstehung zu bringen ist, wobei Erdöl und
Erdgas je nach den geologischen Umständen von der gemeinsamen Bildungsstätte weggeflossen sind.

C. Äthylen und Azetylen

In einem Siedekolben (1 *l*) wird ein Gemisch von 40 ccm Alkohol (96 proz.) und 200 ccm konz. H_2SO_4 ($s = 1,84$) bei Gegenwart von etwa 30 g grobkörnigem Quarzsand (zur besseren Wärmeverteilung, unangreifbar für H_2SO_4) über einem Asbestdrahtnetz v o r s i c h t i g erwärmt. Nach einiger Zeit beginnt Gasentwicklung, deren Lebhaftigkeit durch entsprechende Regelung der Flamme in mäßigen Grenzen gehalten wird. In einer vorgeschalteten Waschflasche wird durch kalte, konz. H_2SO_4 etwa überdestillierter Alkohol und Äther (vgl. S. 49!) zurückgehalten, in einer 2. mit NaOH (etwa 5 n) beschickten Waschflasche wird aus einer Nebenreaktion stammendes SO_2 gebunden. Das entwickelte Gas wird unter Wasser in kleinen Standzylindern aufgefangen.

Die genaue Erklärung des Reaktionsverlaufs kann erst bei Äthyläther gegeben werden. Vorläufig sei bemerkt, daß die Reaktion auf Umwegen so verläuft, als ob durch die Schwefelsäure aus der Alkoholmolekel die Bestandteile des Wassers entfernt würden: $C_2H_6O - H_2O \rightarrow C_2H_4$.

Übg. 3: a) Äthylen, ein schwach süßlich riechendes, farbloses Gas, verbrennt mit gelbleuchtender Flamme ohne Rußentwicklung. Der Standzylinder wird mit einer Glasplatte bedeckt. Nach dem Erkalten wird $Ba(OH)_2$-Lsg. eingegossen. Beim Umschütteln zeigt $BaCO_3$ den C-Gehalt des Äthylens an.

b) Bromwasser wird eingegossen, mit einer Glasplatte verschlossen und geschüttelt: Entfärbung. Der stechende Geruch des Broms ist verschwunden, der süßliche Geruch hat sich v e r s t ä r k t. Die Lackmusreaktion ist, wenn frisch hergestelltes Bromwasser genommen wird, neutral. Damit ist die Entstehung des HBr ausgeschlossen, welcher ebenfalls farblos wäre und stechend sauer riecht, soweit er nicht in Wasser gelöst ist.

c) $KMnO_4$-Lösung mit einer Beimischung von Na_2CO_3-Lsg. wird eingegossen und geschüttelt wie bei b). Man vermeide einen Überschuß von $KMnO_4$-Lsg., da sonst die E n t f ä r b u n g unter Entstehung eines braunen Niederschlages nicht zu sehen ist.

Man braucht keine Vorsorge zu treffen, daß Äthylen beim Abnehmen der Glasplatte in versuchstörenden Mengen entweicht, da sein spez. Gewicht sehr nahe an dem der Luft liegt. Ebenso ist es bei Azetylen.

d) Azetylen wird nach Abschrauben des Brenners und Anschließen eines Gummischlauches aus einer Karbidlaterne entwickelt[1]) und unter Wasser aufgefangen. Das farblose Gas besitzt in reinem Zustand einen angenehmen süßlichen Geruch. Durch Beimengung von PH_3 riecht das rohe Azetylen äußerst widerlich, da das technische Karbid durch Phosphide verunreinigt ist. C_2H_2 brennt mit leuchtender Flamme unter Ausstoßung großer **Ruß**wolken. CO_2-Nachweis ist demnach überflüssig.

---

[1]) $CaC_2 + 2 H_2O \rightarrow C_2H_2 + Ca(OH)_2$. Die starke Reaktionswärme ist am Heißwerden des Karbidbehälters feststellbar. Das $Ca(OH)_2$ wird an der stark alkalischen Reaktion erkannt oder nach II, 81 nachgewiesen. Die technische Darstellung ist S. 11 erwähnt. Frisches Karbid besteht aus **sehr harten,** grauen Stücken.

e) Azetylen und Bromwasser und f) Azetylen und sodaalkalische Permanganatlösung. Diese Versuche verlaufen wie b) und c).

E r g e b n i s z u a) u n d d): In den Verbrennungserscheinungen zeigt sich der steigende Kohlenstoffgehalt an. CH_4, die C-ärmste Wasserstoffverbindung, verbrennt mit nicht leuchtender Flamme. Vgl. S. 29! Die C_2H_4-Flamme leuchtet, die C_2H_2-Flamme rußt. Ferner kann man erkennen, daß die C_2H_4- und C_2H_2-Molekeln nicht direkt verbrennen, sondern in der Flamme zunächst zersetzt werden, etwa so: $C_2H_4 \to CH_4$ $+C$ (leuchtet!) oder $2\,C_2H_2 \to CH_4 + 3\,C$ (rußt!). Vgl. I, 67!

Will man Azetylen rußfrei verbrennen, so muß man für Zuführung großer Luftmengen in die Flamme sorgen, was durch geeignete Bohrungen im Brenner nach dem Prinzip des Bunsenbrenners geschieht (I, 53). Die dadurch erzielte besonders hohe Temperatur bringt den in der Flamme vorübergehend ausgeschiedenen Ruß zur hellen Gelbglut und daher zu besonders günstiger Lichtaussendung. Durch Verbrennung von Azetylen mit der theoretischen Sauerstoffmenge in einem Azetylen-Knallgasgebläse entsteht die höchste durch Verbrennung erzielbare Temperatur (I, 67).

E r g e b n i s z u b) u n d e): Das Brom ist v o l l s t ä n d i g in das Äthylen bzw. Azetylenmolekül eingetreten. Der Reaktionstypus ist eine Vereinigung: $C_2H_4 + Brom \to$ Äthylenbromid. Weil diese Verbindungen dazu fähig sind, weitere Atome in sich aufzunehmen, nennt man sie ungesättigte Verbindungen.

Erklärung: Kohlenmonoxyd (CO) ist auch eine ungesättigte Verbindung und nimmt z. B. ein Sauerstoffatom zu CO_2 oder eine Cl_2-Molekel (im Sonnenlicht) zu $COCl_2$ (Phosgen)[1] auf. Wenn dem Äthylen und dem Azetylen die einfachsten, sich aus ihrer prozentischen Zusammensetzung ergebenden Formeln (CH_2 und CH) zukämen, wäre der Eintritt von Halogen ohne weiteres verständlich. Nach der Molekulargröße und der Entstehung aus C_2H_6O bzw. CaC_2, also aus Stoffen, in denen schon die V e r k e t t u n g v o n 2 C - A t o m e n gegeben ist, kommen den Verbindungen unzweifelhaft die Formeln C_2H_4 bzw. C_2H_2 zu. Die Annahme von III-, II- und I-wertigem Kohlenstoff ist willkürlich. Dagegen erklärt die Annahme einer mehrfachen Bindung zwischen den IV-wertigen C-Atomen die chemischen Umsetzungen ohne Schwierigkeiten, wenn noch die Zusatzannahme gemacht wird, daß die mehrfachen Bindungen chemisch nicht etwa fester sind als die einfachen, sondern im Gegenteil wegen der dabei auftretenden Spannungen dazu neigen, durch Anlagerung von weiteren Atomen und Atomgruppen in die einfachen Bindungen zwischen den C-Atomen überzugehen. Eine Aufnahme des Broms in die Molekel des Äthylens ist sonst nicht möglich, weil die Bindung des Broms an Wasserstoff,

---

[1] phos = Licht; Phosgen ist ein äußerst giftiges Gas.

der als das Maß der Wertigkeit nicht höher als einwertig auftritt, nicht in Betracht kommt (vgl. auch S. 12!).

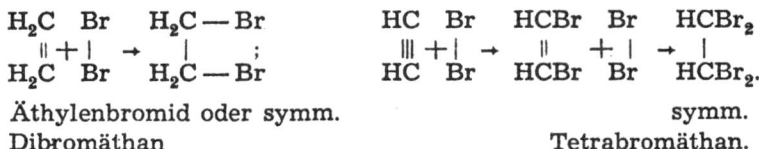

$$\begin{array}{ll} H_2C\ Br & H_2C-Br \\ \parallel + \mid \rightarrow & \mid \\ H_2C\ Br & H_2C-Br \end{array} ;$$

$$\begin{array}{lll} HC\ Br & HCBr\ Br & HCBr_2 \\ \parallel\parallel + \mid \rightarrow & \parallel\ \ + \mid \rightarrow & \mid \\ HC\ Br & HCBr\ Br & HCBr_2. \end{array}$$

Äthylenbromid oder symm.   symm.
Dibromäthan   Tetrabromäthan.

Ergebnis zu c) und f): Auch die Umsetzung von Äthylen und Azetylen mit sodaalkalischer Permanganatlsg. ist eine **Anlagerungsreaktion**. $KMnO_4$ gibt leicht Sauerstoff ab. Eine in alkalischer Lösung (Soda!) oxydierend wirkende $KMnO_4$-Molekel liefert unter Zusammenwirkung mit dem Lösungswasser (durch Zurückgehen der Wertigkeit des Mn-Atoms (von VII auf IV) 3 OH-Gruppen.

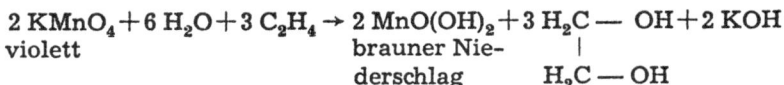

$$2\ KMnO_4 + 6\ H_2O + 3\ C_2H_4 \rightarrow 2\ MnO(OH)_2 + 3\ H_2C - OH + 2\ KOH$$
violett   brauner Nie- $\mid$
                        derschlag $H_2C - OH$

Überschüssiges Permanganat wirkt auf die entstehende Hydroxylverbindung (Glykol) weiterhin oxydierend ein, so daß die Reaktion nicht beim Glykol zum Stillstand kommt. Für die Erklärung des Verhaltens der Doppelbindung ist aber die Erörterung des weiteren Oxydationsverlaufes gleichgültig. In noch viel höherem Maße spielt das Weiterschreiten der Oxydation nach der ersten Hydroxylanlagerung bei Azetylen mit, weshalb nicht näher darauf eingegangen werden soll. **Wegen der sinnfälligen Änderungen (Verschwinden der braunen Bromfarbe bzw. Verschwinden der violetten Färbung und Auftreten eines braunen Niederschlags) dienen Bromwasser und sodaalkalische Permanganatlösung als Reagentien auf ungesättigte Verbindungen.**

Spannungstheorie (Baeyer): Die homöopolaren Einzelvalenzen sind gerichtete Kräfte und streben nach geradlinigem Ausgleich. $\frac{H}{H} > C \bigwedge_{\bigvee} C < \frac{H}{H}$ geht also über in $\frac{H}{H} > C = C < \frac{H}{H}$. Die Winkel beim Zusammentreffen der je 2 Wertigkeiten strecken sich zu 180⁰. Solche „Winkel" müssen nach Grundsatz 3 (S. 12) anfangs angenommen werden, da die von einem C-Atom ausgehenden 4 Valenzen unter sich die gleichen Winkel einschließen, wie die Verbindungslinien der Tetraederecken mit dem Mittelpunkt des Tetraeders, nämlich 109⁰ 28'. Die Valenzrichtung kann eine Ablenkung erfahren, welche jedoch eine mit der Größe der letzteren wachsende Spannung zur Folge hat. C-Atomabstand der Doppelbindung 1,34 Å, der Azetylenbindung 1,20 Å. Vgl. S. 12 und 28!

Diese Spannung ist das umgekehrte Maß für die Beständigkeit der Ringe. Der einfachste Ring ist der 2-Ring der doppelten Bindung, welcher aber gleichzeitig der lockerste ist. Damit die Valenzrichtungen parallel werden, muß nämlich jede aus ihrer ursprünglichen Richtung um $^1/_2$ von 109⁰28' = 54⁰44' abgelenkt werden. Fester ist der Ring des schon erwähnten Zyklobutans C_4H_8, wo die Ablenkung 9⁰44' beträgt. Zyklopentan C_5H_{10} besitzt nahezu keine Spannung (Ablenkung 0⁰44'). Beim Zyklohexan C_6H_{12}, welches in nahen Beziehungen zum Benzol steht, sind die Wertigkeitsrichtungen nicht zusammengebogen, sondern um etwa 5° auseinandergezerrt. Mit steigender C-Zahl wächst diese, vom Ringzentrum aus betrachtet umgekehrte Spannung weiter, so daß die größeren Ringe bald unbeständig werden.

Azetylen weist eine noch höhere „Spannung" als Äthylen auf (Ablenkung 70°32'), was sich darin kundgibt, daß Azetylen und seine Derivate sogar zur Explosion gebracht werden können. — Durch Anlagerung z. B. von Brom werden die ungesättigten Verbindungen entspannt. Die Valenzen kehren in ihre normale Richtung zurück.

Durch Spaltung im elektrischen Lichtbogen kann **Azetylen** auch aus billigem Methan (Erdgas) gewonnen werden. Infolge der für die Azetylenbildung benötigten, enorm hohen Temperatur, (im Bogenkern 5000° (!), kommt indirekte Heizung über wärmeaustauschende Wände nicht in Betracht, da kein Stoff diese „Sonnen"-temperaturen aushält. Für dieses **elektrothermische Crackverfahren** sind zudem außerordentliche Gasgeschwindigkeiten, etwa 1000 m/s, erforderlich. Auch für Deutschland ist das Verfahren zur Verwertung der leichtsiedenden Nebenprodukte aus der Treibstofferzeugung von Wichtigkeit. Nebenher entstehen Ruß, Blausäure, Benzol, Naphthalin und Azetylenhomologe, darunter Methylazetylen, Vinylazetylen, Diazetylen, Phenylazetylen, weshalb ein verwickeltes Reinigungsverfahren zur Isolierung des Azetylens angewendet werden muß. Die Umsetzungen der gewinnbaren Azetylenhomologen sind in USA von N i e u w l a n d genau untersucht und liefern der chemischen Technik wertvolle Endprodukte.

Mit Wasserdampf kann das „Ablöschen" des Karbids abgeändert werden: $CaC_2 + H_2O \rightarrow C_2H_2 + CaO$, welch' letzteres wieder zur Karbidherstellung verwendet werden kann. In CaC_2 sind die 2 H-Atome des Azetylens durch ein II-wertiges Metall ersetzt: Kalziumazetylid. Leitet man Azetylen durch Ag- und Cu(I-)-Lsg. bei Gegenwart von überschüssigem Ammoniak, so erhält man Ag- bzw. Cu-Azetylide: $C_2H_2 + Cu_2Cl_2 + 2 NH_4OH \rightarrow 2 NH_4Cl + Cu_2C_2 + 2 H_2O$. In trockenem Zustand sind die „Salze" hochexplosiv. Mit einer Lösung von Na in flüssigem NH_3 oder Durchleiten von C_2H_2 durch geschmolzenes Natrium erhält man Na-Azetylid, welches mit Jodalkyl die Homologen der Azetylenreihe liefert, z. B. $C_2HNa + CH_3J \rightarrow CH_3 - C \equiv CH + NaJ$. Von besonderer Wichtigkeit ist die Dimerisation von Vinylazetylen mit Cu(I-)komplexsalz-Lsg. als Katalysator: $2 C_2H_2 + Katalysator \rightarrow CH \equiv C - CH = CH_2$. Letzteres lagert HCl an: $CH_2 = CCl - CH = CH_2$ Chloropren (Kp. 60°), welches sehr leicht zu Kunstkautschuk polymerisiert: Dupren, bzw. Neopren (S. 6!). Vinylazetylen kann auch zu Buta-di-en hydriert werden. Azetylen durch eine wässerige Lsg. von $CrCl_2$ geleitet, ergibt $CH_2 = CH_2$.

D. Kautschuk

Die Bezeichnung Olefine für die homologe Reihe C_nH_{2n}, deren erstes Glied das Äthylen ist, kommt davon her, daß die gasförmigen Glieder dieser Reihe mit den Halogenen Öle liefern. Der Ausdruck Öl bezeichnet ursprünglich eine nicht mit Wasser mischbare Flüssigkeit, dann aber auch Flüssigkeiten von hoher Viskosität (= innerer Reibung), z.B. konz. H_2SO_4, Glyzerin. Isomer mit der Reihe C_nH_{2n-2}, deren erstes Glied das Azetylen ist, deshalb auch Azetylenreihe genannt, ist die Reihe der **Diolefine**, welche 2 Doppelbindungen enthält mit dem ersten Glied Buta-di-en $C_4H_6(CH_2 = CH - CH = CH_2)$. Das Methylbuta-di-en, auch Isopren genannt, C_5H_8 oder $CH_2 = C(CH_3) - CH = CH_2$, verdient besondere Erwähnung, da es bei der trockenen Destillation des pflanzlichen Kautschuks entsteht und umgekehrt zu einer dem natürlichen

Kautschuk sehr ähnlichen Masse polymerisiert werden kann (synthetischer Gummi)[1]). Die Naturkautschukformel wird gewöhnlich als $(C_{10}H_{16})_n$ angegeben [2]).

Die Chemie der Natur- und Kunstharze hat große praktische Bedeutung erlangt: Grammophonplatten, Lack, Kautschuk. Man unterscheidet Hartharze (Schellack, Kolophonium, Kopal, Bernstein), Weichharze oder Balsame (Kanadabalsam, Perubalsam), Schleimharze (Myrrhe, Weihrauch) und Federharze (= elastische H.): Guttapercha, Kautschuk. Der Milchsaft tropischer Holzgewächse, besonders der Hevea brasiliensis (Wolfsmilchgewächs), wird durch Räuchern oder durch Zusetzen von Ameisensäure zum Gerinnen gebracht. Dieser Rohgummi ist aber nur innerhalb eines kleinen Temperaturbereichs ein Federharz. Bei 0° hart und spröde wird er bei etwa 50° schmierig und schmilzt bei 100°. Die Ausdehnung der Elastizität auf ein größeres Temperaturgebiet, so daß Winterkälte und Temperaturen bis 100° vertragen werden, gelang dem Amerikaner Goodyear im Jahre 1839 durch die sog. Vulkanisation. Durch Zusammenschmelzen mit Schwefel oder durch Einwirkung von Schwefelverbindungen (S_2Cl_2) bei gew. Temperatur werden dem Kautschuk wechselnde Mengen von S einverleibt, für Weichgummi bis etwa 5%, für Hartgummi (Ebonit) bis etwa 50%. Kautschuk wird dadurch in fast allen Lösungsmitteln unlöslich, gasdicht, gegen chemische Angriffe sehr widerstandsfähig (ausgenommen Ozon und NO_2). In gewöhnlichen Gummiwaren ist Kautschuk durch „Füllstoffe" weitgehend „gestreckt". Einzelheiten s. S. 142!

E. Benzol

Benzol ist eine ölige, wasserhelle, stark lichtbrechende Flüssigkeit, mit eigentümlichem Geruch. Ein paar Tropfen auf einem Uhrglas verbrennen mit leuchtender, stark rußender Flamme. In dieser Hinsicht Übereinstimmung mit Azetylen. Ein Vergleich der Formeln C_2H_2 und C_6H_6 ergibt Polymerie. Tatsächlich entsteht auch Benzol beim Durchleiten von Azetylen durch glühende Röhren. Nach Formel, Entstehung und Verhalten beim Verbrennen müßten im Benzol mehrfache Bindungen vorkommen.

Übg. 4: a) Vergleich mit Benzin, dessen Name ähnlich klingt. Benzin ist (s. S. 19!) ein Gemisch von gesättigten Kohlenwasserstoffen hauptsächlich der Reihe $C_n H_{2n+2}$, während Benzol einen einheitlichen Stoff darstellt. Der Geruch ist deutlich verschieden. Beide sind unlöslich in Wasser, spezifisch leichter als Wasser und leicht löslich in organischen Lösungsmitteln (Äthylalkohol C_2H_5OH; Diäthyläther $(C_2H_5)_2O$; Chloroform $CHCl_3$; Schwefelkohlenstoff (CS_2)).

---

[1]) S. S. 6, Bild 1 und S. 136!
[2]) Außer im Kautschuk ist Isopren als „Baustein" in zahlreichen anderen Naturstoffen enthalten. β-Karotin, das in Beziehung zum Vitamin A steht (S. 132) enthält 4 verkettete Isoprenmoleküle. In gewissen Terpenen sind 2 Isoprenmoleküle ringförmig zusammengeschlossen. Der Duftstoff „Zitronellol" $C_{10}H_{19}OH$ und der in den Chlorophyllkörnern vorkommende Alkohol „Phytol" $C_{15}H_{27}OH$ stehen ebenfalls in engem Zusammenhang mit Isopren.

Zur raschen Unterscheidung der beiden Stoffe, deren Siedepunkte nicht weit auseinander liegen [1]), dienen Farbreaktionen z. B. beim Eintragen eines Körnchens Jod oder das Auftreten von gelbem nach Bittermandelöl riechenden Nitrobenzol bei der Nitrierprobe (S. 81), während Benzin sich dabei nicht verändert.

Man sollte meinen, es wäre leicht, die beiden Stoffe an ihrem Verhalten gegen Bromwasser auseinanderzuhalten. Der gesättigte Stoff (Benzin) müßte Brom unverändert lassen, das nach seiner Formel ungesättigte Benzol entfärben. Verdächtig ist allerdings schon die Beständigkeit der Jodfärbung.

b) Nach Zugabe von Bromwasser und Umschütteln verschwindet die Bromfarbe nicht. Während beim Äthylenversuch das G a n z e farblos wird, wechselt hier das Brom lediglich das Lösungsmittel. Anfänglich zeigt das unter dem Benzol befindliche, spez. schwerere Bromwasser braune Farbe, nach dem Umschütteln ist die rotbraune Lösungsfarbe des Broms in der Benzolschicht deutlich sichtbar, die wässerige Schicht ist·nahezu farblos.

E r k l ä r u n g : Brom ist in Benzol leichter löslich als in Wasser. Die Brommolekeln waren zuerst zwischen den Wassermolekeln gleichmäßig verteilt (Lösung = molekulare Suspension) und sind es nunmehr zwischen den Benzolmolekeln, ohne daß eine Änderung in der Zusammensetzung der Molekeln eingetreten ist. Feuchtes Lackmuspapier wird auch von der Lösung von Brom in Benzol gebleicht.

c) Beim Schütteln von Benzol mit sodaalkalischer Kaliumpermanganatlösung bleibt die erwartete $MnO(OH)_2$-Fällung aus.

E r g e b n i s : Im Benzol kann man keine ungesättigten Doppelbindungen nachweisen.

Bekommt man bei den Versuchen b) und c) ein schwach oder stark positives Ergebnis, so ist das verwendete Benzol mit ungesättigten Beimengungen verunreinigt. Man verschafft sich dann reines Benzol.

E r k l ä r u n g : Der Begründer der organischen Feinbaulehre A u g u s t **Kekulé** († 1896 in Bonn) hat dem Benzol die Formel (1) des Z y k l o - h e x a - t r i - e n s zugewiesen, die der Entstehungsweise des Benzols aus 3 Molekülen Azetylen (bis 500 ⁰) Rechnung trägt und auch viele Eigentümlichkeiten des Benzols zu erklären gestattet. Sie enthält aber 3 Doppelbindungen, die wie eben gezeigt, mit den spez. Reagenzien nicht nachweisbar sind. Daher ist es leichter verständlich, für die 4. Valenz keine bestimmte Zuordnung in Form von Doppelbindungen zu treffen, sondern dem Benzol eine besonders eigenartige Struktur zuzuschreiben, Formel (2). Die 4. Valenzen der 6 Kohlenstoffatome sind nach dem Inneren des Ringes gerichtet. O h n e d a ß sie sich in bestimmter Weise absättigen, lähmen sie sich gegenseitig derart, daß sie

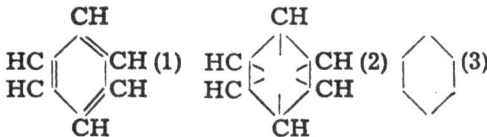

$$\begin{array}{ccc} \text{CH} & \text{CH} & \\ \text{HC}\diagup\diagdown\text{CH (1)} & \text{HC}\diagup\diagup\diagdown\text{CH (2)} & \diagup\diagdown\ (3) \\ \text{HC}\diagdown\diagup\text{CH} & \text{HC}\diagdown\diagdown\diagup\text{CH} & \diagdown\diagup \\ \text{CH} & \text{CH} & \end{array}$$

----

[1]) Benzol siedet bei 80 ⁰, Benzin bei 70 ⁰—90 ⁰ (Gemisch!).

für die Wirkung nach außen, z. B. für Bromanlagerung, nicht mehr zur Geltung gelangen. Auch beseitigt der Zug nach innen die Zerrung des Zyklohexanringes (vgl. S. 25!). Dieses gegenüber der Valenzbetätigung nach außen verdeckte innere Valenzfeld ist Träger des sog. **aromatischen Charakters**, d. h. **der besonderen Reaktionsweise der Benzolabkömmlinge.**

Die „zentrische" Formel (2) A. v. Baeyer's läßt durch Bindungswendigkeit (Desmotropie; desmos = Bindung; trepein = wenden [gr.]) den Übergang in andere vorgeschlagene Formeln zu, z. B. in die Kekulé'sche. Sie läßt sich auch in das neueste, wellenmechanisch und elektronentheoretische „Kastenmodell" des Benzols überleiten. Dieses stellt den in einfachen Bindungen untergebrachten 3 A-Elektronen des Kohlenstoffatoms das 4. Elektron als B-Elektron gegenüber; in USA als σ- bzw. π-Elektronen bezeichnet. Die 6 B-Elektronen des Benzols sind als „freies" Elektronengas (II, 149) in den durch die ringförmige Verkettung der 6 CH-Gruppen gebildeten „Kasten" des Benzols eingesperrt. Abstand der C-Atome voneinander 1,39 Å. Die Sonderstellung der aromatischen Verbindungen wird, vom Graphit und dessen „metallischem" Charakter ausgehend, rechnerisch nachprüfbar erklärt. I, 101 wurde bereits angegeben, daß das Kristallgitter des Graphits aus wasserstoffrei zusammengedrängten C-Sechsringen besteht. Vgl. II, 29, Bild 9 und unter dem Stichwort „Resonanz".

Bei Energiezufuhr zu Benzol durch Bestrahlung mit Sonnenlicht geht diese **„zentrische"** Anordnung in die Kekulésche über und das Benzol lagert Halogen an z. B. zu $C_6H_6Cl_6$. Oder wenn man bei etwa **200°** heiße Benzoldämpfe mit Wasserstoff über fein verteiltes Nickel leitet, wird Wasserstoff unter Bildung Zyklohexan C_6H_{12} angelagert.

Da es für die Formulierung vieler Umsetzungen gleichgültig ist, welche Absättigung der 4. C-Wertigkeit zugeschrieben wird, kürzt man den Benzolring in wissenschaftlichen Zeitschriften zu Formel (3). An den Ecken des Sechseckes hat man sich jeweils eine CH-Gruppe zu denken.

5. Substitution

1. Versucht man die Bromanlagerung an Benzol chemisch durch einen Halogenüberträger (Fe) zu erzwingen, so erhält man zwar Entfärbung von Brom, aber die Reaktion verläuft nicht nach dem Vereinigungstypus (I, 28), sondern nach dem Umsetzungstypus (I, 29). Denn es entweichen gewaltige Mengen von HBr, so daß man die Reaktion zur Darstellung von HBr aus Br_2 gebrauchen kann. $C_6H_6 + Br_2$ → $C_6H_5Br + HBr$. Man hat hier **Substitution.** Ein Benzolwasserstoff wird als HBr herausgerissen und an seine Stelle ein Bromatom gesetzt.

V e r f a h r e n. Ein Erlenmeyerkolben (etwa 250 ccm) wird an einem Rückflußkühler angeschlossen. Im Kolben befinden sich 3—5 kleine Tapeziernägel und 10 ccm reines Benzol. Der Erlenmeyerkolben wird durch Eintauchen in kaltes Wasser gekühlt. Durch das Kühlrohr werden 8 ccm elementares Brom zugeschüttet. Wenn die Reaktion 1 Minute lang ausbleibt, zündet man unter dem Wasserbade eine Flamme an und erwärmt so lange, bis die Reaktion einsetzt und stellt dann die Flamme ab. Evtl. kühlt man wieder, wenn die Reaktion zu lebhaft wird. Die aus dem Kühlrohr massenhaft entweichenden Nebel rühren davon her, daß HBr, an sich ein unsichtbares Gas, Luftfeuchtigkeit kondensiert und als Nebel in Form von feinen Bromwasserstoffsäuretröpfchen sichtbar wird. Hineingehaltenes Lackmuspapier wird gerötet, ein mit konz. Ammoniaklsg. befeuchteter Glasstab liefert NH_4Br-Nebel, ein mit $AgNO_3$-Lsg. befeuchteter Glasstab AgBr-Trübung. Entsprechende Erscheinungen sind bei HCl-Gas II, 19 aufgetreten. Bei den geringen Substanzmengen lohnt es sich nicht, Bromwasserstoffsäure darzustellen oder den organischen Teil aufzuarbeiten. Es genügt, die Reaktion durch Erhitzen des Wasserbades zum Sieden zu Ende zu führen, den Kolben längere Zeit offen stehen zu lassen und auf die Veränderung des Geruchs und etwa ausgeschiedene Kristalle von Dibrombenzol zu achten. Die Reaktion läuft nämlich je nach den Versuchsbedingungen in verschiedenen Mengen über das C_6H_5Br hinaus: $C_6H_5Br + Br_2 \rightarrow C_6H_4Br_2 + HBr$. Andere Benzolkern-Substitution s. S. 81 ff.!

2. Aus Aluminiumkarbid (Al_4C_3) wird durch Einwirkung von heißem Wasser Methan (CH_4) dargestellt und unter Wasser in Glaszylinder abgefüllt. Dazu ist ein geräumiger Kolben mit doppelt durchbohrtem Stopfen für Gasableitungsrohr **und Sicherheitsrohr** erforderlich. Zwei gleich große Zylinder werden, der eine mit CH_4 und der andere mit Cl_2-Gas gefüllt (II, 16). Man stellt den Cl_2-Zylinder auf den CH_4-Zylinder, zieht die Glasplatten weg und vermischt die Gase durch Hin- und Herdrehen. Direktes Sonnenlicht ist dabei auf alle Fälle zu vermeiden, da Methan mit H_2 verunreinigt sein kann und Gefahr besteht, daß das Chlorknallgas ($Cl_2 + H_2$) im Sonnenlicht das Gasgemisch zur Explosion bringt. Man schiebt wieder die 2 Glasplatten dazwischen und zündet das eine Gasgemisch an. Es brennt mit grüngesäumter Flamme unter Abscheidung von etwas Ruß an den Glaswänden [1]). Blaues, befeuchtetes Lackmuspapier rötet sich beim Einbringen in den Zylinder.

E r k l ä r u n g : Es handelt sich hier um eine eigentümliche Flamme, die wir schon II, 17, beim Weiterbrennen einer kleinen Kerzenflamme in ü b e r s c h ü s s i g e m C h l o r kennengelernt haben. Sie entstammt folgender Umsetzung:

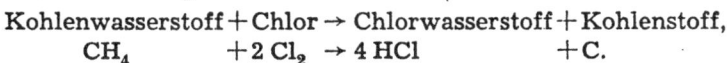

Kohlenwasserstoff + Chlor → Chlorwasserstoff + Kohlenstoff,
CH_4 $+ 2 Cl_2$ $\rightarrow 4 HCl$ $+ C$.

In unserem Falle hat man nach dem Avogadroschen Gesetz die gleiche Molekelzahl von Cl_2 und CH_4. Die Verbrennung verläuft daher anders, etwa so, daß zunächst der Vorgang $CH_4 + Cl_2 \rightarrow HCl + CH_3Cl$ sich abspielt und letzteres in der Flammenhitze HCl abspaltet. Das in großen Mengen vorhandene HCl-Gas hindert den Luftzutritt zum brennenden Kohlenwasserstoffrest, so daß Ruß abgeschieden wird. Wesentlich ist, daß durch **Energiezufuhr** (W ä r m e) a u c h b e i M e -
t h a n **Substitution** eingeleitet w i r d. Die Substitutionsprodukte werden erst bei schonenderer Behandlung als durch Anzünden faßbar. Daß Halogene und Halogenverbindungen p h o t o chemische Reaktionen

---

[1]) Nicht mit Cl_2 vermischtes CH_4 verbrennt mit bläulicher, nicht leuchtender Flamme. Vgl. S. 23!

liefern, ist von II, 130 her bekannt. Im vorliegenden Falle genügt die milde Energiezufuhr des zerstreuten Tageslichtes, um Substitution herbeizuführen. Man stellt den noch zur Verfügung stehenden (CH_4 +Cl_2)-Zylinder mit einer Glasplatte verschlossen in die konzentrierte Kochsalzlösung, die man schon zum Füllen mit Cl_2 verwendet hat, und läßt vor direktem Sonnenlicht geschützt 30 Stunden lang stehen. Die Sättigung mit Kochsalz setzt die Löslichkeit des Chlors in Wasser herab, so daß ein Ansteigen der NaCl-Lösung in den Zylinder die Entstehung eines auch in NaCl-Lösung leicht löslichen Stoffs beweist: HCl. Nachweis durch Lackmus: Rötung statt Bleichung. Da in der Reaktionsgleichung links und rechts 2 Gase stehen, sollte das Volumen unverändert bleiben, wenn eben nicht, wie hier, ein Gas durch Lsg. „verschwindet". Selbst wenn dies nicht der Fall wäre, würde das Gasvolumen etwas schwinden, da neben dem gasförmigen Methylchlorid auch f l ü s s i g e Substitutionsprodukte entstehen (vgl. Dibrombenzol): $CH_3Cl + Cl_2 \rightarrow CH_2Cl_2 + HCl$; $CH_2Cl_2 + Cl_2 \rightarrow CHCl_3 + HCl$; $CHCl_3 + Cl_2$ $\rightarrow CCl_4 + HCl$.

Die Flüssigkeiten (Öle) sieht man in Form von Tröpfchen im Reaktionszylinder. Auf die Verminderung des Gasvolumens unter die Hälfte des ursprünglichen braucht man nicht zu warten, da bei dem gewählten experimentellen Vorgehen Eindringen von Luft unvermeidlich ist. Nach dem Herausnehmen aus der Kochsalzlösung ist der stechende Geruch des Chlors verschwunden und der angenehm betäubende Geruch des CH_3Cl bzw. der übrigen Chlorderivate des Methans deutlich erkennbar.

CCl_4 Tetrachlorkohlenstoff kann beim Bestreichen mit einer Flamme nicht entzündet werden, ist ein ausgezeichnetes Lösungsmittel für Fette und Harze und guter Ersatz für das explosionsgefährliche Benzin.

Technische Darstellung: $CS_2 + 3 Cl_2 \rightarrow CCl_4 + S_2Cl_2$. Neuerdings wurden Reaktionen aufgefunden, welche den Austausch von Cl gegen F ermöglichen. Derartige „gemischte" organische Halogenide besitzen vorzügliche Eigenschaften für Spezialzwecke, z. B. ist CCl_2F_2 den bisherigen Füllmitteln für Kältemaschinen weit überlegen, da es geruchlos, nicht entflammbar und ungiftig ist und Metalle nicht angreift.

Durch die Wortbedeutung für „Paraffin" haben sich amerikanische Forscher nicht abhalten lassen, die Bedingungen für die **direkte** Nitrierung und Sulfonierung dieser „reaktionsträgen" Kohlenwasserstoffe doch noch ausfindig zu machen. Solange Deutschland in der organischen Chemie führend war, lag das Schwergewicht auf den aromatischen Verbindungen entsprechend der Grundlage des deutschen Kohlevorkommens. Die durch ihre Naturschätze nahegelegte Erforschung der Erdölverbindungen hat die jetzt an der Spitze stehende amerikanische Forschung auf dieses in Deutschland vernachlässigte Gebiet gelenkt und zu den größten Erfolgen geführt.

A. Chloroform[1])

Übg. 5: a) $CHCl_3$ ist eine farblose, stark lichtbrechende, süßlich riechende Flüssigkeit; in Wasser unlöslich, spez. schwerer als Wasser,

---

[1]) 1831 von Liebig entdeckt; technische Darstellung aus Alkohol oder Azeton (S. 45) mit Hilfe von Chlorkalk; s. a. das analoge Jodoform S. 41!

sinkt darin unter, löst J_2 violett mit der Farbe des Joddampfes, bei Zugabe eines Tropfens brauner Jod-Jodkalilösung zur Wasserprobe deutlich erkennbar; l. l. in organischen Lösungsmitteln (S. 26); Kp. etwa 60⁰; obwohl stark verdunstend, nicht entzündlich; brennt erst mit viel Alkohol gemischt mit grüngesäumter Flamme (s. S. 29!).

Bemerkung zur Jodreaktion: Wie man aus der Farbe schließen darf, findet dabei keine chemische Umsetzung statt, was nicht ohne weiteres vorausgesehen werden kann, da die beiden Halogene (Cl_2, J_2) sich gegenseitig stören könnten oder auch das noch vorhandene Wasserstoffatom der Substitution anheimfallen könnte. $CHCl_3$ ist also eine verhältnismäßig stabile Verbindung. Als Halogenverbindung ist $CHCl_3$ photochemischen Reaktionen zugänglich und muß deshalb in braunen Flaschen aufbewahrt werden. Bei photochemischer Oxydation bildet sich $COCl_2$ (Phosgen, giftig!), was besonders deshalb zu beachten ist, weil $CHCl_3$ zur Narkose dient.

b) Bei Zugabe von $AgNO_3$-Lsg. zur wässerigen Emulsion sollte man Bildung des kennzeichnenden Silberchlorids erwarten. Die Probe verläuft jedoch negativ. Gegenprobe mit der Cu-Blech-Reaktion, S. 10.

E r g e b n i s : Im $CHCl_3$ (und überhaupt in organischen Halogenverbindungen) ist das Halogen nicht in Ionenform vorhanden. $CHCl_3$ gehört also nicht zur Gruppe der salzartigen Verbindungen.

c) Um die homöopolare Bindung zwischen C- und Halogenatomen zu spalten, bedarf es stärkerer Mittel. $CHCl_3$ wird 2 Minuten mit 2 n Kalilauge auf etwa 60⁰ erwärmt. Säuert man mit HNO_3 an, so bekommt man mit $AgNO_3$-Lsg. AgCl-Fällung: $CHCl_3 + 4 KOH \rightarrow 3 KCl + 2 H_2O + HCO_2K$ (ameisensaures Kalium, Nachweis s. S. 53!).

Der Name Chloroform drückt demnach aus, daß es ein Abkömmling der Ameisensäure (acidum formicicum) ist: $H—C {=\,O \atop -\,OH}$. O-Atom und OH-Gruppe sind durch 3 Cl-Atome ersetzt. Diese Cl-Atome des Chloroforms können wiederum durch ein N-Atom ersetzt werden. Dadurch kommt man zur Blausäure HCN, welche ebenfalls ein Abkömmling der Ameisensäure ist.

d) Alkoholische Kalilauge, alkoholische NH_3-Lsg. und $CHCl_3$ werden in dem der Reaktionsgl. entsprechenden Verhältnis zusammengegeben und unter Umrühren im heißen Wasserbad angewärmt. Wenn Trübung eintritt, wird das Rgl. herausgenommen. Unter starker Selbsterwärmung läuft die Reaktion weiter, wie man an der Vermehrung des Niederschlags erkennen kann: $CHCl_3 + NH_3 + 4 KOH \rightarrow KCN + 3 KCl + 4 H_2O$. Alkoholische Lsg. wird deshalb angewandt, weil $CHCl_3$ in Alkohol l. l. ist und damit der Reaktion zugänglich wird, während KCl aus der Reaktion als in Alkohol unl. ausscheidet. Nach dem Massenwirkungsgesetz wird dadurch die Ausbeute an KCN begünstigt. Ferner soll die Hydrolyse (bei Versuch c) möglichst ausgeschlossen werden. Nach dem Verdunsten des Alkohols (Abzug! Gift!) läßt sich das KCN durch Kochen mit $Fe(OH)_2$ in alkalischer Suspension in $K_4Fe(CN)_6$ überführen und als Berliner Blau nachweisen (II, 138).

B. K e r n - , R i n g i s o m e r i e u n d B e n z o l h o m o l o g e

Vom Monobrombenzol C_6H_5Br kann es keine Isomeren geben, da die Wasserstoffatome des Benzolkerns unter sich den gleichen Wert

haben. Beim Disubstitutionsprodukt $C_6H_4Br_2$ stehen dem 2. Br-Atom
5 C-Atome zur Verfügung. Durch den Ersatz eines Wasserstoffatoms
(durch Br) ist im Benzolgefüge eine Ungleichmäßigkeit ge- Br
schaffen, von der aus die C-Atome (im Sinne des Uhrzeigers)
numeriert werden. Tritt das 2. Br-Atom in die Stellung 2, so
spricht man von **Orthodibrombenzol**. Nach der zentrischen
Formel ist 1,6 damit identisch.

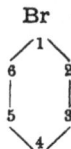

Nach der Kekuléschen Formel sollte 1,2 und 1,6 verschieden sein, da es
nicht gleichgültig ist, ob zwischen den die Bromatome tragenden C-Atomen
eine einfache oder eine doppelte Bindung verläuft. Das Suchen nach 2 v e r -
s c h i e d e n e n von der Kekuléschen Formel geforderten o-Substitutions-
Verbindungen war jedoch vergeblich. Die zentrische Formel zeigt hier ihre
Überlegenheit über die Kekulésche Theorie, welche eine Zusatzhypothese
zu Hilfe nehmen muß.

Nach der Stellung 1,2 kommt die **Meta-Stellung** 1,3, die identisch
mit 1,5 ist. Die **Stellung 1,4** wird mit dem Vorwort **para** bezeichnet.
Hinsichtlich der Namengebung erinnere man sich an die Phosphor-
säuren, wo man mehrere, allerdings nicht isomere Formeln kennengelernt hat. H_3PO_4 wird als die r i c h t i g e , die O r t h o - Säure, die
„nach" ihr kommende HPO_3 als die M e t a - Säure bezeichnet. So
wird auch bei der Ringisomerie das erste als ortho (o-), das nach ihm
kommende als meta (m-) und das „neben" diesen beiden existierende
als p a r a (p-) Substitutionsprodukt, die Isomerie selbst als K e r n -
i s o m e r i e bezeichnet.
Bei der S. 29 beschriebenen Bromierung entsteht als Hauptprodukt
Monobrombenzol, als Nebenprodukt p-Dibrombenzol und auch etwas
o-Verbindung, das m-Isomere nur in Spuren. Nicht in allen Fällen
ist es so. Vgl. S. 83 und 86! Um die Verschiedenheit der Stellungsisomeren aufzuzeigen, seien die Schmelzpunkte angegeben:

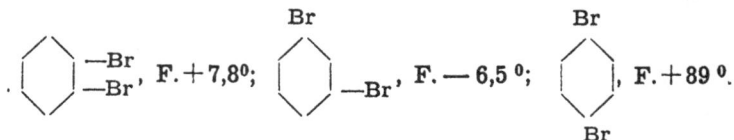

—Br, F. + 7,8⁰;   —Br, F. — 6,5 ⁰;   , F. + 89 ⁰.

Denkt man sich die Br-Atome durch Methylgruppen ersetzt, so erhält
man **Benzolhomologe**, sich vom Benzol um eine oder mehrere CH_2-
Gruppen unterscheidende Kohlenwasserstoffe. Es existiert ein Mono-
methylbenzol, das als **Toluol** bezeichnet wird (Kp. 113 ⁰) und technische Bedeutung besitzt: C_7H_8, bzw. $C_6H_5 \cdot CH_3$. Vom Dimethylbenzol
gibt es 3 Isomere: o-, m- und p-**Xylol**, C_8H_{10} bzw. $C_6H_4(CH_3)_2$, deren
Kp. um 140⁰ herum liegen. Auch höhere Homologe sind bekannt. Iso-
mer mit Xylol ist das **Äthylbenzol** $C_6H_5 \cdot C_2H_5$. Hier liegt der Isomerie-
grund in der Seitenkette. Statt zweier Methylgruppen ist hier **eine**
zweigliedrige Seitenkette vorhanden. Allgemeine Formel C_nH_{2n-6}.

Besondere Isomeriefälle treten bei C-reichen Verbindungen auf, die zu Benzol im Verhältnis der sog. kondensierten Ringe stehen, z. B. das (weiße) Naphthalin ($C_{10}H_8$) und das (gelbe) Anthrazen ($C_{14}H_{10}$).

Da die Naphthalinformel die „vertauschte" Xylolformel darstellt, ist die Bemerkung am Platze, man solle sich beim Lernen weniger an die Atomzahlen als an den Feinbau halten, aus welchem man die Atomzahlen leicht zusammensuchen kann.

Naphthalin kann man sich aus Benzol so entstanden denken, daß in 1,2 Stellung unter Austritt von 2 Wasserstoffatomen Buta-di-en eingefügt ist.

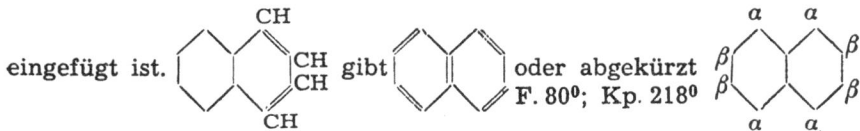

CH
CH
CH
CH

gibt ... oder abgekürzt F. 80⁰; Kp. 218⁰

α α
β β
β β
α α

Hier zeigt sich die Kekulésche Formel überlegen, insofern, als sie ohne weiteres den beiden Hälften der Molekeln Benzolcharakter zuschreibt und eine hohe Symmetrie aufweist. Die den beiden Ringen gemeinsamen C-Atome sind durch eine Doppelbindung verknüpft und sonst nur mit Kohlenstoff verbunden, legen also eine ausgezeichnete Stelle in der Molekel fest. Von ihnen aus gerechnet ist es nicht gleichgültig, ob der Substituent benachbart (in α-Stellung) oder entfernt (in β-Stellung) sich befindet, wie es in der abgekürzten Formel bezeichnet ist. Man hat also α- und β-Mono-Naphthalinderivate; s. S. 72!

Bei Tetralin (Tetrahydronaphthalin) ist der an das Benzol angesetzt gedachte 4-Ring durch Hinzutreten von 4 H-Atomen hydriert. Kp. 205⁰; vielfach verwendetes Lösungsmittel, auch als Treibstoffzusatz verwendbar.

In der gleichen Weise wie das Naphthalin aus Benzol kann man sich das Anthrazen aus Naphthalin entstanden denken:

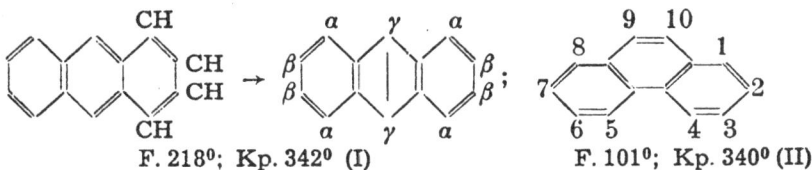

CH
CH
CH
CH
F. 218⁰; Kp. 342⁰ (I)

α γ α
β β
β β
α γ α

9 10
8   1
7   2
6 5 4 3
F. 101⁰; Kp. 340⁰ (II)

Man hat Gründe dafür, anzunehmen, daß die zunächst wiedergegebene, unsymmetrische Struktur sich in die symmetrische umlagert, welche **eine Diagonalbindung** enthält (I). Durch diese kommt eine neue ausgezeichnete Stelle im Ringsystem zustande, so daß die 3 isomeren M o n o substitutionsprodukte (α, β, γ) erklärt werden. Ein „Ring"-Isomeres ist das Phenanthren (II).

Naphthalin und Anthrazen werden aus dem **Steinkohlenteer** gewonnen, der ähnlich aufgearbeitet wird wie das Erdöl, nämlich durch fraktionierte Destillation. Die Fraktionen werden als **Leichtöl, Mittelöl,**

Schweröl und **Anthrazenöl**, insgesamt von 80⁰—340⁰ siedend, unter-schieden. Das Naphthalin ist hauptsächlich im Mittel- und Schweröl enthalten (neben viel Phenol), im Leichtöl sind Benzol, Toluol und die Xylole. Vgl. S. 135, Bild 11, wo Siedebereiche angegeben sind!

Mit den einzelnen Siedepunkten und Zusammensetzungen der Fraktionen das Gedächtnis zu belasten, ist unnötig. Man findet sie in Tabellen techno-logischer Werke. Wichtig zu wissen ist, daß Steinkohlenteerwasser alkalisch reagiert wegen des Gehaltes an Ammoniak bzw. Ammoniumkarbonat und -sulfid und daß auch in den höheren Fraktionen des Teeres stickstoffhaltige, basische Verbindungen vorkommen, das sind Ringe, bei denen eine 3-wertige CH-Gruppe durch ein 3-wertiges N-Atom ersetzt ist. Dem Benzol C_6H_6 entspricht das Pyridin C_5H_5N (I), dem Naphthalin $C_{10}H_8$ das Chinolin C_9H_7N (II). Dies führt auf die sog. heterozyklischen Verbindungen, bei wel-chen der Ring nicht allein aus C-Atomen aufgebaut ist, sondern auch an-dere Atome enthält, außer N vor allem noch O und S.

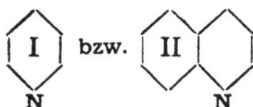

Es können aber auch 2 CH-Gruppen, also das Stück —CH = CH— aus der Kekuléformel, durch ein II-wertiges Atom ersetzt werden und so sehr beständige Fünfringe entstehen: Das **Thiophen** C_4H_4S (mit zwei Doppel-bindungen) ist in seinen physikalischen Eigenschaften dem Benzol derart ähnlich, daß es nur sehr schwierig von ihm getrennt werden kann.

Das **Pyrrol** steht formelmäßig mit Benzol in dem Zusammenhang: C_6H_6 minus 2 (CH)+NH; 2 CH-Gruppen des Benzols sind also durch die II-wertige NH-Gruppe ersetzt. Es enthält ebenfalls zwei Doppelbindungen C_4H_4NH und ist in der Biochemie besonders wichtig als Baustein des **Hämins** und **Chlorophylls**, welche je 4 substituierte Pyrrolringe enthalten.

Im Gegensatz zu den Verhältnissen bei der Steinkohle reagiert Holzteer-wasser sauer (wegen des Gehalts an Essigsäure, I, 90) und auch der Holz-teer enthält hauptsächlich Verbindungen sauren Charakters, z. B. Phenol und Kresole (s. S. 74!). Das praktisch viel verwendete **Karbolineum** ist der nicht mehr kristallisierende Anteil des Anthrazenöls nach dem Abpressen des auskristallisierten Anthrazens.

Übg. 6: a) Naphthalin: dünne, durchscheinende weiße Blättchen, die im Gegensatz zur Mehrzahl der festen Stoffe schon bei gewöhn-licher Temperatur einen deutlichen, kennzeichnenden Geruch aussen-den (im Volksmund „verriechen" I, 26 und II, 25). Wie bei Jod trifft man auch hier auf eine weitgehende Sublimationsfähigkeit, bei höhe-rer Temperatur. Auf dem Asbestdrahtnetz wird Naphthalin in einem Uhrglas über kleiner Flamme (nicht bis zum Sieden) erhitzt. Über dem Uhrglas wird an einem Stativ ein passender Glastrichter befestigt, in dem nach einiger Zeit (sublimierte) Kristalle auftreten. Durch Er-hitzen in einem Rgl. stellt man fest, daß Naphthalin bei 80⁰ schmilzt und bei 218⁰ (unzersetzt) siedet. In kaltem und heißem Wasser[1]) ist Naphthalin praktisch unlöslich (Übg. 4 a), in Benzol, Benzin und Al-kohol ist es leicht löslich, wodurch man mühelos die benützten Re-agiergläser reinigt.

---

[1]) Über Flüchtigkeit mit den Wasserdämpfen vgl. die Wasserdampf-destillation des Anilins S. 87; vgl. auch II, 94!

b) Um festzustellen, daß das Naphthalin wirklich unzersetzt siedet, müßte man vom Kondensat an der kalten Glaswand den Schmelzpunkt bestimmen. Dabei ist es unpraktisch und ungenau, mit großen Mengen zu arbeiten. Man bringt ein paar Kriställchen oder eine geringe Menge der gepulverten Substanz in ein 1 mm weites und etwa 5 cm langes Glasröhrchen, befestigt durch Adhäsion mit einem Tropfen der Erhitzungsflüssigkeit so am Thermometer, daß die Substanz neben der Hauptmenge des Quecksilbers hängt. Als Schmelzpunktsgerät wird ein 4—5 cm weites, unten zu einer Kugel aufgeblasenes Glasrohr verwendet, dessen Länge sich nach dem Thermometer richtet. Die Skala soll sich bis etwa 300 ⁰ innerhalb des Glases befinden. Das Thermometer befindet sich in einer Bohrung des Verschlußstopfens, der für die abziehende, erwärmte Luft einen kleinen Ausschnitt aufweist. Als Erhitzungsflüssigkeit nimmt man gewöhnlich konz. H_2SO_4 mit Zusatz einiger Körnchen KNO_3, um Bräunung durch organischen Staub zu verhindern. Der F.-Kolben darf unbedenklich mit freier entleuchteter Flamme bespült werden, wenn man eine mit Quarzsand gefüllte Eisenschale darunter stellt.

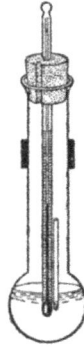

Bild 5
Gerät zur Bestimmung des Schmelzpunktes.

Man bestimme so den F. von „destilliertem" Naphthalin und von Anthrazen!

Das Wichtigste über **fossile Kohlen** und ihre Nutzung ist im VI. Abschnitt I, 99—116 aufgeführt.

C. Äthylalkohol

Übg. 7: a) C_2H_5J (Jodäthyl) ist die dem Methylchlorid CH_3Cl entsprechende Jodverbindung des Äthylradikals. Es besitzt einen süßlich betäubenden, an $CHCl_3$ erinnernden Geruch. Eine geringe Menge wird mit einem großen Überschuß von H_2O zusammengebracht: es sinkt darin unter und ist auch beim Schütteln unlöslich. Beim Erhitzen reagiert es mit H_2O, spaltet Jodionen ab, nachweisbar durch $AgNO_3$. Die stoffliche Änderung ist also folgendermaßen zu formulieren: $C_2H_5J + HOH \rightleftarrows H\oplus + J\ominus + C_2H_5OH$, in Analogie mit der hydrolytischen Spaltung, II, 88. Das hellgelbe AgJ vermehrt sich proportional zur Erhitzungsdauer, woraus man schließen darf, daß auch in der Wärme die Reaktion nicht augenblicklich abläuft, wie die Ionenreaktionen der anorganischen Chemie. Eine solche ist die 2. Reaktion $HJ + AgNO_3 \rightarrow AgJ + HNO_3$, welche das Gleichgewicht des langsam ablaufenden Vorgangs durch Entnahme eines Stoffes auf der rechten Seite fortwährend zerstört und so den Verlauf von links nach rechts verursacht. Im Gegensatz zur hydrolytischen Spaltung der Elektrolyte führt diese Hydrolyse einen besonderen Namen: „**Verseifung**" [1]), da auf einen **nicht salzartigen Stoff** (Ester) die Ionen des Wassers einwirken. C_2H_5J ist ein Ester, der besonders leicht verseift wird. Weil C_2H_5J nur e i n Jodatom enthält, kann an den Kohlenwasserstoffrest nur e i n e (OH)-Gruppe treten. Die Feinbauformel ist demnach: $CH_3 — CH_2OH$. **Die**

---

[1]) Der Name stammt von der ältesten und technisch wichtigsten Esterspaltung der S e i f e n h e r s t e l l u n g aus Fetten (56).

**Hydroxylverbindungen der Kohlenwasserstoffreste, bei denen an
e i n e m C-Atom sich nur 1 Hydroxyl befindet, nennt man Alkohole,**
den vorliegenden nach dem Radikal (C_2H_5) Äthylalkohol (vgl. I, 121
und I, 92).

Die in unserem Versuch entstehenden Mengen C_2H_5OH ·sind zu gering,
um am Geruch erkannt zu werden. Die Rückwirkung von HNO_3 auf Alkohol
darf wegen der geringen Konzentration vernachlässigt werden.
Ohne diese Gleichgewichtsstörung und ohne den großen Wasserüberschuß
verläuft bei Anwendung von absolutem Alkohol und konz. Halogenwasserstoff die Reaktion in der Hauptsache von rechts nach links: Esterbildung
(hier des Äthylesters der Jodwasserstoffsäure [Jodäthyl]), was noch dadurch
vervollständigt werden kann, daß man durch wasserbindende Mittel das
Gleichgewicht auf der **linken** Seite stört; vgl. S. 43! Ein zweiter Weg, reine
Alkyl-Monohalogenverbindungen zu erhalten, ist der Austausch alkoholischer OH-Gruppen mit Hilfe von Halogenphosphorverbindungen. Die Umsetzung mit PCl_3 z. B. verläuft analog der Hydrolyse des Phosphortrichlo-
rids: 1. $PCl_3 + 3 HOH \rightarrow 3 HCl + P(OH)_3$ (phosphorige Säure, auch H_3PO_3 geschrieben); 2. Alkoholyse: $PCl_3 + 3 C_2H_5OH \rightarrow 3 C_2H_5Cl + H_3PO_3$; hierbei reagiert die alkoholische OH-Gruppe als Ganzes im Gegensatz zur Alkoholatbildung S. 38.

Der reine Äthylalkohol ist eine farblose, leicht bewegliche Flüssigkeit von süßlichem Geruch und süßlichem, brennendem Geschmack.
Vgl. II, 62! Reiner, **unverdünnter** Alkohol ist ein schweres Herzgift,
darf also nicht getrunken werden. Gegen Lackmus reagiert er neutral,
die Hydroxylverbindung C_2H_5OH sendet demnach keine Hydroxylionen in Lösung, besitzt **keinen basischen Charakter.** Dieses Verhalten
entspricht den organischen Halogeniden, welche ihrerseits keinen Salz-
charakter besitzen, z. B.: $CHCl_3$ (S. 31) gibt „verseift" $HC(OH)_3$ und
durch H_2O-Abspaltung: HCO_2H Ameisensäure (S. 52). Vgl. auch S. 79!

b) Alkohol wird in einem Phosphorlöffel entzündet; er brennt mit
schwach leuchtender Flamme. Man senkt den Löffel in einen hohen
Standzylinder, verschließt nach dem Verlöschen und vorsichtigen Her-
ausziehen des Löffels mit einer Glasplatte und weist wie in Übg. 3 a
den C-Gehalt des Alkohols nach: $C_2H_5OH + 3 O_2 \rightarrow 2 CO_2 + 3 H_2O$ usw.

c) 12 ccm reiner Alkohol und 12 ccm H_2O werden in einem 25-ccm-
Meßzylinder geschüttelt. Alkohol und Wasser lösen sich gegenseitig in
jedem Verhältnis, sie sind mischbare Flüssigkeiten. Abgemessene Mengen werden hier genommen, um die Zusammenziehung des Volumens
auf 22 ccm erkennen zu können. Bei einem gewöhnlichen Lösungs-
vorgang sollte man keine Temperatursteigerung, eher eine Abnahme
der Temperatur erwarten. In unserem Falle ist eine Temperaturstenge-
rung von Zimmertemperatur 18 ^{0} auf 23 ^{0} eingetreten. (Noch stärker
steigt die Temperatur, wenn man statt Äthylalkohol Methylalkohol
(CH_3OH) nimmt.)

Man muß demnach eine chemische Reaktion zwischen Wasser und
Alkohol annehmen: **Hydratisierung** (vgl. Kristallwasserverbindungen!).

Deshalb ist absoluter (100 %-iger) Alkohol eine „hygroskopische" Substanz, wie etwa entwässertes $CaCl_2$.

Die Reaktion ist durchaus nicht bedeutungslos, da auf ihr die eiweiß-fällende Wirkung des Alkohols beruht (s. S. 98!). Andererseits ist Alkohol ein gutes Lösungsmittel für Fette und löst sich umgekehrt in Fetten (s. Übg. 15, c!). Alkohol zeigt also ein besonderes Verhalten zu zwei wichtigen Stoffgruppen der lebenden Wesen. Damit hängt seine desinfizierende und seine Giftwirkung zusammen. Die Konzentration der Alkohol-Wassermischungen wird mit dem Aräometer bestimmt (spez. Gew. des reinen Alkohols ist 0,8).

Es gibt Lösungen von bestimmtem %-Gehalt, welche wie ein reiner Stoff bei **konstanter** Temperatur sieden: azeotropische Flüssigkeitsgemische. Ein solches liegt im 96 %-igen Alkohol vor, welcher deshalb durch fraktionierte Destillation nicht getrennt werden kann. $CaCl_2$ kann zur Entwässerung nicht angewandt werden, da es sich zur Koordinationsverbindung $CaCl_2$, $4 C_2H_5OH$ zusammenschließt. In ähnlicher Weise gibt CH_3OH (S. 50) die Verbindung $MgCl_2$, $6 CH_3OH$. Will man absoluten Alkohol (100 %-ig) herstellen, so muß man zur Entfernung des restlichen Wassers die Reaktion $CaO + H_2O \rightarrow Ca(OH)_2$ benützen oder das Verfahren des „dritten Stoffes". Ein ternäres Gemisch von 52 % Alkohol, 3 % Wasser und 45 % **Benzol** ist nicht mehr azeotropisch, sondern läßt sich fraktionieren. Bei 65 ⁰ geht ein Gemisch von 18,5 % Alkohol, 7,5 % Wasser und 74 % Benzol über; bei 68 ⁰ ist das Wasser entfernt, das Gemenge besteht nunmehr aus 32 % Alkohol und 68 % Benzol. Bei weiterer Temperatursteigerung bleibt absoluter Alkohol zurück.

d) In der Alkoholfeinbauformel sind 5 H-Atome direkt an C gebunden, 1 H-Atom ist an Sauerstoff und durch die Vermittlung des Sauerstoffs i n d i r e k t an C gebunden. Dieses eine Wasserstoffatom muß sich auch anders verhalten als die übrigen 5.

Ein kleiner Erlenmeyer-Kolben (etwa 100 ccm) wird mit einem durchbohrten Stopfen verschlossen, durch dessen Bohrung ein Gasableitungsrohr unter Wasser führt, und mit etwa 25 ccm absolutem C_2H_5OH (Kontrolle mit $CuSO_4$, H_2O!) beschickt. Es werden dünne Na-Scheiben, etwa $^1/_2$ g insgesamt, eingetragen (Milderung der Reaktion durch Eintauchen in kaltes Wasser). Während die Umsetzung von Na mit Wasser so heftig ist, daß das Na zu einer Kugel schmilzt, die auf dem Wasser umhertreibt, beobachtet man hier kein Schmelzen; ferner Untersinken im spezifisch leichteren Alkohol. Die Reaktion muß schließlich sogar durch Erwärmen im Wasserbade zu Ende geführt werden. In beiden Fällen wird Wasserstoff entwickelt. Die in unserem Falle ausfallende Substanz ist das Umsetzungsprodukt des Natriums mit Alkohol, das Natriumalkoholat.

E r g e b n i s u n d E r k l ä r u n g : Das Na wird bekanntlich unter Petroleum aufbewahrt. Daraus geht hervor, daß der a n K o h l e n - s t o f f g e b u n d e n e W a s s e r s t o f f gegen Na unwirksam ist. Folglich wird n u r der an Sauerstoff gebundene Wasserstoff durch Na verdrängt, was durch eine quantitative Verfolgung der Reaktion bestätigt werden könnte: $2 C_2H_5OH + 2 Na \rightarrow H_2 + 2 C_2H_5ONa$.

Man hat hier den Reaktionstypus: „Säure" + Metall → Wasserstoff + Salz. Auch die Einwirkung des Wassers auf Na kann man so auffassen. Das

Wasser verhält sich wegen seiner geringen Dissoziation in $H\oplus$- und $OH\ominus$-Ionen, die bei der Hydrolyse in Erscheinung tritt, dem Natrium gegenüber als Säure, obwohl es wegen der im gleichen Betrage vorhandenen $OH\ominus$-Ionen neutral reagiert. Wenn man die geringere Lebhaftigkeit des Reaktionsverlaufes zur Beurteilung heranzieht, ist Alkohol eine noch schwächere „Säure" als Wasser, d. h. noch weniger dissoziiert als dieses. Das läßt es verständlich erscheinen, daß die salzartige Verbindung C_2H_5ONa von Wasser, welches in dieser Auffassung die stärkere „Säure" ist, angegriffen wird und bei Zugabe von H_2O der **vollständigen Hydrolyse** anheimfällt: $C_2H_5ONa + H_2O \rightarrow NaOH + C_2H_5OH$. Nachweis durch Phenolphthalein. Vorsicht wegen evtl. noch vorhandenen metallischen Natriums!

Fe und Zn, welche sonst zur H_2-Entwicklung benützt werden, wirken auf C_2H_5OH nicht ein. In wässeriger Lösung wird C_2H_5OH von Basen nicht neutralisiert. Vgl. jedoch S. 69, ferner Alkalizellulose!

Die Zusammenstellung Na/C_2H_5OH übt etwa die gleiche Reduktionskraft auf Stoffe in alkoholischer Lsg. aus wie Natriumamalgam in wässeriger Umgebung.

Der Alkohol ist sozusagen ein organisches Wasser $(H - OC_2H_5, H - OH)$; Natriumalkoholat ist dann ein organischer Abkömmling des Natriumhydroxyds: $NaOC_2H_5$, $NaOH$.

Läßt man unter Ausschluß von Wasser auf C_2H_5J Ammoniak einwirken, so findet „Ammonolyse" des Jodäthyls: $C_2H_5J + HNH_2 \rightarrow C_2H_5NH_2$,HJ statt. Die entstehende Verbindung hat wie Ammoniak **basischen Charakter** und lagert, ähnlich der Salmiakbildung (S. 88), das 2. Reaktionsprodukt (HJ) zu einem „Salz" an. Während bei der Einwirkung von Wasser n u r C_2H_5OH gebildet wird und die Äthyl-ätherbildung durch besondere Bedingungen erzwungen werden muß (S. 48), können bei der NH_3-Einwirkung nebenher alle drei H-Atome durch C_2H_5 ersetzt werden: $(C_2H_5)_2NH$ (Diäthylamin), $(C_2H_5)_3N$ (Triäthylamin) und schließlich kann an letzteres, wieder ähnlich der Salmiakbildung Jodäthyl zu $(C_2H_5)_4NJ$ (Tetraäthylammoniumjodid) angelagert werden. Das **Tetraäthylammoniumhydroxyd** ist eine **sehr starke Base** von etwa derselben p_H-Zahl wie KOH.

In reinem Zustand entsteht $C_2H_5NH_2$ durch Hydrierung von Essigsäurenitril: $CH_3CN + 4 H \rightarrow CH_3CH_2NH_2$.

Die **Austauschreaktionen** der Alkylhalogenide sind mit der Darstellung von Alkoholen und Amidoverbindungen (Äther s. S. 48!) keineswegs erschöpft. Der Austausch gegen — CN ist besonders hervorzuheben, weil dadurch ein weiteres C-Atom an die bisherige Kette angesetzt wird, z. B.: $C_2H_5J + KCN \rightarrow C_2H_5CN + KJ$; daraus durch „Verseifung (S. 31) die Propionsäure oder durch Hydrierung das Propylamin (Ausgangsmaterial für diese Synthesen ist der Äthylalkohol). Ebenfalls eine Ketten aufbauende Reaktion ist die **Wurtz**sche Synthese, z. B.: $2 Na + 2 C_2H_5J \rightarrow C_4H_{10} + 2 NaJ$. Die Alkylhalogenide ermöglichen ferner die Darstellung von metallorganischen Verbindungen z. B. des technisch wichtigen Antiklopfmittels Bleitetraäthyl: $4 C_2H_5Cl + 4 NaPb \rightarrow (C_2H_5)_4Pb + 4 NaCl + 3 Pb$. Wegen ihrer außerordentlichen Vielseitigkeit für die Synthese der verschiedensten organischen Verb!ndungsklassen sind die Zn- und Mg-Alkyle von größter Bedeutung. Für die Gewinnung dieser Substanzen ist sorgfältiger Ausschluß von Feuchtigkeit und Luft Vorbedingung (absolut trockener Äther!) z. B.: $CH_3J + Mg \rightarrow CH_3MgJ$ (Methylmagnesiumjodid); s. S. 148!

6. Oxydationsprodukte des Alkohols

Die Übg. 7 b stellt eine sehr grobe oxydierende Einwirkung auf C_2H_5OH (durch Luftsauerstoff bei sehr hoher Temperatur) dar. Durch besondere Wahl der Oxydationsmittel und -bedingungen kann man Übergangsstufen zu den Endprodukten CO_2 und H_2O fassen.

Übg. 8: a) Zu rotbraunem CrO_3 wird C_2H_5OH zugetropft. Man bemerkt Zischen (Reaktion unter stürmischer Wärmeentwicklung), einen obstartigen, stechenden Geruch und Verfärbung des anorg. Stoffes nach Grün.

E r k l ä r u n g : Cr_2O_3, der Träger dieser grünen Farbe, ist ein Reduktionsprodukt des CrO_3. Die **Oxydation** greift **im Alkoholmolekül** da ein, wo sie bereits angefangen hat[1]), nämlich **an dem C-Atom, welches schon ein Sauerstoffatom trägt.** Der Sauerstoff schiebt sich zwischen das Kohlenstoffatom und ein Wasserstoffatom ein.

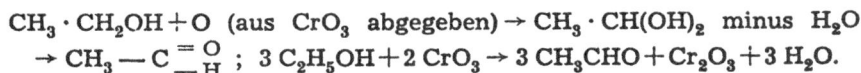

$$CH_3 \cdot CH_2OH + O \text{ (aus } CrO_3 \text{ abgegeben)} \rightarrow CH_3 \cdot CH(OH)_2 \text{ minus } H_2O$$

$$\rightarrow CH_3 - C {\overset{=\,O}{\underset{-\,H}{}}} \; ; \; 3 C_2H_5OH + 2 CrO_3 \rightarrow 3 CH_3CHO + Cr_2O_3 + 3 H_2O.$$

Die zunächst entstehende Dihydroxylverbindung an e i n e m C-Atom ist unbeständig und s p a l t e t W a s s e r a b , wie dies von der Kohlensäure $CO(OH)_2$ (I, 112) schon bekannt ist. Der Vergleich der Formeln C_2H_6O und C_2H_4O macht den Namen der letzteren Verbindung verständlich: al[cohol]dehyd[rogenatus], zusammengezogen in **Aldehyd.** Die Einwirkung von Sauerstoff führt hier also nicht zu einer sauerstoffreicheren Verbindung, sondern zu einer **wasserstoffärmeren** Verbindung und sollte eigentlich als **Dehydrierung** bezeichnet werden; S. 46 u. I, 67.

Nicht nur reiner Alkohol und reines Chromsäureanhydrid, sondern auch wässerige Lösung von Alkohol und Dichromat liefern bei Anwesenheit von verd. H_2SO_4 diese Reaktion.

$$\overset{VI}{K_2Cr_2O_7} + 4 H_2SO_4 \rightarrow 2 \overset{III}{K}Cr(SO_4)_2 + 4 H_2O + 3 O.$$

Kaliumdichromat Kaliumchromalaun (VI — III = 3/2 O)

Die verfügbaren 3 O-Atome vermögen 3 Mol. C_2H_5OH in Aldehyd überzuführen. Die Änderung betrifft also nur den anorganischen Teil der Reaktion.

b) $KMnO_4$ wird in Wasser gelöst und unter Erhitzen so lange mit C_2H_5OH versetzt, bis die violette Lösungsfarbe verschwunden ist, bzw. über die grüne Manganatfarbe braune Fällung von Mangansuperoxydhydrat entsteht. Man filtriert ab und säuert das Filtrat mit H_2SO_4 an und bemerkt den bekannten Geruch der Essigsäure, besonders beim Erwärmen.

E r k l ä r u n g : Mangan geht vom VII-wertigen Zustand im Permangation in den IV-wertigen Zustand über (a l k a l i s c h e r Oxydationsverlauf bei Permanganat). Statt einem schieben sich 2 Sauerstoffatome ein

---

[1]) C_2H_6O kann man als teilweise oxydiertes Äthan (C_2H_6) auffassen.

$$\left.\begin{array}{l} \text{OH} \\ | \\ \text{C}{<}^{\text{OH}}_{\ \text{OH}} \\ | \\ \text{CH}_3 \end{array}\right\} \begin{array}{l}\text{O aus dem} \\ \text{Permanganat} \\ \text{ist durch Fett-} \\ \text{druck gekenn-} \\ \text{zeichnet}\end{array}$$

minus $H_2O \rightarrow CH_3 \cdot CO_2H$;

$$\overset{\text{VII}}{2\,KMnO_4} + 3\,H_2O \rightarrow 2\,\overset{\text{IV}}{MnO(OH)_2} + 2\,KOH + 3\,O;$$

$$CH_3CO_2H + KOH \rightarrow H_2O + CH_3CO_2K.$$

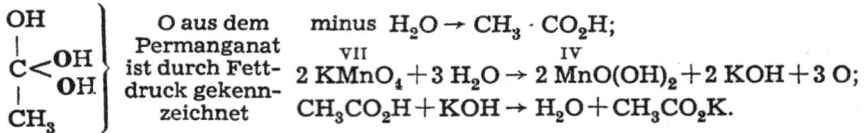

Wenn schon 2 Hydroxyle an einem C-Atom Wasser abspalten, so ist dies bei 3 Hydroxylen erst recht der Fall. Von der anorg. Chemie her ist bekannt, daß Hydroxylgruppen, welche im Verein mit einem oder mehreren Sauerstoffatomen an ein mehrwertiges Atom gebunden sind, ihr Wasserstoffatom in wässeriger Lösung als Ion abspalten. Mit anderen Worten, solche Verbindungen sind Säuren. Hier liegt für das Kohlenstoffatom der gleiche Fall vor. Man hat also eine Säure, und zwar die Essigsäure.

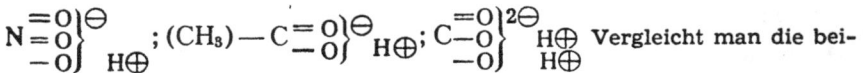

$$N{\overset{=O}{\underset{-O}{\overset{=O}{{}}}}}\Big\}\overset{\ominus}{}_{H\oplus}\ ; (CH_3)-C{\overset{=O}{\underset{-O}{{}}}}\Big\}\overset{\ominus}{}_{H\oplus}; \ C{\overset{=O}{\underset{-O}{{}}}}\Big\}^{2\ominus}_{\ H\oplus}\ $$ Vergleicht man die bei-

den letzten Formeln, so erkennt man, daß in der Essigsäure eine Hydroxylgruppe der Kohlensäure durch CH_3 ersetzt ist. Im Aldehyd $CH_3 \cdot C{\overset{=O}{\underset{-H}{{}}}}$ ist an dem mit Sauerstoff beladenen C-Atom der **Wasserstoff an Kohlenstoff** gebunden, **wird** also **nicht als Ion abgegeben.** Die einwertige Gruppe — COOH ist die **Karboxylgruppe;** die Verbindungen, in welchen sie enthalten ist, werden als **Karbonsäuren** bezeichnet. Gesamtgleichung:

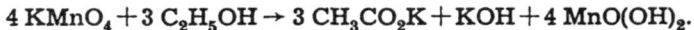

$$4\,KMnO_4 + 3\,C_2H_5OH \rightarrow 3\,CH_3CO_2K + KOH + 4\,MnO(OH)_2.$$

Die bei der Oxydation entstehende Essigsäure erscheint auf der rechten Seite wegen der verfügbaren Kaliumionen als essigsaures Kalium. Beim Ansäuern wird die Essigsäure durch die stärkere H_2SO_4 aus ihrem Salz verdrängt und als leicht flüchtige Säure am Geruch erkannt. $2\,CH_3CO_2K + H_2SO_4 \rightarrow K_2SO_4 + 2\,CH_3CO_2H.$

E r g e b n i s : Essigsäure und Aldehyd, wegen des Zusammenhanges mit der Essigsäure (a c e t u m) auch Azetaldehyd genannt, sind Oxydationsprodukte des Äthylalkohols. Welches Oxydationsprodukt entsteht, hängt von der Wahl des Oxydationsmittels und den Versuchsbedingungen ab.

Gegen weitere Oxydation in wässeriger Lösung ist die durch Kohlenstoffbindung angefügte Methylgruppe der Essigsäure paraffinähnlich widerstandsfähig.

Biochemische Oxydation: Man läßt billigen Kochwein längere Zeit o f f e n stehen und erkennt die gebildete Essigsäure am Geruch. Das Sauerwerden des Weines wird hier durch das Wachstum des Essigsäurebazillus vermittelt, dessen Sporen überall in der Luft enthalten sind.

Jodoform

Übg. 9: In Äthylalkohol wird festes Jod eingebracht und etwas erwärmt, damit das Jod mit r o t b r a u n e r Farbe schneller in Lösung geht.

Eigentlich würde man die violette Farbe des Joddampfes wie bei $CHCl_3$ erwarten (Übg. 5 a). Die Farbe ist jedoch ähnlich wie die der wässerigen Jodjodkalilösung und dürfte, wie bei dieser, eine geringfügige koordinative Änderung zur Ursache haben. Eine tiefgreifende Reaktion findet beim Zusammengeben und Erwärmen nicht statt. Erst bei längerer Einwirkung des Lichtes tritt Substitution ein, weshalb die für Desinfektionszwecke überall bereitgehaltene alkoholische Jodlösung (Jodtinktur) in b r a u n e n Flaschen aufbewahrt wird.

Man versetzt mit Natronlauge bis zum Verschwinden der braunen Farbe: hellgelbe kristallinische Fällung, welche aus verdünntem Alkohol umkristallisiert werden kann und den kennzeichnenden, von Krankenhäusern her bekannten Geruch besitzt.

E r k l ä r u n g : Die verwickelte Reaktion muß in 3 Teilvorgänge zerlegt werden.

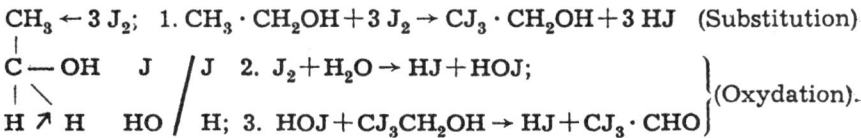

$CH_3 \leftarrow 3 J_2$; 1. $CH_3 \cdot CH_2OH + 3 J_2 \rightarrow CJ_3 \cdot CH_2OH + 3 HJ$ (Substitution)

$$C - OH \quad J \Big/ J \quad 2. J_2 + H_2O \rightarrow HJ + HOJ;$$

$$H \nearrow H \quad HO \Big/ H; \quad 3. HOJ + CJ_3CH_2OH \rightarrow HJ + CJ_3 \cdot CHO \Big\} \text{(Oxydation).}$$

Der Trijodazetaldehyd wird unter Einwirkung der Natronlauge durch Anlagerung von Wasser in ameisensaures Natrium und Jodoform gespalten:

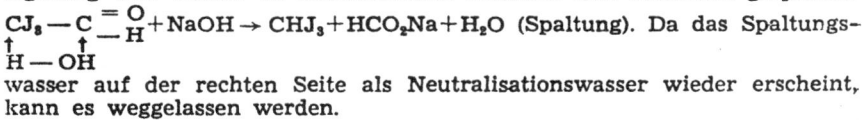

$CJ_3 - C \overset{=O}{\underset{H}{-}} + NaOH \rightarrow CHJ_3 + HCO_2Na + H_2O$ (Spaltung). Da das Spaltungs-
$H - OH$
wasser auf der rechten Seite als Neutralisationswasser wieder erscheint, kann es weggelassen werden.

4. $CJ_3 - CHO + NaOH \rightarrow HCO_2Na + CHJ_3$.

5. $5 HJ + 5 NaOH \qquad \rightarrow 5 NaJ \quad + 5 H_2O$. Gesamtgleichung:

6. $C_2H_5OH + 4 J_2 + 6 NaOH \rightarrow CHJ_3 + HCO_2Na + 5 NaJ + 5 H_2O$.

Die Natronlauge hat also die Aufgabe, Jodwasserstoffsäure und Ameisensäure als Salze aus der Reaktion zu entfernen. Zieht man in Betracht, daß Jod ein sehr hohes Atomgewicht besitzt, so kann man leicht den Grund erkennen, warum die Reaktion scheinbar versagt, wenn man zu viel Alkohol wenig Jod gibt. Es entsteht dann relativ wenig CHJ_3, das im Alkoholüberschuß gelöst bleibt und erst beim Verdünnen mit H_2O ausfällt.

7. Essigester

Übg. 10: Etwa 1 g festes essigsaures Natrium (wasserfrei!) wird mit etwa 1 ccm C_2H_5OH (rein) und 1 ccm H_2SO_4 (konz.) übergossen und (vorsichtig) mit einem Glasstab umgerührt. Man bemerkt den kennzeichnenden Geruch des Essigsäureäthylesters. Nach längerem Stehen schüttet man zu dem erkalteten Brei etwa 7 ccm H_2O. Beim Umrühren steigen ölige Tröpfchen auf, die vom Äthylester herrühren, da Alkohol, Essigsäure und Schwefelsäure sich mit Wasser mischen (vgl. Übg. 21 a, S. 75!): $CH_3COOH + C_2H_5OH \rightleftarrows CH_3CO_2C_2H_5 + H_2O$.

E r k l ä r u n g : Ein Ester des Äthylalkohols, das C_2H_5J, trat uns schon in Übg. 7 a entgegen. Aus der technischen Bezeichnung dieses

Stoffes „jodwasserstoffsaures Äthyl" klingt die Analogie mit den Salzen heraus. Der Alkohol wirkt hier gewissermaßen als Base [1]). Bei der **Salzbildung:** $H\oplus + J\ominus + Na\oplus + OH\ominus \rightarrow H_2O + Na\oplus + J\ominus$, sind **beide** Ausgangsstoffe ionisiert. Bei der organischen Reaktion der **Ester**bildung ist dies nicht der Fall. Während die Salzbildung als Ionenreaktion in sehr kurzer Zeit abläuft, benötigt die Esterbildung je nach der Temperatur Stunden und Tage bis zur Erreichung des Gleichgewichts und zwar ist das Gleichgewicht mit der Bildung von $2/3$ Mol Ester erreicht, wenn ein Mol Alkohol auf ein Mol Essigsäure einwirkt.

Da von den 4 Stoffen der Umsetzungsgleichung nur ein Stoff, die Essigsäure, sauer reagiert, kann man das Fortschreiten zum Gleichgewicht leicht verfolgen. Man entnimmt von Zeit zu Zeit 1 ccm und titriert mit 1/10 n NaOH (II, 97). Das Gleichgewicht ist dann erreicht, wenn der Säuregehalt auf $1/3$ des anfänglichen gesunken ist. Auch bei noch so langer Einwirkung sinkt er nicht weiter. Die **molare Konzentration** der Essigsäure — denn auf diese kommt es an, nicht etwa auf die Konzentration g im l, ist dann $1/3$ Mol. Nach der Reaktionsgleichung ist die Alkoholkonzentration ebenfalls $1/3$, die Konzentration von Ester und Wasser sind je $2/3$ Mol.

Alkohol + Säure → Ester + Wasser;
Am Anfang: 1 Mol + 1 Mol   0 Mol   0 Mol   } bei **vollständigem** Ablauf;
am Ende: 0 Mol   0 Mol → 1 Mol + 1 Mol }
1 — $2/3$ Mol 1 — $2/3$ Mol → $2/3$ Mol $2/3$ Mol **im Gleichgewicht.**

Bei 100 proz. Esterbildung hätte es keinen Sinn, einen Bildungsteilstoff für den Ester im Überschuß zu nehmen, da dieser übrig bliebe und unter der Annahme eines vollständigen Reaktionsablaufs nur eine unbeteiligte Verdünnung ist; vgl. I, 31! Zu einem ganz anderen Ergebnis führt das Massenwirkungsgesetz (II, 78) durch den Ester-Gleichgewichtsansatz:

$$\frac{1/3 \cdot 1/3}{2/3 \cdot 2/3} = k = 1/4.$$

Man kann nun berechnen, wieviel Mol Ausbeute man bei Anwendung von 2 Mol Alkohol auf 1 Mol Säure erhält. Die Konzentration des Esters ist jetzt nicht $2/3$, sondern x. Die des Wassers nach der Gleichung ebenfalls x. Da je x Moleküle Säure und Alkohol verbraucht sind, um x Moleküle Ester zu liefern, sind im Gleichgewicht noch $(1 - x)$ Mol Säure und $(2 - x)$ Mol Alkohol übriggeblieben, also $\frac{(1 - x) \cdot (2 - x)}{x \cdot x} = 1/4$; $x_2 = 2 - 2/3 \sqrt{3} = 0,85$ **Mol.**

Der Wert von x_1 ist nicht brauchbar, da > 1. Aus 1 Mol Säure kann man nicht mehr als 1 Mol Ester bekommen. Vgl. II, 75! Auf g umgerechnet: Aus 92 g Alkohol und 60 g Essigsäure erhält man 74,8 g Ester. 2. Beispiel: In welchem Gewichtsverhältnis müssen Alkohol und Essigsäure aufeinander einwirken, damit 75 % Ausbeute an Ester erzielt wird? Die Konz. des Alkohols soll unbekannt sein (x), die auf 1 Mol Essigsäure einwirkt. Im Gleichgewicht hat man dann

$$\frac{(1 - 3/4) \cdot (x - 3/4)}{3/4 \cdot 3/4} = 1/4;$$

daraus folgt x = $1^{5}/_{16}$ Mol; auf C_2H_5OH umgerechnet rund 60 g; 1 Mol $CH_3COOH = 60$ g; d. h. wenn A l k o h o l i m Ü b e r s c h u ß genommen wird, ist das Gewichtsverhältnis 1:1.

---

[1]) S. als Gegenstück Übg. 7 d und vgl. das amphotere Verhalten von anorganischen Stoffen, z. B. $Al(OH)_3$ (II, 118!); aber auch S. 124!

Die Ausbeute an Ester kann man statt durch Überschuß an einem der Ausgangsstoffe noch auf andere Weise verbessern, nämlich dadurch, daß man an den Reaktionsprodukten eingreift, für Entfernung des Wassers oder des Esters sorgt. **Die gegenläufige** Reaktion, die **Verseifung**, bildet ja die Ausgangsstoffe in unerwünschter Weise zurück. Dies führt auf die Erklärung der Rolle der Schwefelsäure beim Übgs.-Versuch: 1. Die Schwefelsäure macht nach dem Verdrängungstypus die Essigsäure aus ihrem Salz frei: $H_2SO_4 + 2 CH_3CO_2Na \rightarrow Na_2SO_4 + 2 CH_3CO_2H$. 2. Beim Zusammengeben von H_2SO_4 und C_2H_5OH tritt starke Erwärmung ein, wie dies schon beim Vermischen von Wasser mit konz. Schwefelsäure (I, 81) bekannt ist; vgl. auch S. 48, Übg. 12, d! Beim Übungsversuch nützt man die Reaktionswärme von 1. und 2. aus, um die für die Esterbildung günstige Temperatur o h n e Flammeneinwirkung zu erzielen. 3. Durch ihr Wasserstoffion bewirkt die H_2SO_4 katalytisch eine rasche Einstellung des Gleichgewichtes, was ohne sie langes Erhitzen erfordern würde. 4. Das Reaktionsprodukt Wasser wird von der konz. H_2SO_4 gebunden. Diese Fähigkeit der H_2SO_4 (konz.) wurde eben bei Punkt 2 vergleichsweise erwähnt. Durch die Entfernung eines Stoffes auf der rechten Seite wird das Massenwirkungsgleichgewicht gestört, was eine Erhöhung der Esterausbeute zur Folge hat.

Mit dieser Klarstellung der Rolle der Schwefelsäure ist auch gesagt, daß es bei der Übung nicht darauf ankommt, den Ester der Schwefelsäure auch noch zu erhalten. Denn eigentlich ist es verwunderlich, warum man bei Einwirkung von zwei verschiedenen Säuren auf Äthylalkohol nicht auch die Entstehung von 2 Estern in den Kreis der Betrachtung zieht. F ü r   d i e D a r s t e l l u n g   d e s   E s s i g e s t e r s ist nur die Essigsäure un entbehrlich, die ja einen Teil des Estermoleküls zu liefern hat. Die H_2SO_4 könnte als Katalysator auch durch andere Säuren, z. B. HCl, ersetzt werden.

Reiner Essigester löst sich ziemlich gut in kaltem Wasser mit n e u - t r a l e r Lackmusreaktion. Der Säurecharakter der Essigsäure ist mit dem Wasserstoffion der $- CO_2H$-Gruppe, an dessen Stelle nunmehr C_2H_5 steht, verschwunden.

8. Aldehyde und Ketone

Den Aldehyden kommt die allgemeine Formel $R - CHO$ zu, wobei R ein Wasserstoffatom sein kann oder irgendein einwertiges organisches Radikal, z. B. CH_3 oder C_2H_5 usw. Namengebung s. S. 40! Die Reihenfolge der Buchstaben zeigt an, daß **keine Hydroxylgruppe vorhanden ist**.

Übg. 11: a) Zu $AgNO_3$-Lsg. (etwa 1 ccm) gibt man einige Tropfen 2n NaOH und erhält schwarze Fällung: $2 AgNO_3 + 2 NaOH \rightarrow Ag_2O + H_2O + 2 NaNO_3$. Bei Verunreinigung der Lauge mit Halogen- und Karbonation ist der Niederschlag grau ($AgCl$, Ag_2CO_3). Dann gibt man so viel NH_4OH-Lsg. zu, bis klare, farblose Lsg. eingetreten ist. Die

L ö s u n g enthält die Silberamminbase Ag(NH$_3$)$_2$OH (II, 127, Übg. 41). Dazu werden 2 Tropfen „F o r m a l i n l ö s u n g" gegeben, d. i. die technische Bezeichnung für die wässerige Lösung von Formaldehyd CH$_2$O. Man erhält schon in der Kälte Silberausscheidung, wenn die Innenflächen des Rgl. tadellos sauber sind, in Form eines glänzenden Silberspiegels.

E r k l ä r u n g : Diese Reduktion des Silbersalzes zu metallischem Silber ist kennzeichnend für Aldehyd (vgl. S. 46!). Sie würde auch mit Ag$_2$O eintreten; nur würde man den Übergang des dunkelbraunen Ag$_2$O in fein verteiltes und daher schwarzes Silber kaum wahrnehmen können. Man führt deshalb Ag$_2$O in eine durch NaOH nicht fällbare, farblose L ö s u n g über (größter Kontrast), die noch dazu kochbeständig ist. Ebensowenig wie man bei Umsetzung von Kristallwasserverbindungen das Kristallwasser durch die Formulierungen hindurchschleppt, braucht man es hier mit dem Zuordnungs-Ammoniakmolekeln zu tun. Man nimmt also statt 2 Ag(NH$_3$)$_2$OH für die Formulierung Ag$_2$O:

$$\text{Ag}_2 \mid \; \text{O} + \text{H} - \overset{H}{\underset{}{\text{C}}} = \text{O} \to 2\,\text{Ag} + \text{HCOOH}$$

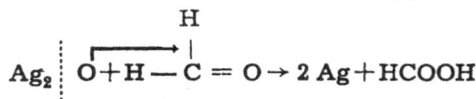

oder als Dehydrierung:

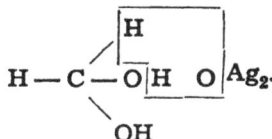

$$\text{H} - \text{C} - \overset{/H}{\underset{\backslash OH}{\text{O}|\text{H}}} \;\; \text{O}|\text{Ag}_2.$$

Die dabei entstehende Ameisen s ä u r e könnte nun durch Herausnahme von NH$_3$ stören; deswegen setzt man von vornherein etwa NaOH zu, um die auftretende Säure zu neutralisieren. Von dem Übergang in A m e i s e n säure rührt die Bezeichnung Formaldehyd her. Mit Azetaldehyd erfolgt die analoge Umsetzung: CH$_3$CHO + Ag$_2$O + NaOH → CH$_3$CO$_2$Na + 2 Ag + H$_2$O.

Die tiefrote wässerige Lsg. von salzsaurem Fuchsin wird mit etwas Na$_2$SO$_3$ versetzt und so viel Essigsäure zugegeben, bis Entfärbung eingetreten ist. Die schwach gelbe, filtrierte Lösung von fuchsinschwefliger Säure wird mit ein paar Tropfen Formaldehyd- bzw. Azetaldehyd-Lsg. versetzt. Nach kurzer Zeit tritt schöne Rotfärbung ein. Diese Farbreaktion ist ein ausgezeichnetes Erkennungsmittel für die Aldehydgruppe.

b) Azetaldehydlösung wird mit Natronlauge erhitzt. Man beobachtet zunächst Gelbfärbung, dann einen gelben, schließlich braunen Niederschlag, der jedoch nicht kristallinisch ausfällt, sondern eine zähklebrige Masse bildet: V e r h a r z u n g s r e a k t i o n , kennzeichnend für viele Aldehyde (s. Traubenzucker!). Formaldehyd und aromatische Aldehyde liefern mit NaOH keine Verharzung sondern andere Umsetzungen (s. S. 78, Übg. 23, b!).

E r k l ä r u n g : Die Verharzung beruht auf der Bildung von Verbindungen mit sehr hohem M. G., welche infolge der großen Molekeln nur schwer zur Kristallisation zu bringen sind und dem kolloidalen Zustande zuneigen. Da viele kleine Molekeln in eine große zusammengedrängt werden, nennt man den Vorgang **Kondensation (Verdichtung)**. Den Namen behält man auch dann bei, wenn bei der Bildung der großen Molekeln kleinere Molekeln als Splitter abfallen, z. B. H_2O oder HCl. Die Aldehydverharzung wird als **Aldolkondensation** bezeichnet, weil Stoffe von Alkohol- und zugleich Aldehydcharakter entstehen. Der Angriffspunkt ist der d o p p e l t g e b u n d e n e O in der Aldehydgruppe, welcher durch Wasserstoffanlagerung in die einfach gebundene alkoholische Hydroxylgruppe übergeht unter Entstehung einer neuen C-C-Bindung. Auch hier findet die Anlagerung an einer Doppelbindung statt, allerdings nicht an einer ($> C = C <$)-Bindung (vgl. Übg. 3 b), sondern an einer $> C = O$-Gruppe, welche als **Karbonylgruppe** bezeichnet wird:

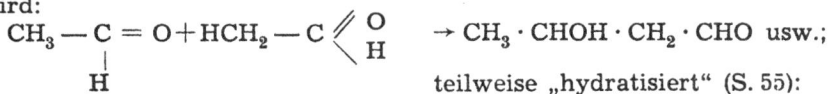

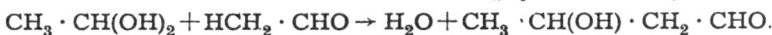

$$CH_3 - \underset{\underset{H}{|}}{C} = O + HCH_2 - C \diagup \!\!\!\!\! \diagdown {O \atop H} \rightarrow CH_3 \cdot CHOH \cdot CH_2 \cdot CHO \text{ usw.;}$$

teilweise „hydratisiert" (S. 55):

$$CH_3 \cdot CH(OH)_2 + HCH_2 \cdot CHO \rightarrow H_2O + CH_3 \cdot CH(OH) \cdot CH_2 \cdot CHO.$$

Auf die Aldolkondensation stützt sich die Baeyersche Assimilationshypothese, nach welcher CO_2 durch die grüne Pflanze im Sonnenlicht zunächst zu Formaldehyd (CH_2O) reduziert und durch fortlaufende Aldolkondensation in Zucker und Stärke übergeführt wird. Durch Ätzkalk kann man nämlich Formaldehyd in „Akrose", eine mit Traubenzucker isomere Zuckerart überführen. $CO_2 + H_2O \rightarrow$ durch p h o t o c h e m i s c h e R e d u k - t i o n : $CH_2O \rightarrow (CH_2O)_6 = C_6H_{12}O_6 \rightarrow (C_6H_{10}O_5)n$.
Einwirkung von Fehlingscher Lösung s. S. 69 und 103!
Die Verwendung von Formalin-Lsg. und gasförmigen Formaldehyd für Desinfektionszwecke ist besonders erwähnenswert. Formaldehydgas kann man leicht in folgender Weise herstellen. Ein Rgl. erhält am Boden ein Glaswollepolster und wird mit etwa 1 ccm CH_3OH beschickt. Man läßt eine glühend heiße CuO-Drahtnetzspirale hineingleiten und stellt den scharfen, zu Tränen reizenden Geruch des sich im ganzen Zimmer ausbreitenden CH_2O fest (evtl. anzünden). CuO geht in hellrosa Cu über und oxydiert dabei CH_3OH zu CH_2O; aber auch am reduzierten Kupfer wird, s o l a n g e e s h e i ß i s t , Methylalkohol katalytisch zu Formaldehyd dehydriert: CH_4O minus $2 H \rightarrow CH_2O$.

Azeton ist eine farblose, leicht bewegliche Flüssigkeit mit einem an Alkohol erinnernden Geruch; Kp. 56 ^{0}; ausgezeichnetes Lösungsmittel für Harze (Schellack) und Gummi, ferner für Azetylen in Stahlflaschen; mischbar mit H_2O und C_2H_5OH (s. a. S. 55!).

Die Formel $CH_3 \cdot CO \cdot CH_3$ läßt erkennen, daß auch im Azeton eine Karbonylgruppe enthalten ist, wie in den Aldehyden. Das für letztere kennzeichnende H-Atom ist aber durch eine CH_3-Gruppe ersetzt. Azeton ist der einfachste Vertreter einer großen Zahl von Verbindungen der **Ketone**, deren allgemeine Formel $R - CO - R$ ist, wobei R irgendein organisches Radikal bedeutet, gleiche oder verschiedene z. B. Dimethylketon $= (CH_3)_2CO$; $CH_3 - CO - C_6H_5 =$ Azetophenon; $(C_6H_5)_2CO =$ Benzophenon.

Keton- und Aldehyd-Synthesen: 1. Mit Hilfe der Ca-Salze der Karbonsäuren durch Erhitzen auf hohe Temperatur (Brenzreaktion). a) $(CH_3CO_2)_2Ca \rightarrow CaCO_3 + (CH_3)_2CO$; vgl. S. 77! Bei Anwendung von verschiedenen Ca-Salzen erhält man gemischte Ketone: b) $(CH_3CO_2)_2Ca + (C_6H_5CO_2)_2Ca \rightarrow 2 CaCO_3 + 2 CH_3COC_6H_5$; oder mit ameisensaurem Ca Aldehyde: c) $(HCO_2)_2Ca$

$+(C_2H_5CO_2)_2Ca \to 2\,CaCO_3 + C_2H_5CHO$ Propionaldehyd. 2. Die modernen katalytischen Verfahren setzen die Karbonsäuren selbst um. a) Überleiten von Essigsäuredämpfen über Tonerde Al_2O_3: $2\,CH_3CO_2H \to CH_3COCH_3 + CO_2 + H_2O$; allgemein mit dem Katalysator MnO bei 300 ^{0}: b) $2\,RCO_2H(Dampf) \to R_2CO + H_2O + CO_2$; bei Anwendung eines Gemisches von RCO_2H mit HCO_2H (Ameisensäure) erhält man in entsprechender Weise Aldehyde: c) $RCO_2H + HCO_2H(Dämpfe) \to RCHO + H_2O + CO_2$. 3. Oxydation von sekundären Alkoholen, z. B. Isopropylalkohol: $(CH_3)_2CHOH + (O) \to H_2O + (CH_3)_2CO$. Im wesentlichen ist diese Reaktion eine Dehydrierung, die durch Wasserstoffabspaltung bewirkt werden kann: $(CH_3)_2CHOH$ (Cu/300 ^{0}) $\to (CH_3)_2CO + H_2$. Die Anwendung dieser Reaktion auf primäre Alkohole führt zu Aldehyden; s. S. 45; 4. Auf biochemischem Wege kann Azeton zusammen mit Butylalkohol mit Hilfe des Bakteriums acetobutylicum durch Gärung hergestellt werden.

Durch Schmelzen mit Alkalien werden Ketone gemäß folgendem Beispiel gespalten: $(C_6H_5)_2CO + KOH \to C_6H_6 + C_6H_5CO_2K$. Vgl. S. 77!

Ähnlich wie die Aldehyde besitzen auch die Ketone eine sehr große Neigung zu Kondensationsreaktionen (S. 146).

Azeton reduziert Silberammoniak nicht (vgl. Übg. 11 a). Das Fehlen des Wasserstoffatoms an der Karbonylgruppe hat das Ausbleiben der Reduktion zur Folge. Der Versuch ist eine Bestätigung dafür, daß im Aldehyd das eine H-Atom der Aldehydgruppe der Träger der reduzierenden Wirkung ist.

Als Karbonylverbindungen liefern Aldehyde und Ketone gemeinsame Umsetzungen. Z. B. gehen sie durch katalytische Hydrierung in die zugehörigen Alkohole über. Oder die Oxim- und Hydrazonbildung: $RCHO + H_2NOH$ (Hydroxylamin) $\to RCH = NOH$ (Aldoxim) $+ H_2O$; $R_2CO + H_2N-NH_2$ (Hydrazin) $\to$ (Ketohydrazon) $R_2C = N-NH_2 + H_2O$. Während bei den letzteren Reaktionen der Karbonylsauerstoff in die gebildete Wassermolekel übertritt, zeigen beide Verbindungstypen auch übereinstimmende **Anlagerungs**reaktionen an die Doppelbindung in der Karbonylgruppe und zwar gegen NH_3, HCN und $NaHSO_3$: CCl_3CHO (Trichlorazetaldehyd, Chloral) $+ NH_3 \to CCl_3CH(OH)(NH_2)$. Nur der Formaldehyd nimmt gegen NH_3 eine Ausnahmestellung ein, indem er Hexamethylentetramin $(CH_2)_6N_4$ liefert. $CH_3COCH_3 + HCN \to (CH_3)_2C(OH)(CN)$, Zwischenprodukt zur Darstellung der Methakrylsäure (Zyanhydrinsynthese). $RCHO + NaHSO_3 \to RCH(OH)(SO_3Na)$; wegen der leichten Kristallisierbarkeit häufig zur Reindarstellung von Aldehyden und Ketonen („aus der Bisulfitverbindung") benützt.

9. Äther

Übg. 12: a) Äther ist eine leicht bewegliche, stark lichtbrechende Flüssigkeit; Geruch süßlich; Geschmack brennend; Lackmusreaktion neutral; Kp. sehr niedrig, bei 33 ^{0}. Schon bei gewöhnlicher Temperatur verdampft er sehr rasch unter starker Abkühlung. Durch Verdunsten von Äther auf der Handfläche kann man sich davon überzeugen. Nachdrücklich sei auf die **Feuergefährlichkeit** hingewiesen.

In einer Porzellanschale befindet sich etwas Äther. Man nähert eine niedrig gestellte Flamme. Noch weit vor der Berührung tritt Entflammung ein. Der Äther verbrennt mit leuchtender Flamme. Sein „Entflammungspunkt" liegt weit unter Zimmertemperatur. Dies hängt mit seinem hohen Verdampfungsbestreben zusammen (I, 26): Der „Partialdruck" beträgt bei Zimmertemperatur 40 cm Hg, also über eine halbe Atmosphäre.

Ungefähren Einblick in die Gewalt dieses Dampfdruckes gewährt folgender Versuch. In eine 5 ccm-Pipette wird etwa 1 ccm Äther eingesaugt und sofort durch Aufdrücken des Zeigefingers der rechten und linken Hand an beiden Enden verschlossen. Man läßt den Äther hin und herfließen und öffnet, wenn sich Äther als Sperrflüssigkeit an der verengten Spitze schräg nach oben befindet. Der Äther wird durch seinen eigenen Dampfdruck in kräftigem Strahle 4—5 m weit fortgeschleudert.

b) Etwa 5 ccm H_2O werden nach Markierung der Oberfläche mit einem Klebstreifen mit etwa der gleichen Menge Äther überschichtet. Beim Durchschütteln unter Daumenverschluß (Dampfdruck!) steigt die wässerige Schicht etwas an. Äther löst sich in H_2O und umgekehrt löst sich etwas H_2O in Äther bis zu einer bestimmten Grenze (Sättigung). Aus dem Ansteigen der H_2O-Schicht kann man den Schluß ziehen, daß die Löslichkeit in H_2O größer ist als umgekehrt.

Nach dem Trennen der beiden Flüssigkeiten kann man den Äther aus der wässerigen Lösung durch Erwärmen in einer Porzellanschale austreiben und an seiner Brennbarkeit nachweisen. Das Wasser in der Ätherschicht wird an der Blaufärbung von entwässertem $CuSO_4$ erkannt.

Auf diesem Verhalten des Äthers beruht eine für die organische Praxis wichtige Methode der Isolierung von organischen Flüssigkeiten, deren Kp. höher liegt als der Kp. des Äthers. Beispiel S. 82! Dieses sog. **Ausäthern** ist deshalb sehr häufig anwendbar, weil Äther gegen chemische Angriffe s e h r w i d e r s t a n d s f ä h i g und ein ausgezeichnetes Lösungsmittel für organische Substanzen ist, während anorganische Verbindungen sich nur in sehr geringen Mengen darin lösen. Die chemische Trägheit des Äthers bringt es mit sich, daß unsere Ätherversuche keine eigentlich c h e - m i s c h e n Umsetzungen sind. Dies hängt mit dem Bau der Äthermolekel $(C_2H_5)_2O$ zusammen, allgemeine Formel R_2O. Während im Azeton die organischen Radikale durch die 2-wertige Karbonylgruppe verknüpft sind, hat man hier das 2-wertige Sauerstoffatom selbst als Brücke, so daß i n d e r M o l e k e l n u r d i e s t a b i l e, e i n f a c h e B i n d u n g vorkommt. Im Gegensatz zu den isomeren Alkoholen reagiert Äther weder mit metallischem Natrium noch mit PCl_5, im Gegensatz zu den Estern, die in alten Aufschriften häufig als Äther, z. B. Essigäther statt Essigester, bezeichnet werden, läßt sich Diäthyläther durch starke Alkalien nicht hydrolytisch (in Alkohol) aufspalten. **Konz.** Säuren vermögen jedoch dies zu bewirken, z. B. konz. Jodwasserstoffsäure: $(C_2H_5)_2O + HJ \rightarrow C_2H_5OH + C_2H_5J$. Da Methyläther am Benzolkern als Naturprodukte häufig vorkommen, wird diese Umsetzung zur „Methoxylbestimmung" verwendet. Die Gegenüberstellung der Formeln R_2O und H_2O zeigt, daß vom O-Atom aus betrachtet Äther ein „vollorganisches Wasser" ist, d. h. die beiden H-Atome des Wassers sind durch Paraffinreste ersetzt. Äther enthält keinen an O gebundenen Wasserstoff; deshalb ist auch Na ohne Einwirkung auf absoluten Äther. Äthylalkohol ist nur ein „h a l b s e i t i g o r g a n i s c h e s W a s s e r" und daher viel reaktionsfähiger. Vgl. auch Dioxan S. 50!

c) Auf ein leeres oder auch bedrucktes Papierblatt wird absichtlich ein Fettfleck gebracht. Nach Unterlegen eines weißen Löschblattes wischt man mit einem äthergetränkten Wattebausch mehreremal gegen den Rand des Papiers über den Fettfleck weg und entfernt das Löschblatt. Nach dem Verdunsten des Äthers ist der Fettfleck verschwunden.

Damit ist die leichte Löslichkeit von Fetten in Äther an einem praktischen Beispiele gezeigt. Umgekehrt ist Äther auch in Fetten löslich. Deshalb übt er im menschlichen Körper narkotische Wirkung aus.

Wegen seiner chemischen Trägheit ist er dem Chloroform überlegen. Weil sein Kp. unter der Bluttemperatur liegt, wird er schneller aus dem Blute (durch Atmung) wieder ausgeschieden als das bei 63 ⁰ siedende Chloroform. Gefährlich ist nur die Neigung des Äthers, mit Luftsauerstoff in zwar geringen, aber biologisch auf entzündete Schleimhäute sehr wirksamen Mengen Diäthylsuperoxyd zu bilden. Deshalb wird Äther bei bestehenden Erkrankungen der Atmungsorgane nicht zur Narkose verwendet. Die Superoxydbildung wird durch Licht begünstigt; Aufbewahrung des Narkoseäthers in braunen Flaschen.

Die alte Bezeichnung „**Schwefeläther**" beruht auf einem Irrtum. Man glaubte früher, er müsse S enthalten, da er durch Einwirkung von konz. H_2SO_4 auf Alkohol dargestellt wird. Die Bildung aus Na-Äthylat und Jodäthyl (s. Übg. 7 a und d) beweist seinen Feinbau und vor allem, daß er keinen Schwefel enthält: $C_2H_5Na + JC_2H_5 \rightarrow C_2H_5$-$OC_2H_5 + NaJ$.

Wegen der Beziehungen zu Äthylen und Essigester ist die Äthersynthese durch Mitwirkung der konz. Schwefelsäure von besonderer Bedeutung.

d) Man gibt zu 70 ccm reinem Alkohol in kleinen Anteilen unter Umschütteln und Kühlen mit Leitungswasser 70 ccm H_2SO_4 (s = 1,84), stellt

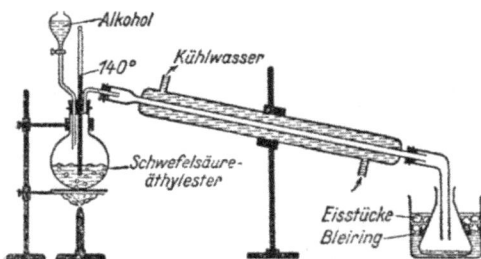

Bild 6
Gerät für die Ätherdarstellung.

den Kolben auf eine Asbestplatte oder setzt ihn wegen der feuergefährlichen Flüssigkeit in ein Sandbad ein und verschließt mit einem dreifach durchbohrten Kork (für ein Thermometer, ein Gasableitungsrohr und einen Tropftrichter). An das Ableitungsrohr schließt ein nicht zu kurzer Kühler an. Man erhitzt auf etwa 140 ⁰ (in der H_2SO_4/C_2H_5OH-Mischung gemessen) und tropft unter Einhaltung dieser Temperatur C_2H_5OH zu. Die genommene Menge H_2SO_4 vermag eine sehr große Menge C_2H_5OH in Äther überzuführen, was man anfänglich für eine Katalyse hielt, bis man die folgende Erklärung auffand:

Wie die Temperatursteigerung vermuten läßt, spielt sich zwischen H_2SO_4 und C_2H_5OH ein chemischer Vorgang ab: $HO_3S \cdot OH + HOC_2H_5 \rightarrow HO_3S \cdot O \cdot C_2H_5 + H_2O$. Erhitzt man diesen Schwefelsäureäthylester, die Ätherschwefelsäure, für sich a u f   h ö h e r e T e m p e r a t u r über 150 ⁰, so wird C_2H_4 unter Rückbildung von H_2SO_4 abgespalten. $HO_3SO - CH_2 - CH_2H \rightarrow H_2C = CH_2 + H_2SO_4$ (s. S. 22!).

Auch bei der modernen katalytischen Umsetzung trifft man eine ähnliche Temperaturabhängigkeit an: $2\,CH_3CH_2OH$ $(260\,^0/Al_2O_3) \rightarrow C_2H_5OC_2H_5 + H_2O$ und CH_3CH_2OH $(360\,^0/Al_2O_3) \rightarrow CH_2 = CH_2 + H_2O$. Für die Darstellung von Olefinen aus den zugehörigen Alkoholen ist auch $AlPO_4$ als Katalysator zu nennen.

Läßt man bei einer Temperatur zwischen $80\,^0$ und etwa $130\,^0$ auf die Ätherschwefelsäure Essigsäure einwirken, so ergibt sich Essigester: $HO_3S — O$ ⌐ C_2H_5 unter Rückbildung der Schwefelsäure, da der
H ¦ O — CO · CH₃
Essigester (bei $78\,^0$ siedend) aus der Reaktion e n t w e i c h t, während die Ätherschwefelsäure für sich unzersetzt nicht destilliert, wie eben formuliert. Bei der praktischen Ausführung der Essigestersynthese tropft man nicht Essigsäure allein zu, sondern ein Gemisch von Essigsäure und Alkohol, so daß nach dieser Auffassung die Ätherschwefelsäure jeweils regeneriert wird (vgl. S. 42!). Läßt man bei etwa $140\,^0$ A l k o h o l **allein** auf die Ätherschwefelsäure einwirken, so bekommt man in analoger Weise Diäthyläther:
$HO_3S — O$ ¦ ⌐ $C_2H_5 \rightarrow C_2H_5OC_2H_5 + H_2SO_4$,
H ¦ O — C_2H_5
welcher sofort aus der Reaktion gasförmig entweicht und sich bei g u t e r Kühlung in der Vorlage ansammelt. Das Rohprodukt muß noch von SO_2, welches aus einer Nebenreaktion stammt, befreit werden.

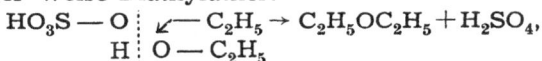

In umgekehrter Richtung des Vorganges kann man an Äthylen $CH_2 = CH_2$ H — SO_4H zu Ätherschwefelsäure anlagern (s. S. 50!) und $(C_2H_5)_2O$ durch Anlagerung von Schwefelsäure in Äthylalkohol und Ätherschwefelsäure spalten. Dimethylsulfat $(CH_3)_2SO_4$, Kp. $188\,^0$, der Schwefelsäure-Ester des Methanols wird vielfach an Stelle von Methyljodid für Methylierungen verwendet. Als praktisch geruchloses, schweres Atemgift hat die sehr gefährliche Substanz bei ihrer techn. Verwendung schon zahlreiche Todesfälle verursacht.

10. Ergänzungen zu Alkoholen und Karbonsäuren

Die bisher behandelten O-Abkömmlinge der Kohlenwasserstoffe stehen in engem Zusammenhang mit dem Alkohol. Beschränkt man sich auf die Paraffinreihe, so hat man folgende allgemeine Formeln: C_nH_{2n+2}: P a r a f f i n e ; $C_nH_{2n+2}O$: A l k o h o l e , damit isomer von n = 2 ab die Ä t h e r. $C_nH_2\,O$: A l d e h y d e , damit isomer von n = 3 ab die K e t o n e. $C_nH_{2n}O_2$: K a r b o n s ä u r e n , damit isomer von n = 2 ab E s t e r. Über die Glieder der einzelnen Reihen ist noch folgendes nachzutragen: n = 1 in $C_nH_{2n+2}O$: CH_3OH **Methylalkohol** ist dem **Äthylalkohol** (s. S. 35, 115 und 118!) sehr ähnlich, unterscheidet sich von letzterem durch den niedrigeren Kp. $(66\,^0)$ und durch seine h o h e G i f t i g k e i t : schweres Nervengift, das rasch zur Erblindung führt. Deswegen wird jetzt der anders klingende und deshalb Verwechslungen ausschließende Name **Methanol** gebraucht. G e w i n - n u n g : Zusammen mit Azeton und Essigsäure aus dem Holzteer-wasser [1]), daher der Name „Holzgeist". Synthese aus Wassergas: $CO + 2\,H_2$ (300 ^{0}—400 ^{0} [2 atü] Zn- und Cr-oxyd-Katalysator) → CH_3OH. Durch Dehydrierung daraus hergestellter Formaldehyd ist ein in sehr großen Mengen benötigtes Ausgangsmaterial für die Kunstharzindustrie. Vgl. S. 45 Kleingedrucktes, 2. Abs.!

   n = 5: $C_5H_{11}OH$, **Amylalkohol** (amylum-Stärke) wird als Nebenprodukt im Gärungsgewerbe erhalten, namentlich, wenn die s t ä r k e - reiche Kartoffel als Ausgangsstoff dient (Fusel), vgl. jedoch S. 117!; er ist durch kratzigen, zum Husten reizenden Geruch ausgezeichnet. Sein Essigsäureester ist das Amylazetat.

Für den gewaltigen Bedarf der Anstrichmittelindustrie an Lösungsmitteln gewinnen neben Azeton (jährliche Produktion allein in USA 50 000 t) auch die Alkohole und ihre Ester mehr und mehr an Bedeutung, besonders Butanol $CH_3(CH_2)_2CH_2OH$. Außer durch Gärung (S. 46) kann dieser auch auf Umwegen aus Azetylen hergestellt werden (Bild 1). n-Propylalkohol wird durch eine Abänderung des Katalysators direkt aus „Wassergas" erhalten. Die erste Reaktionsstufe ist dabei Methanol (S. 49). Dann folgt vermutlich: $2\,CH_3OH \rightarrow H_2O + C_2H_5OH$ und 3. $CH_3OH + HCH_2CH_2OH \rightarrow CH_3CH_2CH_2OH + H_2O$. Solche **Ketten-aufbau**ende Vorgänge liegen auch der Fischerschen Benzinsynthese zugrunde, nur daß hier in einem Zuge die entstehenden Alkohole zu Paraffinen hydriert werden. — Als Ersatz für C_2H_5OH wird in steigendem Maße i-Propylalkohol, Kp. 82,4 ^{0}, verwendet. Seine 30—50 ^{0}/$_0$-ige wässerige Lsg. wirkt so gut antiseptisch wie 70 ^{0}/$_0$-iger Äthylalkohol. Er ist leicht zugänglich aus dem in Cräckgasen, auch beim Berginverfahren, anfallenden Propylen: 1. $CH_3CH = CH_2 + H_2SO_4 \rightarrow CH_3CH(OSO_3H)$ — CH_3 2. hydrolytische Spaltung dieses Isopropylschwefelsäureesters $CH_3CH(OSO_3H)CH_3 + H_2O \rightarrow (CH_3)_2CHOH + H_2SO_4$. In der gleichen Weise kann aus Äthylen Äthylalkohol und aus Isobutylen (ebenfalls Cräckgas) tertiärer Butylalkohol $(CH_3)_3COH$ hergestellt werden.

Die Glieder mit hohen C-Zahlen siehe bei „Wachs"!

Das niedrigste Glied der Ätherreihe ist der bei gewöhnlicher Temperatur gasförmige Dimethyläther $CH_3 \cdot O \cdot CH_3$ (isomer mit Äthylalkohol), Kp. — 23 ^{0}.

Der **Essigester** (n = 4 in der Reihe $C_nH_{2n}O_2$) findet in der Technik und in der wissenschaftlichen Chemie vielfach Anwendung als Lösungsmittel und als Ausgangsstoff für Synthesen. Die Ester dieser Reihe mit höheren C-Zahlen spielen eine große Rolle in der **Industrie der Riechstoffe (Parfümerie)**, z. B. der schon erwähnte Essigsäure-amylester riecht nach Birnen und wird daher auch als „Birnäther" bezeichnet. Das niedrigste Glied der Esterreihe (n = 2) ist der Ameisensäuremethylester. $HCO_2 \cdot CH_3$. Kp. 32,5 ^{0}.

Als **zyklische** Äther sind zu nennen das für die Kunststoffherstellung wichtige, bei gew. Temperatur gasförmige Äthylenoxyd C_2H_4O (Kp. 13 ^{0}) und das 1,4-Dioxan $C_4H_8O_2$ (Kp. 102 ^{0}), ein mit Wasser mischbares, neuzeitliches Lösungsmittel. — Der bei der Alkoholatbildung im Entstehungszustand auftretende Wasserstoff spaltet Ester in Alkohole, z. B.: $C_3H_7CO_2C_2H_5 + 4\,H(Na + C_2H_5OH) \rightarrow C_3H_7CH_2OH + C_2H_5OH$, falls man aus Buttersäure über den Äthylester Butylalkohol herstellen will. Man kann den Ester auch kataly-

---

[1]) 1 ^{0}/$_0$ Methanol, 0,1 ^{0}/$_0$ Azeton, 5—8 ^{0}/$_0$ Essigsäure.

tisch in ein Gemisch der Alkohole umwandeln: $C_3H_7CO_2C_2H_5 + 2H_2$ (250 °/ 2—3 atü/$CuCr_2O_4$) → $C_3H_7CH_2OH + C_2H_5OH$.

Große Bedeutung kommt der **Karbonsäure-Reihe** zu. Die niedrigsten Glieder, **Ameisensäure** und **Essigsäure**, sind schon öfter erwähnt worden (vgl. Bild 1!). Sie sind merkwürdig durch ihren hohen, aus dem Ansteigen in der Reihe herausfallenden Schmelzpunkt. Ameisensäure F.+8 °; reine Essigsäure geht bei +16 ° in eine eisähnliche Masse über, daher stammt die Bezeichnung Eisessig für reine Essigsäure. Das nächsthöhere Glied, die **Propionsäure,** hat den F. —22 ° (!). Der Name heißt verdeutscht Vorfettsäure, weil propionsaurer Kalk sich noch verhältnismäßig leicht in Wasser löst. Die erste eigentliche **Fettsäure** ist die auf die Propionsäure folgende **Buttersäure** (F. —3 °) $C_4H_8O_2$ bzw. $C_3H_7CO_2H$, welche wie die folgenden höheren Fettsäuren ein schwer in Wasser lösliches Kalksalz liefert. Der Zusammenhang mit den Fetten ist durch die Erfahrung gegeben, daß sie beim „Ranzig"-werden der Butter den unangenehmen Geruch hervorruft. Konz. reine Buttersäure riecht stechend sauer, ähnlich wie Eisessig. Der widerliche Geruch tritt erst bei weitgehender Verdünnung deutlich in Erscheinung. Ebenso ist es beim nächsten Glied der Reihe, bei der **Valerian-säure** oder **Baldriansäure** ($C_5H_{10}O_2$) und ähnlich bis zu $C_{10}H_{20}O_2$.

Das Ansprechen unseres Geruchsorgans auf hohe Verdünnungen ist deswegen biologisch wichtig, weil die Gerüche dem Menschen warnend zum Bewußtsein bringen sollen, daß Gärungen stattgefunden haben, bei denen nicht nur übelriechende, sondern auch g i f t i g e Stoffe entstanden sein können. Dies muß jedoch nicht immer der Fall sein, wie der starke Geruch des „Limburger" und anderer Käsesorten nach Valeriansäure zeigt.

Von den höheren Gliedern interessieren C_{16} und C_{18} **Palmitin-** und **Stearinsäure,** Hauptbestandteile der pflanzlichen und tierischen Fette (S. 57). Noch höhere Fettsäuren bis C_{31} sind als Bestandteile von Wachsarten bekanntgeworden.

Fette und Fettsäuren haben besonders auffallende Eigenschaften und werden in wichtigen Gewerben verarbeitet. Deshalb hat man für die Chemie der offenen C-Ketten den Namen von den Fetten genommen: **alifatische** [1]) **Chemie** und ihr die **aromatische** [1]) **Chemie** = Chemie der Benzolderivate gegenübergestellt. Der Geruch allein besagt aber nichts für die Zugehörigkeit. Schon die Ester zeigen, daß es in der alifatischen Chemie würzig riechende Stoffe gibt. Und in der aromatischen Chemie werden uns noch geruchlose Stoffe in großer Zahl begegnen.

Verbindungen, in welchen 2 oder mehr Sauerstoffatome vorkommen, müssen nicht immer Karbonsäuren oder Ester sein. Es besteht noch die Möglichkeit, daß mehrere alkoholische Hydroxylgruppen auf ebenso viele C-Atome verteilt in der Molekel enthalten sind (s. auch S. 40), was bei Glyzerin und den Kohlehydraten der Fall ist. Nach der Zahl der alkoholischen Hydroxylgruppen nennt man diese Verbindungen ein-, zwei und **mehrwertige Alkohole.** Damit dürfen die Begriffe pri-

---

[1]) aleiphar = Salbe, Öl; aroma = Gewürz (gr.).

märer, sekundärer und tertiärer Alkohol nicht verwechselt werden. Die lateinischen Ordnungszahlen werden hier zur Kennzeichnung der besonderen Stellung der OH-Gruppen verwendet.

Das normale Butan liefert 2 verschiedene Alkohole: $CH_3(CH_2)_2CH_2OH$ (a) u. $CH_3CH_2CHOHCH_3$ (b); das verzweigte Butan wiederum 2: $(CH_3)_3COH$ (c) und $(CH_3)_2CHCH_2OH$ (d). Die chemische Verschiedenheit der primären [1]) — CH_2OH (in a und d), sekundären $>CHOH$ (in b) und tertiären Alkoholgruppen $\rightarrow$ COH (in c) tritt bei der Oxydation in Erscheinung. (a) und (d) liefern über die Aldehyde die beiden isomeren Buttersäuren, welche dieselbe Zahl von C-Atomen enthalten, wie die Alkohole. (b) liefert zunächst Methyl-Äthyl-Keton $CH_3 \cdot CO \cdot C_2H_5$ mit der gleichen Zahl von C-Atomen und bei weiterer Oxydation wird die Kette gesprengt. Starke Oxydationsmittel greifen nämlich die Wasserstoffatome des der CO-Gruppe benachbarten C-Atoms zunächst unter Bildung eines Diketons an, das sofort durch OH-Einschiebung an die C—C-Bindung der benachbarten CO-Guppen in 2 Karbonsäuren zerlegt wird (vgl. 17 d!). Eine im C-Ring stehende Keton-Gruppe ergibt in dieser Weise eine Dikarbonsäure, z. B. Zyklohexanon liefert Adipinsäure. — (c) liefert weder Aldehyd noch Keton, sondern s o f o r t unter Kettenzerreißung Oxydationsprodukte mit kleinerer Zahl von C-Atomen.

Übg. 13: a) **Essigsäure und Azetate** (vgl. Übg. 8 b, 10 und 11 a), CH_3CO_2H ist stärker als Kohlensäure: $(NH_4)_2CO_3$ und $CaCO_3$ (Schlämmkreide) werden unter CO_2-Entwicklung in Azetate übergeführt; Verdrängungstypus, z. B.: $CaCO_3 + 2 CH_3CO_2H \rightarrow (CH_3CO_2)_2Ca + CO_2 + H_2O$.

CH_3CO_2Na ist ein weißes, g e r u c h l o s e s, 3 Moleküle Kristallwasser enthaltendes Salz; in Wasser mit alkalischer Reaktion leicht löslich (Hydrolyse). Beim Erwärmen mit verdünnter H_2SO_4 ist die nach dem Verdrängungstypus freigemachte CH_3CO_2H am Geruch erkennbar. Auch konz. H_2SO_4 setzt lediglich CH_3COOH o h n e weitere Einwirkung (k e i n e S c h w ä r z u n g) in Freiheit trotz der kohlehydr a t ähnlichen Formel: $C_2H_4O_2$.

Obwohl die Essigsäure der Gruppe der F e t t s ä u r e n angehört, gibt weder $BaCl_2$- noch $CaCl_2$-Lsg. einen Niederschlag. Silbernitrat-Lsg. zur Lsg. von CH_3CO_2Na in Wasser (1:10) gegeben, liefert Fällung von CH_3CO_2Ag, welches u n v e r ä n d e r t aus heißem Wasser umkristallisiert werden kann: Essigsäure ist sehr widerstandsfähig gegen Oxydation. Nicht einmal mit verd. H_2SO_4 angesäuerte $KMnO_4$-Lösung, ein sehr starkes Oxydationsmittel, wird entfärbt. Hierin zeigt sich der Paraffinabkömmling. Das mit einem C-Atom verbundene CH_3-Radikal wird nur sehr schwer angegriffen und ersteres C-Atom selbst ist schon vollständig oxydiert, nur mit Sauerstoff verbunden bis auf die Paraffinbindung zur CH_3-Gruppe (s. a. Anm. zu Übg 21 d, S. 77! Einwirkung von Eisenchlorid-Lsg. s. II, 138!

b) **Ameisensäure** (HCOOH) kommt in der Natur als Sekret von Giftdrüsen vieler Insekten (Ameisen, Bienen, Prozessionsspinnerraupen) vor. Sie wirkt in Wunden brennend (ätzend) und erzeugt Blasen auf der Haut. — Ameisensäure wird mit konz. H_2SO_4 (im Abzug) erwärmt.

---

[1]) Die hier freigelassenen Wertigkeiten sind mit Kohlenstoffatomen verbunden.

Das entwickelte Gas ist **(giftiges!)** Kohlenmonoxyd und brennt mit blauer Flamme. Die Reaktion ist verursacht durch die wasserbindende Kraft der konz. H_2SO_4: $HCOOH$ minus $H_2O \rightarrow CO$.

Das Anhydridverhältnis des Kohlenoxyds zur Ameisensäure kann zur Darstellung der Alkalisalze der Ameisensäure aus CO benützt werden (s. die folgende Gl.!), aus welchen mit H_2SO_4 dann die Ameisensäure selbst hergestellt wird. Es ist ferner die Grundlage einer großtechnischen Pottasche-herstellung. Nach der Gleichung $K_2SO_4 + Ca(OH)_2 + 2\,CO \rightleftarrows 2\,KHCO_2 + CaSO_4$ $+7$ kcal. (1) wird zunächst durch Einleiten von gereinigtem Generatorgas in eine Suspension von gelöschtem Kalk bei 200^0 und 30 atü in einem Druckgefäß (Autoklav) ameisensaures Kalium hergestellt. Aus der Rohlauge wird das Kalziumsulfat abfiltriert und das Filtrat durch Fällung mit aus der Fabrikation stammender Pottasche kalkfrei gemacht. Beim Eindampfen fällt das nicht ganz umgesetzte Kaliumsulfat fast vollständig aus und wird für eine neue Beschickung nach Gleichung (1) hergenommen. Die geklärte, reine Formiatschmelze wird in einem gasbeheizten Drehofen bei Gegenwart von überschüssigem Luftsauerstoff kalziniert (gebrannt) nach der Gleichung: $2\,KHCO_2 + O_2 = K_2CO_3 + CO_2 + H_2O + 106{,}2$ kcal. (2). Zwischendurch wird durch Dehydrierung des Formiats Oxalat gebildet, nach der Gleichung: $2\,KHCO_2$ $= K_2C_2O_4 + H_2$, welch letzterer zu Wasserdampf verbrennt. Vgl. Übg. 17 d!

Ameisensaures Natrium (Natriumformiat) oder Ameisensäure selbst mit wenig $AgNO_3$-Lösung erwärmt liefert schwarze Ag-Ausscheidung.

Erklärung: Aus dem Feinbau der Ameisensäure geht hervor, daß sie die Aldehydgruppe (— CHO) enthält, also auch als Oxyaldehyd aufzufassen ist: HO — CHO. Obwohl $AgNO_3$ nicht merklich hydrolytisch gespalten ist, darf doch AgOH bzw. Ag_2O als Vorstufe der Reaktion angenommen werden. Ag_2O gibt seinen Sauerstoff an den Aldehydwasserstoff ab und oxydiert Ameisensäure zu $CO(OH)_2$ bzw. $NaHCO_3$. Die 2 Molekeln HNO_3 setzen sich mit überschüssigem Formiat zu freier Ameisensäure und salpetersaurem Salz bzw. mit $NaHCO_3$ unter CO_2-Entwicklung um.

Die „Aldehydreaktion" ist hier etwas anders durchgeführt als bei Übg. 11 a, weil die milder oxydierend wirkende Silber-Ammoniak-Lsg. Formiate auch beim Erwärmen nicht angreift.

Hg(II-)Salze werden nach folgender Gl. reduziert: $2\,HgCl_2 + HCO_2H$ $\rightarrow Hg_2Cl_2 + 2\,HCl + CO_2$.

Ameisensäure entfärbt mit verd. H_2SO_4 angesäuerte $KMnO_4$-Lsg. aus dem gleichen Grunde. Man berücksichtige beim Versuch die sich aus der Reaktionsgleichung ergebenden Mengenverhältnisse und erwärme etwas, damit wirklich Entfärbung eintritt: $2\,KMnO_4 + 3\,H_2SO_4 + 5\,HCO_2H \rightarrow 5\,CO_2 + K_2SO_4$ $+2\,MnSO_4 + 8\,H_2O$. Links VII-, rechts II-wertiges Mn; $VII - II = {}^5/_2$ Sauerstoffatome; Zerlegung in Teilgleichungen?!

Karbonsäurederivate. Außer der Reaktionsfolge: Primärer Alkohol → Aldehyd → Karbonsäure, und der S. 38 genannten Umsetzung sind noch folgende Synthesen anzuführen: 1. Einwirkung von CO_2 auf Magnesiumhalogenalkyl C_2H_5MgBr (Äthylmagnesiumbromid) + $CO_2 \rightarrow C_2H_5CO_2MgBr$ und von HCl auf das Anlagerungsprodukt $C_2H_5CO_2MgBr + HCl \rightarrow MgBrCl + C_2H_5CO_2H$. 2. Essigsäuresynthese mittels CO: $CH_3OH + CO$ (hoher Druck/Temperatur/ Katalysator) $\rightarrow CH_3CO_2H$.

Reaktionen der Hydroxylgruppe innerhalb der Karboxylgruppe: $CH_3CO(OH)$ $+SOCl_2$ (Thionylchlorid) $\rightarrow CH_3COCl+HCl+SO_2$. Derartige stechend riechende und an der Luft rauchende, **organische Säurechloride** ergeben durch Hydrolyse die ursprünglichen Säuren $CH_3COCl+H_2O \rightarrow CH_3COOH+HCl$; durch Alkoholyse Ester $C_2H_5COCl+CH_3OH \rightarrow C_2H_5CO_2CH_3+HCl$ durch Ammonolyse Säureamide $C_2H_5COCl+2\,NH_3 \rightarrow C_2H_5CONH_2+NH_4Cl$. Durch Umsetzung mit Alkalisalzen der Karbonsäuren entstehen Säureanhydride $CH_3COCl+CH_3CO_2Na \rightarrow NaCl+(CH_3CO)_2O$ (Essigsäureanhydrid, von eigenartig stechendem Geruch). Auch die **Säureanhydride** ergeben beim Erhitzen mit H_2O die Karbonsäuren, mit Ammoniak Säureamide und mit Alkoholen Ester und Karbonsäure $(CH_3CO)_2O+CH_3OH \rightarrow CH_3COOH+CH_3CO_2CH_3$. Die Säureanhydride stehen in der gleichen Beziehung zu den Karbonsäuren wie die Äther zu den Alkoholen (vgl. die analoge Darstellungsgl. für $(C_2H_5)_2O$ S. 48!). Wegen der dem Brückensauerstoff benachbarten Karbonylgruppen sind sie jedoch sehr reaktionsfähige Verbindungen im Gegensatz zu Diäthyläther. Essigsäureanhydrid reagiert z. B. auch mit Hydroxylgruppen der Zellulose unter Bildung von Cellon, s. Bild 1! Die **Azetylgruppe** CH_3CO — darf nicht mit dem Azetation $CH_3CO_2 \ominus$ verwechselt werden.

Durch Erhitzen mit Wasser auf 180° in einer den hohen Druck aushaltenden Apparatur kann man an **Nitrile** zunächst ein Mol H_2O zum Zwischenprodukt Säureamid anlagern $CH_3CN+H_2O \rightarrow CH_3CONH_2$; umgekehrt kann man mit Wasser bindenden Mitteln (P_2O_5) aus Säureamiden Nitrile herstellen. Durch Erwärmen von Nitrilen mit starken Basen oder Säuren werden 2 Mol H_2O angelagert $CH_3CN+2\,H_2O \rightarrow CH_3CO_2NH_4$ Das Ammoniumsalz wird durch die Einwirkungsmittel sekundär verändert, in Alkalisalz unter Austreibung von NH_3 übergeführt oder in die freie Karbonsäure unter Bildung des Ammoniumsalzes der starken Säure. Umgekehrt kann man aus Ammoniumsalzen durch Erhitzen auf 220° unter Druck zu Säureamiden gelangen. — Durch milde Reduktion der Nitrile erhält man unter Abspaltung von NH_3 Aldehyde: $RCN+2\,H(SnCl_2/HCl) \rightarrow RCH$ $= NH\ (+H_2O) \rightarrow RCHO+NH_3$.

Für die Hydrierung der Karbonylgruppen in Aldehyden und Ketonen ist in den letzten Jahren ein besonderes Reagens im Aluminiumisopropylat aufgefunden worden, welches durch Einwirkung von Al auf Isopropylalkohol hergestellt wird $Al+3(CH_3)_2CHOH(HgCl_2\text{-Katalysator}) \rightarrow Al(OCH(CH_3)_2)_3+3\,H$. Dieses Reagens greift Kohlenstoffdoppelbindungen und an C gebundenes Halogen n i c h t an, weshalb das Narkosemittel Avertin auf diesem Wege aus Tribomazetaldehyd hergestellt werden kann: 1. $3\,CBr_3CHO+Al(OCH$-$(CH_2)_2)_3 \rightarrow (CBr_3CH_2O)_2Al + 3\,(CH_3)_2CO$; 2. $2\,(CBr_3CH_2O)_3Al + 3\,H_2SO_4 \rightarrow$ $3\,CBr_3CH_2OH+Al_2(SO_4)_3$. Während das Schlafmittel Chloralhydrat seit 1869 hergestellt wird (S. 46 und S. 55), ist Tribomäthanol als Narkosemittel „Avertin" kaum 20 Jahre bekannt.

Glyzerin $CH_2OH . CHOH . CH_2OH$

Übg. 14: a) E i g e n s c h a f t e n : Farblos (s. S. 59!), geruchlos, ölig, dickflüssig, süß schmeckend. Gießt man etwas Glyzerin in Wasser, so sieht man es in Schlieren untersinken ($s > 1$ [1,27]); beim Umschütteln bekommt man homogene Lösung.

Infolge der Mischbarkeit mit Wasser können keine optischen Trennungsflächen durch Tropfenbildung auftreten und doch sind Flüssigkeiten von verschiedenen Brechungsvermögen für das Licht vorhanden. Daher treten „Schlieren" auf, wie beim Eingießen von konz. HCl in H_2O oder die Gasschlieren über sonnenbestrahlten Eisenbahnschienen.

Gibt man Glyzerin zu Benzin oder zu Äther, so beobachtet man untersinkende Tropfen, infolge der gegenseitigen Unlöslichkeit. **Hydroxylgruppen,** namentlich in der Anhäufung wie beim Glyzerin-Molekül, **begünstigen Wasserlöslichkeit** und setzen die Löslichkeit in organischen Lösungsmitteln herab (vgl. Zucker!).

Allgemein läßt sich sagen: Gegenseitige Löslichkeit hat Ähnlichkeit im stofflichen Aufbau zur Voraussetzung, da gleiche Atomgruppen gleiche zwischenmolekulare Kräfte bedingen. Diese sind bei H_2O-Molekeln gegeneinander so stark, daß es zur stofflichen Bindung kommt (Assoziation, II, 48). Richtet diese chemische Kraft sich gegen die Molekeln des gelösten Stoffs, so werden Hydrate gebildet, z. B. kommt reinem Azetaldehyd die Formel CH_3CHO zu, in wässeriger Lösung dagegen $CH_3CH(OH)_2$, welche als Vorstufe für die Dehydrierung zur Karbonsäure angenommen wird (vgl. 7 c und 11 a!) und bei Chloralhydrat, F. 57 °, $CCl_3CH(OH)_2$ sogar im festen Zustand vorliegt. Auch die Alkohole haben im Vergleich zu ihren Kohlenwasserstoffen sehr hohe Kp. Der starke Zusammenhalt der Molekeln im flüssigen Zustand wird auf Assoziation zurückgeführt. Bei den niederen Alkoholen dominiert die Hydroxylgruppe (Wassermischbarkeit), bei den höheren der immer länger werdende Alkylrest (mischbar mit Benzin).

b) Zu etwas Glyzerin wird $CuSO_4$-Lsg. gegeben und dann NaOH(2n) zugesetzt: Nach vorübergehender Ausscheidung von $Cu(OH)_2$ tiefblaue und kochbeständige Lösung.

E r k l ä r u n g : Man hätte eigentlich hellblaues $Cu(OH)_2$, das beim Kochen in schwarzes CuO übergeht, erwarten sollen (II, 87). Aus der tiefen Farbe und Kochbeständigkeit muß daher auf eine Komplexbildung geschlossen werden. Von II, 125 her ist der Komplex [Cu-$(NH_3)_4$]2 $\oplus$ bekannt. Um mit diesem in einer Linie zu bleiben, sei für den Glyzerinkomplex die Formel [$C_3H_5(OH)_3$, $Cu(H_2O)$]2 $\oplus$ a n g e n o m - m e n : 3 NH_3-Moleküle sind durch 1 Molekül des 3 wertigen Alkohols und 1 NH_3 durch 1 H_2O ersetzt.

Die **Kupfer-Komplexbildung** ist nicht nur für das Glyzerin kennzeichnend, sondern für **alle Stoffe, die mehrere alkoholische OH-Gruppen enthalten** (vgl. Weinsäure, Traubenzucker!).

c) Erhitzt man ein paar Tropfen Glyzerin mit $KHSO_4$ (wasserentziehend), so bemerkt man einen stechend unangenehmen Geruch. Dasselbe geschieht,

wenn man ein glühend-heißes Cu-Blech mit einem mit Glyzerin befeuchteten Glasstab bestreicht (Erhitzen über den Kp.) Die durch Wasserentziehung zu-

$$
\begin{array}{ccc}
CH_2OH & CH_2 & \text{Umlagerung} & CH_2 \\
| & \| & \xrightarrow{\hspace{2cm}} & \| \\
CHOH - 2 H_2O \rightarrow & C \diagdown & & CH \\
| & | & O & | \\
CH_2OH & CH_2 \diagup & & H - C = O
\end{array}
$$

nächst entstehende Verbindung enthält einen 3-Ring, ist nach der Spannungstheorie unbeständig und lagert sich in einen Aldehyd der Olefinreihe um.

Glyzerin, unzersetzt destillierbar (Kp. 290 °), ist gegen Luftsauerstoff und Bakterien sehr widerstandsfähig und wird vielfach angewendet, z. B. für Salben, Seifen, Pomaden, Schuhcreme, Hektographenmasse; weil es bei Winterkälte nicht erstarrt, als Zusatz und Ersatz für Wasser in Gasuhren und hydraulischen Puffern.

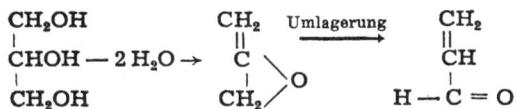

Wendet man die Reaktionsweise der konz. H_2SO_4 bei Äthylalkohol (s. S. 49!) auf Glyzerin und konz. Salpetersäure an, so erhält man:

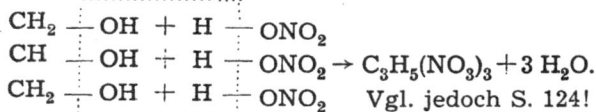

$$CH_2 \text{—} OH + H \text{—} ONO_2$$
$$CH \text{—} OH + H \text{—} ONO_2 \rightarrow C_3H_5(NO_3)_3 + 3\,H_2O.$$
$$CH_2 \text{—} OH + H \text{—} ONO_2 \quad \text{Vgl. jedoch S. 124!}$$

Unterstützt wird die Reaktion durch Anwesenheit von konz. H_2SO_4. Dieser Stoff der **Salpetersäure-Glyzerinester,** irreführend als **Nitroglyzerin** bezeichnet, ist eine farblose, ölige, giftige Flüssigkeit, welche durch Stoß, Schlag und Überhitzung zur Explosion gebracht, mit furchtbarer Gewalt „detoniert". Hier handelt es sich nicht um eine gespannte Substanz, wie bei Azetylen (S. 25!), sondern um eine mit **Sauerstoff überladene** organische Verbindung. Zusammensetzung $C_3H_5O_9N_3$.

Während im Schwarzpulver ein m e c h a n i s c h e s G e m e n g e von verbrennlicher Substanz, Holzkohle und Schwefel, mit dem Oxydationsmittel KNO_3 vorliegt, ist hier die verbrennliche Substanz (C und H) mit dem Oxydationsmittel, den Nitratresten, in e i n M o l e k ü l z u s a m m e n - g e p a c k t. Es ist daher begreiflich, daß sich sofort die Oxyde bilden, wenn die „trennende Wand" der Stickstoffatome nach der Esterverknüpfungsstelle ins Wanken gerät. Die Reaktionswärme steckt die übrigen Molekeln an, so daß gewaltige Gasmengen von hoher Temperatur entstehen, und zwar wird 1 kg in der unglaublich kurzen Zeit von $^1/_{10000}$ Sekunde umgesetzt. Die Volumvergrößerung der Verbrennungsgase beträgt gegenüber dem Volumen des Öls etwa das 8000fache (Wärmeausdehnung eingerechnet); vgl. Knallquecksilber! $4\,C_3H_5(NO_3)_3 \rightarrow 12\,CO_2 + 10\,H_2O + 6\,N_2 + O_2$. In praktisch als Sprengmittel verwertbare Form wurde das Nitroglyzerin erst durch den schwedischen Ingenieur A. N o b e l gebracht. Durch Aufsaugung in (3 Teilen) Kieselgur entsteht eine knetbare gegen Stöße (Eisenbahntransport!) unempfindliche Masse, Dynamit genannt, welche erst durch eine Sprengkapsel (Initialzündung) zur Explosion gebracht wird. Kieselgur kann durch Steinsalz, Holzschliff oder Sägspäne ersetzt werden.

11. Öle und Fette

Übg. 15: a) Salatöl[1]) und Butter werden mit Hilfe eines Glasstabes auf ein glühend heißes Cu-Blech gebracht. Der auftretende Akroleïngeruch zeigt an, daß in beiden Stoffen Glyzerin enthalten ist. Durch die folgenden Verseifungen wird bewiesen, daß die Fette und Öle wirklich Ester des Glyzerins sind. Vorher seien noch die **Lösungsverhältnisse** der beiden Vertreter dieser **besonderen Estergruppe** untersucht.

Öl (und Butter) ist in W a s s e r unlöslich und schwimmt auf Wasser ($s < 1$). Beim Umschütteln erhält man Verteilung in feinen Tröpfchen, die sich rasch wieder trennt; I, 15. In A l k o h o l sinkt Öl unter ($s > 0,8$), beim Erhitzen löst es sich nicht vollständig. Im heißen Alkohol sind jedoch beträchtliche Mengen in Lösung gegangen. Einstellen in kaltes Wasser hat milchige Trübung zur Folge.

---

[1]) Salatöl ist kein einheitlicher Stoff, sondern ein Gemisch von verschiedenen, für Speisezwecke geeigneten, pflanzlichen Ölen.

Diese „Emulsion" ist lange haltbar, weil das Öl sich beim raschen Abkühlen in sehr feinen Tröpfchen ausscheidet und das spezifische Gewicht der beiden Flüssigkeiten nahe aneinanderliegt. In Äther ist Salatöl l. l., ebenso in Benzin. Die Löslichkeitsverhältnisse erinnern an das Paraffin (S. 16) und lassen vermuten, daß im anderen Bestandteil des Esters längere Paraffinketten vorhanden sind; I, 120.

Am haltbarsten sind die Emulsionen in Eiweißlösung. Milch und Eigelb sind natürliche, eine künstliche Emulsion ist die Mayonnaise.

Verseifung. Wie schon S. 43 erwähnt, ist die Verseifung die der Veresterung entgegengesetzte Reaktion. Deshalb stellt sich auch bei ihr ein Gleichgewicht ein, welches die Ausbeute verschlechtert: Ester $+ H_2O$ $\rightleftarrows$ Glyzerin $+$ Fettsäure.

Bei gewöhnlicher Temperatur wirken H_2O und Fette nicht aufeinander ein. Auch offen siedendes Wasser verseift nicht merklich. Erst bei Behandlung mit gespanntem $=$ überhitztem Wasserdampf in einem verschlossenen Gefäß (A u t o k l a v) kommt es zur Verseifung. Durch die Zugabe von Katalysatoren [1]) wird für rasche Einstellung des Gleichgewichts gesorgt. Der Umstand, daß die bei der Verseifung entstehenden Fettsäuren in H_2O unlöslich sind, bewirkt eine Störung des Gleichgewichts, wodurch die Verseifung vervollständigt wird.

Auch bei Körpertemperatur (36—37⁰ C) kann durch Vermittlung von organischen Katalysatoren (Enzymen) Verseifung stattfinden. Die **enzymatische Fettspaltung** ist ein wichtiger Teil des Verdauungsvorganges (s. S. 120!).

Aber auch außerhalb unseres Körpers macht man in der Technik (Verseifung durch das im Rizinussamen enthaltene Enzym Rizin) und im Haushalt (bei Waschmitteln, z. B. Burnus) davon Gebrauch. Der Schmutz an der Wäsche ist durch den Hauttalg des Menschen oder durch fetthaltige Nahrungsmittel „angeklebt" und wird durch die Verseifung des Fettes leicht auswaschbar.

Die Störung des Verseifungsgleichgewichts kann aber noch in anderer Weise bewirkt werden, nämlich dadurch, daß man die Fettsäure als fettsaures Alkalisalz aus dem Reaktionsgleichgewicht herausnimmt.

b) 5 g Butter werden mit 20 ccm Natronlauge (1 Teil NaOH, 2 Teile H_2O) in einer Porzellanschale verrührt und langsam angewärmt (Asbestdrahtnetz!). Die Butter schmilzt, es bildet sich eine krümelige Masse. Nach einiger Zeit bemerkt man starkes Schäumen, welches anzeigt, daß schon beträchtliche Mengen wässerig alkalischer Seifenlösung vorhanden sind. Das verdampfende Wasser wird von Zeit zu Zeit ersetzt. Die Reaktion ist (nach etwa 15 Minuten) beendet, wenn sich eine entnommene Probe klar in destilliertem Wasser löst. Man läßt vollständig erkalten und rührt, falls sich beim Abkühlen eine Gallerte bildet, etwas konz. Kochsalzlösung ein. Die geschmolzene Seife sammelt sich an der Oberfläche und erstarrt beim Erkalten. Die Unter-

---

[1]) G e r i n g e Mengen von Basen MgO, ZnO $\xrightarrow{H_2O}$ Mg(OH)$_2$, Zn(OH)$_2$.

lauge enthält überschüssige Natronlauge und G l y z e r i n. Nachweis:
Tiefes Blau beim Zutropfen von $CuSO_4$-Lösung.
Die Ausscheidung (infolge der aussalzenden Wirkung der konz. N a t r o n -
lauge bzw. N a Cl-Lsg. vgl. II, 86 Übg. 29!) besteht aus einem Gemisch von
N a t r i u m salzen mehrerer Fettsäuren. Sie wird zwischen Filtrierpapier
abgepreßt, um die Unterlauge möglichst zu entfernen. Will man die Natronlauge vollständig entfernen, so muß man 3- bis 4 mal mit konz. Kochsalzlösung verreiben, mit Wasser allein würden große Mengen von Seife selbst
in Lösung gehen.

Die Lösung der Seife in destilliertem Wasser wird mit verdünnter
Schwefelsäure und mit der Lsg. folgender Salze versetzt: $CaCl_2$, $BaCl_2$,
$MgSO_4$, $AgNO_3$ und $Pb(NO_3)_2$: Fällungen.

H_2SO_4 reagiert nach dem Verdrängungstypus (I, 83 und 88, Fn. 2;
ferner II, 81): $2\ RCO_2Na + H_2SO_4 \rightarrow Na_2SO_4 + 2\ RCO_2H$.

Der halbfeste Niederschlag rührt davon her, daß er flüssige Ölsäure enthält, die aus dem Niederschlag abgepreßt werden könnte. Auch der feste,
dabei erhaltene Rückstand ist nicht einheitlich, sondern enthält mehrere
Säuren, hauptsächlich Palmitinsäure und Stearinsäure. Der ranzige Geruch
stammt von Buttersäure und anderen n i e d e r e n F e t t s ä u r e n, deren
Anwesenheit f ü r N a t u r b u t t e r k e n n z e i c h n e n d ist. Da das Na-
Salz der letzteren in Wasser leichter löslich ist als bei den höheren Fettsäuren, sind noch beträchtliche Mengen davon in der Unterlauge vorhanden; durch Ansäuern feststellbar.

Die Ausscheidung der Fettsäuren durch verd. H_2SO_4 beweist den
Verlauf der Verseifung der **Fette,** welche **3 fache Ester des Glyzerins**
sind. Die 3 Hydroxylgruppen brauchen nicht durch dieselbe Säure ersetzt sein, es können auch verschiedene sein, also gemischte Ester.

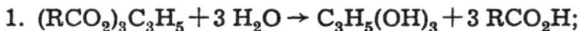

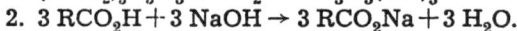

1. $(RCO_2)_3C_3H_5 + 3\ H_2O \rightarrow C_3H_5(OH)_3 + 3\ RCO_2H$;
2. $3\ RCO_2H + 3\ NaOH \rightarrow 3\ RCO_2Na + 3\ H_2O$.

$R = C_{15}H_{33}$; oder $R = C_{17}H_{35}$; oder $R = C_{17}H_{33}$; oder $R = C_3H_7$.
Palmitinsäure   Stearinsäure   Ölsäure   Buttersäure.

Die Fällungen mit den Salzlösungen sind durch doppelte Umsetzungen entstanden: schwer in Wasser lösliche Ca-, Ba-, Mg-, Ag- und Pb-
Seifen.

Bemerkenswert ist, daß auch die **Silberseife** RCO_2Ag in Wasser unlöslich
ist, obwohl Ag ein den Alkalien nahestehendes, I-wertiges Metall ist.
Die **Ca- und Mg-Seifen** $(RCO_2)_2Ca$ bzw. $(RCO_2)_2$ Mg sind praktisch wichtig, da mit dieser Reaktion der Gehalt des Leitungswassers an Ca- und
Mg-Ionen erkannt werden kann: Hartes und weiches Wasser (II, 50 und
I, 58). Die im Rgl. f l o c k i g e n Kalk- und Magnesia-Seifen geben bei all-
mählicher Entstehung aus kaltem Wasser Anlaß zur Bildung von Seifen-
gallerte, was bei ungenügender Neigung der Abflußleitung von Ausgüssen
sich als Übelstand bemerkbar macht, da dann eine Verstopfung durch einen
Gallertpfropf eintritt, ganz abgesehen von der Seifenvergeudung durch
hartes Wasser (vgl. S. 63 und II, 102!); Beseitigung durch konz. heiße
Natronlauge.

Das Gemisch von Palmitin- und Stearinsäure, das sog. **Stearin,** hat
technische Bedeutung als Kerzenmaterial unter Zusatz von etwas Paraffin, da sonst die Kerzen leicht brüchig werden. Da man früher da-

für großen Bedarf hatte, war es von großer Bedeutung, daß der flüssige Ölsäureabfall „gehärtet" werden konnte. Die Ölsäure gehört der um 2 H-Atome ärmeren Olefinreihe an: $C_{17}H_{33}COOH$. Sie geht durch katalytische Wasserstoffanlagerung (Hydrierung) in Stearinsäure über, wodurch der F. von 14^0 (Ölsäure) auf 69^0 steigt (Stearinsäure) (vgl. I, 66!); Katalysator z. B. fein verteiltes Ni.

Die Bleiseifen führen auch den Namen Bleipflaster, weil sie bei etwa 40^0 k l e b r i g werden.

c) Schneller als mit konz. (wässeriger) Natronlauge führt die Verseifung in alkoholischer Lösung zum Ziele, da sich im heißen C_2H_5OH Fette und Öle weitgehend lösen. An der chemischen Reaktion selbst nimmt der Alkohol nicht teil. Salatöl wird mit alkoholischer Natronlauge erhitzt. Man wählt die Mengen so, daß das Rgl. nur zur Hälfte gefüllt ist, damit die Lösung nicht überkocht und in Brand gerät (s. S. 3!). Anfänglich bemerkt man beim Wiederabkühlen Öl-Emulsion, die nach verhältnismäßig kurzer Zeit ausbleibt, bzw. es tritt an ihre Stelle gallertartige Ausscheidung der Seife (je nach der Konzentration). Man erhitzt dann noch etwa 3 Minuten zur Vervollständigung der Reaktion und gießt in destilliertes Wasser: Lösung; Untersuchung wie bei (b).

d) Ein anderes Verfahren stellt die **Verseifung in konz. H_2SO_4** dar. Viele organische Stoffe lösen sich mit oder ohne chemische Umsetzung in konzentrierter H_2SO_4, so daß das Verhalten zu konzentrierter H_2SO_4 vielfach zur Kennzeichnung der organischen Substanzen verwendet wird. Die Umsetzung mit den Fettsäureglyzerinestern verläuft analog dem Verdrängungstypus: Ester der schwachen Säure + starke Säure → Ester der starken Säure + schwache Säure.

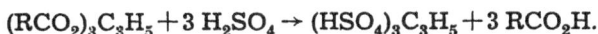

$(RCO_2)_3C_3H_5 + 3 H_2SO_4 \rightarrow (HSO_4)_3C_3H_5 + 3 RCO_2H.$
Fetts. Ester   Schwefelsäure-Ester des Glyzerins.

Salatöl wird mit konz. H_2SO_4 zusammengebracht; es schwimmt zunächst oben und muß vorsichtig mit Hilfe eines Glasstabes eingerührt werden. Zur Vervollständigung der Umsetzung wird das Rgl. in heißes Wasser getaucht. Nach einiger Zeit wird in Wasser (ungefähr die 10-fache Menge der verwendeten H_2SO_4) gegossen, wobei die Fettsäuren unlöslich ausfallen. Durch das Wasser wird der Schwefelsäureglyzerinester hydrolytisch gespalten, was durch das H⊕-Ion der nunmehr v e r - d ü n n t e n Schwefelsäure katalytisch beschleunigt wird. Das Glyzerin kann nach dem Filtrieren in bekannter Weise durch $CuSO_4$ im alkalisch gemachten Filtrat nachgewiesen werden. Der Filterrückstand löst sich in kalter, verdünnter Natronlauge und auch in Sodalösung, was beweist, daß tatsächlich F e t t s ä u r e entstanden ist. Gegenprobe mit dem Ausgangsmaterial. Fettsäure + Natronlauge → fettsaures $Na + H_2O$.

Das durch Verseifung bei Anwesenheit von Schwefelsäure dargestellte Glyzerin ist durch Verkohlung von Gewebeteilen, die als Verunreinigung in geringer Menge (z. B. im Salatöl) vorhanden sind, dunkel gefärbt, wird aber als schlechtere Sorte auch verkauft.

Die häufig angewandte **Verseifung durch Kochen mit verdünnter Schwefelsäure** oder auch Salzsäure ist ohne Umesterung durch die **katalytische Wirkung** des Wasserstoff-Ions erklärbar, zumal da die Konzentration der entstehenden Fettsäuren durch die starken Säuren (H_2SO_4, HCl) soweit zurückgedrängt wird, daß Rückveresterung nicht mehr in Frage kommt.

A. Allgemeines über Fette, Öle, Ätherische Öle und Wachse

I. Einteilung der Fette und Öle:

A. Fette und Öle pflanzlicher Herkunft.

1. Nicht trocknende Öle enthalten viel Ölsäureglyzerid: Olivenöl, Mandelöl, Erdnußöl. Die Öle aus dem Kreuzblütlersamen, z. B. Rüböl, sind schwach trocknend.

2. Halbtrocknende Öle, welche neben Ölsäure beträchtliche Mengen Leinölsäureglyzerid enthalten: Bucheckernöl, Sesamöl, Baumwollsaatöl = Kottonöl, Senfsaatöl.

3. Trocknende Öle, welche einen hohen Gehalt an Leinöl (Linol)- und Linolensäure-Glyzeriden besitzen: Leinöl, Hanföl, Sojabohnenöl, Perillaöl und Oiticicaöl (Brasilien).

4. Pflanzliche Fette: Kokosfett, Palmkernöl (in den Tropen Öl, bei uns infolge der niedrigen Durchschnittstemperatur fest); Kakaobutter.

B. Öle und Fette tierischer Herkunft.

1. Tierische Öle: Klauenöl, Knochenöl, Lebertran (aus der Leber des Dorsches) und der Tran der Robben und Waltiere.

2. Halbfeste Fette: Butter, Schweinefett und Gänseschmalz.

3. Feste Fette: Rinder- und Hammeltalg.

II. Gewinnung: Die pflanzlichen Produkte gewinnt man durch Zerreißen der Samen (Saaten), bzw. Früchte in Walzenstühlen und Auspressen in hydraulischen Pressen. Die ölarmen, aber sonst nährstoffreichen **Preßrückstände** werden als **Futtermittel** verwendet. Die tierischen Fette werden durch Ausschmelzen (Trennung vom Bindegewebe) gewonnen, für besondere Zwecke verwendet man Extraktion durch geeignete Lösungsmittel (Benzin, CS_2, CCl_4) [1]).

III. Die **Verwendung** der Fette ist aus Beobachtungen des täglichen Lebens bekannt. Die nicht trocknenden Öle sind sehr gut haltbar. Wenn aber beträchtliche Mengen von Eiweißstoffen und Salzen vorhanden sind, siedeln sich Bakterien an, es tritt Änderung in Farbe und Geruch ein: Ranzigwerden, z. B. der Butter. Diese enthält noch etwa 12 % Wasser, in welchem Eiweißstoffe, Milchzucker und Salze gelöst sind, ist also im Verhältnis zur Milch eine umgekehrte Emulsion.

---

[1]) Besondere Bedeutung besitzen **Knochenabfälle** als einheimischer Fettrohstoff.

Milch enthält etwa 88 % Wasser, in welchem Eiweiß, Milchzucker, Salze und Vitamine gelöst sind und das Milchfett emulgiert ist, bei **Butter** sind die 12 % wässeriger Lösung der genannten Stoffe im Milchfett emulgiert. Durch „A u s l a s s e n" der Butter wird der Charakter des Bakteriennährbodens beseitigt. Butterschmalz ist deshalb auch bei Gärungstemperatur haltbar. Bei der Herstellung der **Kunstbutter (Margarine)** handelt es sich darum, eine der Butter ähnliche Emulsion zu erzielen. Es wird Oleomargarine (= der leicht schmelzbare Anteil des Rindertalgs), Baumwollsaatöl, Sesamöl und auch gehärteter Walfischtran [1]) mit der nötigen Menge Milch, welche die emulgierte wässerige Lösung (12 %) liefert, „verbuttert". Die genannten Fette werden dadurch etwa ebenso leicht verdaulich wie das Milchfett der Butter, es fehlen aber die Buttervitamine (s S. 133!).

Trocknende Öle gehen an der Luft durch Sauerstoffaufnahme und Polymerisation während etwa 5 Tagen in eine zähe, schließlich nicht mehr klebende Masse über: „Oxyn". Linoxyn (bei Leinölverwendung) quillt mit Wasser, weshalb alte Leinölfilme nicht wasserfest sind. Durch Erhitzen von Leinöl auf hohe Temperatur (ohne Zusätze) wird „Standöl" gewonnen, höherer Glanz und bessere Wasserfestigkeit. Für **Firnis** wird entweder flüssiges „Sikkativ" bei etwa 150 ⁰ zugemischt (leinölsaure oder harzsaure Salze, aus Kolophonium) oder mit Metallverbindungen auf etwa 250 ⁰ erhitzt (Co-, Pb-, Mn- oder Zn-oxyde als Katalysatoren für die Aufnahme von Luftsauerstoff). Dadurch wird das Eintrocknen zu „Lacken" auf 24 Stunden verkürzt.

Linolsäure $CH_3(CH_2)_4CH = CHCH_2CH = CH(CH_2)_7CO_2H$; durch Aufnahme von Luftsauerstoff entsteht zunächst die Atomgruppierung— $CH_2CH(OH)$- $CH(OH)CH_2$ — (vgl. S. 17!), daraus durch Wasserabspaltung — $CH = CH$ — $CH = CH$ —, wie im Buta-di-en (S. 25), welche sich rasch polymerisiert. Im Holzöl (aus den Früchten chinesischer Wolfsmilchgewächse, mit 3 Doppelbindungen) sind schon „konjugierte" Doppelbindungen vorhanden, deshalb stark trocknend. Ähnlich wie das Holzöl verhält sich ein neuzeitliches technisches Produkt durch Wärmeabspaltung von H_2O aus Rizinusöl; Rizinolsäure $CH_3(CH_2)_5CH(OH)CH_2 — CH = CH(CH_2)_7CO_2H \rightarrow CH_3(CH_2)_5 — CH = CH — CH = CH — (CH_2)_7CO_2H$, welche das „konjugierte" System (S. 136) nunmehr enthält: Synourinöl.

Sehr widerstandsfähig ist das beim Waschen der rohen Schafwolle anfallende **Wollfett.** Gereinigt führt es den Namen **Lanolin.** Es ist eigentlich ein Wachs, da es kein Glyzerin, sondern C h o l e s t e r i n (s. S. 133!) enthält. **Die Wachse,** als Ester mit den Fetten verwandt, sind die **Ester hoher Fettsäuren mit höheren, meist einwertigen Alkoholen** der Reihe $C_nH_{2n+2}O$. Tierischer Herkunft sind das Walrat aus den Kopfhöhlen des Pottwals (Palmitinsäureester des Zetylalkohols $C_{16}H_{33}OH$) und das Bienenwachs, welches die Bienen als Baumaterial für ihre Zellen ausscheiden. Es besteht hauptsächlich aus dem Palmitinsäureester des Myrizylalkohols $C_{31}H_{63}OH$ und viel freier Zerotinsäure $C_{26}H_{52}O_2$. Karnaubawachs ist ein pflanzliches Wachs.

Die höheren Alkohole lassen sich mit Schwefelsäure leicht verestern. Die dabei erhaltenen Fettalkoholsulfonate RCH_2OSO_3Na sind ausgezeichnete Waschmittel, deren Ca-Salze in Wasser leicht löslich sind und auch in „hartem" Wasser gut schäumen. Fabrikname: Fewa.

---

[1]) Durch die Wasserstoffanlagerung verschwindet der Trangeruch.

Von den fetten Ölen (Ester) unterscheide man **Schmieröle** (alifatische Kohlenwasserstoffe, hauptsächlich $C_{35}H_{72}$), **Teeröle** (aromatische Verbindungen) und **ätherische Öle.** Letztere sind durch Wohlgeruch ausgezeichnete, sehr flüchtige Stoffe pflanzlichen Ursprungs, die seit den ältesten Zeiten in der Heilkunde und in der Parfümerie verwendet werden. In biologischer Hinsicht sind sie entweder S c h u t z m i t t e l gegen Tierfraß und Bakterienwachstum oder L o c k m i t t e l für bestäubende Insekten. Sie unterscheiden sich von den fetten Ölen dadurch, daß der durchscheinende Fettfleck auf einem Papier bald verschwindet.

Die ätherischen Öle sind sehr uneinheitliche Stoffe — im Zitronenöl sind 15 (!) verschiedene Stoffe sicher nachgewiesen —, in welchen komplizierte Verbindungen aller organischen Stoffklassen vertreten sind, vor allem Alkohole, Aldehyde und Ketone. Der wichtigste Vertreter ist das **Terpentinöl,** das wegen seines Lösungsvermögens für Fette und Harze in der Maltechnik vielseitige Anwendung findet. Terpentin selbst ist eine Auflösung von Koniferenharz (Kolophonium) in Terpentinöl. Es seien noch genannt: Eukalyptusöl (Hustenreiz lindernd), Anisöl (aus Früchten), Nelkenöl (aus Blüten) und Rosenöl (aus Blütenblättern). Das Pfefferminzöl enthält einen mit den ätherischen Ölen verwandten, festen Stoff, den Mentholkampfer. Der gewöhnliche **Kampfer,** ein zyklisches Keton von der Zusammensetzung $C_{10}H_{16}O$, stammt aus dem ätherischen Öle des ostasiatischen Kampferbaums. Kampfer verdunstet schon bei gewöhnlicher Temperatur (Geruch; I, 26) und sublimiert unzersetzt. Er findet Verwendung in der Medizin zur Belebung der Herztätigkeit (Kampfereinspritzungen) und in der Technik zur Herstellung des Zelluloids (s. S. 108!).

B. S e i f e n

Übg. 16: Untersuchung von Feinseife. Farbe und Geruch sind vom chemischen Standpunkt aus eine käuferanlockende, verschönernde und preissteigernde Verunreinigung.

a) Auf einem Cu-Blech erhitzt, schmilzt sie, bläht sich auf, gerät in Brand und verkohlt. Durch scharfes Glühen bewirkt man vollständige Verbrennung der Kohle. Man bemerkt Gelbfärbung der Bunsenflamme, welche Natrium anzeigt. Nach dem Erkalten drückt man befeuchtetes, rotes Lackmuspapier auf den Rückstand: Bläuung; mit einem Tropfen HCl Aufbrausen. Durch diesen Nachweis von Na_2CO_3 ist die Seife als Natriumsalz erkannt. Es ist nur noch zu beweisen, daß das Natriumkarbonat nicht aus der Natronlauge stammt, welche von der Darstellung hier in der Seife geblieben sein könnte.

b) Phenolphtaleïn zeigt nicht nur in wässeriger Lösung, sondern auch in alkoholischer Lösung Spuren von Alkali durch Rotfärbung an, wovon man sich leicht durch Zusammenbringung von Alkohol, einem Tropfen alkoholischer Phenolphtaleïnlösung und einem Tropfen alkoholischer NaOH überzeugen kann. Man löst etwas Feinseife in Alkohol und setzt alkoholische Phenolphtaleïnlösung zu: farblos. Damit ist nachgewiesen, daß **Seife ein neutrales Salz ist.**

Wird diese Lösung aber in d e s t i l l i e r t e s Wasser gegossen, so tritt Rotfärbung auf, welche anzeigt, daß nunmehr in **wässeriger Lösung OH$\ominus$-Ionen** vorhanden sind. Dieser Versuch läßt besonders deutlich das Wesen der Salzhydrolyse erkennen: chemische Umsetzung der Ionen des Salzes mit den Ionen des Wassers in einem Betrage, wie er durch die Lage des Gleichgewichts mit der gegenläufigen Neutralisationsreaktion bestimmt ist: $RCO_2\ominus + Na\oplus + H\oplus + OH\ominus \rightleftarrows RCO_2H + Na\oplus + OH\ominus$. Denn beim Arbeiten in alkoholischer Lösung (Ausschaltung des Wassers) sind keine Hydroxylionen durch Phenolphthaleïn nachweisbar.

Die Natron l a u g e hat ihren Namen von ihrer reinigenden Wirkung, welche aber bei ihrer hohen OH$\ominus$-Ionen- Konzentration mit einer beträchtlichen Ätzwirkung (Rissigwerden der Haut) verbunden ist. Etwas milder wirkt Soda l a u g e , $p_H = 9{,}5$. Bei der S e i f e n l a u g e sind die OH$\ominus$-Ionen in so günstiger Konzentration vorhanden, daß die ätzende Wirkung verschwunden, die reinigende und auch die desinfizierende Wirkung noch gut erhalten geblieben ist, $p_H = 8{,}5$. Dies ist der chemische Teil der Seifewirkung. Der andere ist physikalischer bzw. kolloid-chemischer Natur durch Veränderung der Oberflächenspannung, II, 103.

c) R u ß wird von destilliertem Wasser nicht benetzt, bleibt zusammengeballt, ist durch Filtrieren trennbar; von Seifenlösung w i r d e r b e n e t z t und in die kleinen Teilchen zerteilt, aus welchen er besteht. Die Suspension ist je nach der Korngröße des Rußes so fein, daß sie durch die Poren von gewöhnlichem Filtrierpapier hindurchläuft. — Salatöl wird von destilliertem Wasser nicht bleibend e m u l g i e r t , wohl aber von Seifenlösung in kleinste Tröpfchen zerteilt.

Heiße Seifenlösung reinigt besser, weil Fette durch die hohe Temperatur erweichen und leichter emulgiert werden und weil überhaupt die Benetzung besser ist als in der Kälte. Daß die beiden Komponenten der Seifenwirkung, chemische und physikalische, voneinander weitgehend unabhängig sind, kann man daraus erkennen, daß Eiweiß, dessen emulgierende Wirkung schon S. 57 erwähnt wurde, günstige reinigende Wirkungen zeigt, obwohl durch Phenolphthalein keine OH-Ionen nachweisbar sind.

Natronseifen (Kernseifen) sind hart, **Kaliseifen** sind weich, salbenartig **(Schmierseifen);** Schmierseife enthält noch freies Alkali und Glyzerin, da bei ihrer Herstellung keine Trennung in Unterlauge und Seifenkern erfolgt, sondern so lange gekocht wird, bis ein fadenziehender „Seifenleim" entsteht, der beim Erhitzen gallertig erstarrt.

Zusätze von Ochsengalle und Harzen erhöhen die Schaumbildung. Gallensaures Natron schäumt besonders gut (ist in „Rasierseifen" enthalten). Medizinische Seifen sind mit Zusätzen von Teer, Glyzerin (durchsichtige Seifen), Sublimat und anderen gewünschten Stoffen versehen.

Obwohl Seifen schon den alten Römern bekannt waren und von ihnen hauptsächlich als Salben benutzt wurden, ist die allgemeine Verwendung der Seifen als Waschmittel erst etwa 150 Jahre alt.

Für Deutschland, dessen Fettbedarf aus einheimischen Erzeugnissen der Landwirtschaft nicht gedeckt werden kann, ist ein neues Verfahren von großer Bedeutung. Durch Einleiten von Luftsauerstoff in geschmolzene Paraffine (100 °—120 °/Katalysator Cu, Co, Mn-Salze ungesättigter Fettsäuren, z. B. Linolensäure) können Fettsäuren erhalten werden, wodurch eine Herstellung von „echter" Seife aus Nebenprodukten der Benzinindustrie ermöglicht wird.

Das äußerlich von Naturfett nicht unterscheidbare **„Kunstfett"** wird aus dem Weichparaffin (technische Bezeichnung „Gatsch") des Kogasinverfahrens (S. 21) hergestellt. Die daraus mittels katalytischer Luftoxydation erhaltenen Karbonsäuren werden sorgfältig von Nebenprodukten, z. B. Dikarbonsäuren, gereinigt. Ein großer Anteil besteht jedoch aus u n g e r a d zahligen Fettsäuren, ca. 50 %, welche in Naturprodukten nicht oder nur geringfügig enthalten sind; ferner aus „Isosäuren", welche an Stelle von CH_2-Gruppen in der Kette $CH(CH_3)$-Gruppen enthalten. Für die Entscheidung, ob lange Zeit fortgesetzter Genuß solcher durch Veresterung mit einwandfreiem Glyzerin hergestellten, unbiologischen Fette zur Anhäufung gesundheitsschädlicher Stoffwechsel-„Schlacken" führt, ist die Beobachtungszeit zu kurz, so daß diese Möglichkeit zur Auffüllung der „Fettlücke" als noch umstritten gilt.

12. Dikarbonsäuren

Glykol, S. 24 als Oxydationsprodukt des Äthylens erwähnt, ist nach seiner Entstehung und Formulierung $HOH_2C — CH_2OH$ ein zweiwertiger, primärer Alkohol (s. S. 52!). Wendet man auf ihn, und überhaupt auf die Einwirkung von $KMnO_4$ auf Äthylen, die Erfahrung von Übg. 8 b, S. 40, an, so gelangt man zur **Oxalsäure** $HOOC — COOH$. Als Verknüpfung zweier Karboxylgruppen ist sie das erste Glied einer homologen Reihe 2-basischer Säuren $C_n H_{2n-2}O_4$, von welcher das 3. Glied, die Bernsteinsäure, für die Erklärung der Weinsäure benötigt wird.

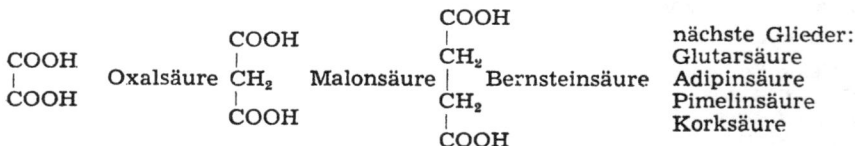

		COOH			COOH		nächste Glieder:
COOH						CH₂		Glutarsäure
		Oxalsäure	CH₂	Malonsäure			Bernsteinsäure	Adipinsäure
COOH						CH₂		Pimelinsäure
		COOH						Korksäure
					COOH		

Oxalsäure wurde schon beim Kohlenstoffnachweis erwähnt. Man beachte, daß Oxalsäure **sehr giftig** ist. Bemerkenswert ist der feste Aggregatzustand.

Übg. 17: a) Führt man Übg. 1 b i m A b z u g unter gewaltsamem Erhitzen aus, so tritt neben Sublimation auch t h e r m i s c h e   S p a l t u n g ein; man erhält ein brennbares Gas: $C_2O_4H_2 → H_2O + CO + CO_2$.

Diese Spaltung wird am besten durch folgenden Versuch erklärt: In einem kleinen Destillierkolben wird Oxalsäure mit der gleichen Menge konz. Schwefelsäure zusammengebracht und eine Waschflasche mit Kalkwasser und eine 2. Waschflasche mit etwa 5n Natronlauge vorgelegt, von welcher aus ein Ableitungsrohr unter Wasser führt (Abzug!). Man erwärmt durch Bespülen mit leuchtender Flamme. Das sich entwickelnde Gas trübt das Kalkwasser, enthält also CO_2, welches in der folgenden, mit starker Natronlauge gefüllten Waschflasche vollständig absorbiert wird. Trotzdem steigen aus dem Ableitungsrohr im Wasser Gasblasen auf, anfänglich verdrängte Luft (noch nicht brennbar), später ein mit blauer Flamme brennendes, farbloses Gas, das schon in g e r i n g e n Mengen eingeatmet, bei empfindlichen Menschen Kopfschmerzen erzeugt. Es ist das **sehr giftige** und, was besonders beachtenswert ist, **vollkommen geruchlose** Kohlenmonoxyd. Die Reaktion beruht auf der wasserentziehenden Wirkung der Schwefelsäure: $HO_2C \cdot CO_2H - H_2O \rightarrow C_2O_3$. Dieses in der Gleichung angenommene Oxalsäureanhydrid zerfällt sofort in CO und CO_2, denn der 3-Ring aus 2 C-Atomen und einem Sauerstoffatom ist sehr unbeständig (s. S. 25!), zumal da er stark mit Sauerstoff belastet ist: $O = C \underset{\diagdown O \diagup}{\overline{}} C = O$. Das Anhydrid der **Malonsäure** $OC = C = CO$ ist bei **tiefen** Temperaturen eine farblose, stechend riechende Flüssigkeit: Kohlensuboxyd C_3O_2; Kp. 7°.

b) In kaltem Wasser ist Oxalsäure mit stark saurer Lackmusreaktion ziemlich schwer löslich, aus heißem Wasser ist sie umkristallisierbar, fällt mit 2 Molekeln Kristallwasser aus, was hier dazu verführen könnte, das Kristallwasser in die Molekel hereinzunehmen und der kristallisierten Oxalsäure die Formel $(HO)_3C-C(OH)_3$ zuzuschreiben (vgl. S. 40!). Daher ist es nicht überflüssig nachzuweisen, daß **Oxalsäure eine 2-basische Karbonsäure** ist.

Kaltgesättigte Oxalsäurelösung wird in gleichen Mengen auf 2 Rgl. verteilt. Man gibt in das eine Rgl. tropfenweise starke Kalilauge. Besonders beim Reiben mit einem Glasstab erhält man eine weiße Fällung, welche nur von einem in Wasser schwer löslichen Salz der Oxalsäure herrühren kann. Bei weiterer Zugabe von Kalilauge geht dieses Salz wieder in Lösung, was auf weitere c h e m i s c h e Änderung hindeutet. Denn von der Vermehrung der Kalium-Ionen dürfte man eher eine aussalzende, also den N i e d e r s c h l a g v e r m e h r e n d e Wirkungsweise erwarten. Wenn bei ständigem Umschütteln alles eben wieder in Lösung gegangen ist, unterbricht man die Zugabe von Kalilauge. Beim Zusammengeben dieser Reaktionslösung mit dem Inhalt des aufgesparten Glases tritt die im Verlauf der Neutralisation bemerkte Ausscheidung wieder auf. Damit ist bewiesen, daß die Oxalsäure eine 2-basische Säure ist, weil sie 2 Salze zu bilden vermag, ein in H_2O schwer lösliches und ein leicht lösliches und weil zur Gegenprobe neutrales Salz+Säure in der ursprünglich verwendeten Menge wieder das schwer lösliche primäre Salz zurückbildet. Dieses Verhalten trifft man auch bei anderen 2-basischen Karbonsäuren und sogar bei der 2-basischen Kohlensäure an, insofern als das primäre Karbonat ($NaHCO_3$) schwerer löslich ist als das sekundäre (Na_2CO_3). Vergleiche den Solvay-Prozeß, II, 59!

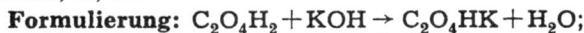

Formulierung: $C_2O_4H_2 + KOH \rightarrow C_2O_4HK + H_2O$;
schwerlösliches, saures oder primäres Kaliumsalz.
$C_2O_4HK + KOH \rightarrow C_2O_4K_2 + H_2O$; leicht lösliches, sekundäres Salz.
Durch Add.: $C_2O_4H_2 + 2 KOH \rightarrow C_2O_4K_2 + 2 H_2O$.
$C_2O_4K_2 + C_2O_4H_2 \rightarrow 2 C_2O_4HK$ (Gegenprobe).

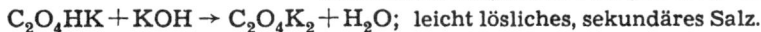

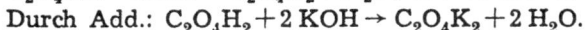

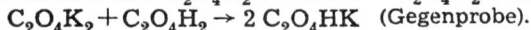

Man könnte bei diesem Versuch durch Zutropfen der Kalilauge aus einer Bürette die zur Neutralisation benötigte Menge messen, und müßte dann bis zur stärksten Fällung und bis zur Wiederauflösung die gleiche Menge Base verbrauchen. Dafür berechnet man zweckmäßig die für eine abgemessene Menge Oxalsäure benötigte Menge 5 n Kalilauge voraus, da der Punkt der stärksten Fällung nur unzuverlässig erkennbar ist.

c) Oxalsäure-Lsg. wird mit NH_4OH-Lsg. neutralisiert und mit (wenig) $CaCl_2$-Lsg. versetzt: Niederschlag von Kalziumoxalat, das gegen Essigsäure beständig ist, im Gegensatz zu Kalziumkarbonat, da die Oxalsäure eine stärkere Säure ist als Essigsäure. Als Spurenreaktion für $Ca^2\oplus$ verwendbar; Versuch mit Leitungswasser.

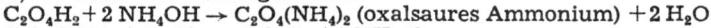

$C_2O_4H_2 + 2\,NH_4OH \rightarrow C_2O_4(NH_4)_2$ (oxalsaures Ammonium) $+ 2\,H_2O$
$C_2O_4(NH_4)_2 + CaCl_2 \rightarrow C_2O_4Ca + 2\,NH_4Cl.$

Das Kalziumoxalat nimmt 3 Moleküle Kristallwasser auf.

Die Kalk fällende Wirkungsweise der Oxalsäure hat große biologische Bedeutung. Die Oxalsäure ist vor allem deswegen giftig, weil sie dem Körper den lebensnotwendigen Kalk entzieht, dadurch, daß sie ihn in eine vom Körper nicht mehr verwendbare unlösliche Form überführt. Umgekehrt dient Kalk dazu, das giftige Stoffwechselprodukt Oxalsäure zu **entgiften.**

d) Oxalsäurelösung wird auf etwa 50 ^{0} erwärmt und verd. Schwefelsäure + $KMnO_4$-Lsg. zugegeben. Es tritt vollständige Entfärbung des Permanganats ein unter Aufbrausen (CO_2-Entwicklung, vgl. S. 9!).

$2\,KMnO_4 + 5\,C_2O_4H_2 + 3\,H_2SO_4 \rightarrow K_2SO_4 + 2\,MnSO_4 + 10\,CO_2 + 8\,H_2O.$

Unterläßt man, Schwefelsäure zuzugeben, so geht die Reaktion bei Anwendung von wenig $KMnO_4$ auf viel Oxalsäure, also beim Zutropfen von $KMnO_4$-Lsg. zunächst ebenfalls nach dem sauren Typus, da die überschüssige Oxalsäure die Stelle der Schwefelsäure vertritt. Geht man umgekehrt vor, so verläuft die Reaktion nach dem alkalischen Typus:

$2\,KMnO_4 + 3\,C_2O_4H_2 \rightarrow 2\,MnO(OH)_2 + 2\,KHCO_3 + 4\,CO_2.$

Die Oxalsäure übt also Reduktionswirkung aus und stimmt in dieser Hinsicht mit der Ameisensäure überein. Während aber bei letzterer ein O-Atom leicht zwischen C-Atom und Aldehydwasserstoff eingeschoben wird, greift hier die Oxydation bei höherer Temperatur an der (C — C)-Bindung an [1]. Unter Einschiebung von 2 OH-Gruppen geht ein Mol Oxalsäure in 2 Mol Kohlensäure über.

Da die Oxalsäure durch Umkristallisieren absolut rein dargestellt werden kann, selbst eine starke Säure ist und Reduktionswirkung entfaltet, wird sie als Urtitersubstanz in der Maßanalyse verwendet, weil man mit ihrer Hilfe Natronlauge u n d $KMnO_4$-Lsg. genau einstellen kann.

e) Das Kleesalz des Handels (wegen des Vorkommens im S a u e r k l e e [Waldpflanze] so genannt) besteht aus C_2O_4HK und 1 Mol f r e i e r Oxalsäure. 2 g werden in 10 ccm H_2O gelöst und frisch gefälltes Ferrihydroxyd [2] eingetragen. Beim Erwärmen entsteht eine g r ü n e Lsg. In Erinnerung an das Verhalten der Essigsäure würde man gelbbraune Lösung erwarten, da die Oxalsäure als starke Säure weniger Hydrolyse bewirken sollte. Die anormale Farbe ist ein Anzeichen von Komplexsalzbildung, die tatsächlich eingetreten ist $[Fe(C_2O_4)_3]K_3$; auch hier besitzt das Eisen die Zuordnungszahl 6; die Verbindung ist ähnlich dem roten Blutlaugensalz gebaut, nur daß an die Stelle der 6 e i n f a c h negativen Zyanionen hier 3 d o p p e l t negative Oxalat-Ionen getreten sind. Die Komplexverbindung ist lichtempfindlich, worauf die Verwendung für den Platinlichtdruck beruht.

---

[1]) Gegen k a l t e Permanganatlösung ist Oxalsäure weitgehend beständig. Vgl. S. 52, Übg. 13, a, Kleingedrucktes!
[2]) Übg. 46, c, II, 138.

Der Versuch erklärt auch die Anwendung des Kleesalzes im Haushalt zur Entfernung von Rostflecken.

Schon vor der Harnstoffsynthese hatte Wöhler aus Dizyan durch Hydrolyse das pflanzliche Stoffwechselprodukt Oxalsäure dargestellt, eigentlich die erste Synthese aus anorganischen Stoffen, worauf erst bei der Hundertjahrfeier von USA aus besonders hingewiesen wurde.

13. Milchsäure und optische Aktivität; Weinsäure

Ersetzt man in der Formel des Glykols ein an C gebundenes H-Atom durch eine CH_3-Gruppe, so erhält man $CH_3 \cdot CHOH \cdot CH_2OH$, Propan-di-ol, das in geeigneter Weise aus Glyzerin gewonnen werden kann. Dieser 2 wertige Alkohol enthält nur eine primäre Alkoholgruppe, die andere ist sekundär. Durch die Wahl eines besonderen Oxydationsmittels, welches die sekundäre Alkoholgruppe unberührt läßt, kann man daraus $CH_3 \cdot CH(OH) \cdot COOH$ **Milchsäure** oder **Oxypropionsäure** darstellen, eine bei $+18^0$ schmelzende, farblose, in reinem Zustande geruchlose Karbonsäure, die zugleich Alkoholcharakter besitzt: saurer, angenehmer Geschmack und saure Lackmusreaktion.

Biochemisch entsteht sie aus Kohlehydraten (z. B. Milchzucker) durch Milchsäuregärung (Bacillus acidi lactici), bei welcher auch die sauer riechenden Nebenprodukte entstehen, welche der Sauermilch den eigentümlichen Geruch verleihen. Milchsäure ist auch im Sauerkraut, im Silofutter, in den sauren Gurken vorhanden und hindert durch ihre sterilisierende Wirkung eine weitere bakterielle Zersetzung (Fäulnis). Auch im menschlichen Körper spielt sie eine bedeutende Rolle, bei der Verdauung (fäulnishemmend) und bei der Muskelarbeit. Ihre Anhäufung im arbeitenden Muskel ruft die Erscheinung der Müdigkeit hervor.

Vom Feinbau-chemischen Gesichtspunkt aus betrachtet, ist besonders bemerkenswert, daß ein C-Atom in der Milchsäure an **4 verschiedene Radikale** bzw. Atome gekettet ist, nämlich das mittelständige an CH_3, OH, H und COOH: **asymmetrisches C-Atom.** Wie man sich am räumlichen Modell leicht überzeugen kann, gibt es bei 4 verschiedenen Substitutionen 2 untereinander verschiedene Anordnungen der gleichen

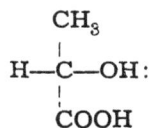

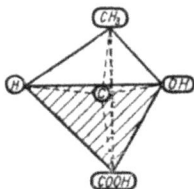

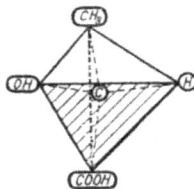

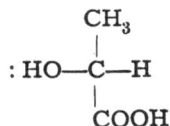

CH₃
|
H—C—OH:
|
COOH

d (—) Milchsäure,
links drehend (vgl.
Fruktose S. 143!)

CH₃
|
: HO—C—H
|
COOH

1 (+) (Fleisch-)
Milchsäure, rechts
drehend

Die Schraffierung der einen Tetraederfläche soll das plastische Hervortreten bei geeigneter Schrägstellung der Buchseite erleichtern.

Molekel, welche nicht miteinander zur Deckung gebracht werden können, genau so wenig wie wir dies mit unserer rechten und unserer linken Hand fertig bringen. Dagegen könnten wir unsere linke Hand

mit dem S p i e g e l b i l d unserer rechten Hand zur Deckung bringen
(Spiegelbildisomerie); oder wir können einen linken Handschuh nur
mit einem v o n i n n e n n a c h a u ß e n g e w e n d e t e n rechten Handschuh zur Deckung bringen.

Das mittlere C-Atom der P r o p i o n s ä u r e $CH_3 \cdot CH_2 \cdot COOH$ ist n i c h t
a s y m m e t r i s c h, weil es 2 Wasserstoffatome trägt. Bei 2 g l e i c h e n
Substituenten können 2 Molekeln immer durch Drehung o h n e Umstülpung
zur Deckung gebracht werden. Auch die mit der Milchsäure isomere, andere Oxypropionsäure $CH_2OH — CH_2 — COOH$ weist kein asymmetrisches
C-Atom auf. Sie ist aber in ihrem chemischen und physikalischen Verhalten von der Milchsäure gründlich verschieden.

Von der Milchsäure sind nun andere Formen entdeckt worden, die
zwar in sämtlichen chemischen Eigenschaften, in ihrem F., Kp., spezifi-
schen Gewicht v o l l k o m m e n ü b e r e i n s t i m m e n, sich jedoch
i n 2 P u n k t e n u n t e r s c h e i d e n, nämlich in ihrem Verhalten
gegen das polarisierte Licht und in ihrer Kristallform (Enantiomor-
phie).

P a s t e u r hatte schon 1861 die Beziehungen zwischen optischer Aktivität
und Kristallform klargelegt. J o h a n n e s   W i s l i c e n u s hatte sich 1873
für eine räumliche Betrachtungsweise an Stelle der bis dahin üblichen
ebenen Formelbilder eingesetzt. Jedoch erst durch die Theorie von v a n
t ' H o f f und L e B e l — beide Forscher haben sie unabhängig voneinander zu gleicher Zeit (1874) entwickelt — wurde die Drehung der Ebene
des polarisierten Lichtes mit dem asymmetrischen C-Atom ursächlich verbunden.

Die beiden Raumisomeren der Milchsäure drehen die Ebene des
polarisierten Lichtstrahles i m g l e i c h e n B e t r a g e, aber die eine
dreht nach rechts: $l(+)$-Milchsäure oder Fleischmilchsäure, die andere
nach links: $d(—)$-Milchsäure. Eine dritte Form der Milchsäure ist ohne
Einwirkung auf die Drehung der Polarisationsebene. Sie ist aus einem
äquimolekularen Gemisch von d- und l-Milchsäure zusammengesetzt
und führt den Namen r (razemische = rac.)-Milchsäure. Sie ist i n
b e z u g a u f d i e o p t i s c h e n E i g e n s c h a f t e n infolge der in-
nigen Mischung eine d i m o l e k u l a r e $(d+l)$ Form = Gärungsmilch-
säure (S. 119). B e i d e n k ü n s t l i c h e n c h e m i s c h e n S y n t h e-
s e n ist die Wahrscheinlichkeit für die Entstehung der d- und der
l-Form gleich groß, es entstehen daher r a z e m i s c h e V e r b i n-
d u n g e n, z. B. bei der oben genannten Milchsäuresynthese aus dem
zugehörigen 2-wertigen Alkohol. **Für die lebenden Körper ist die
asymmetrische, biochemische Arbeitsweise charakteristisch.** Auf die
Methoden der Spaltung der razemischen Verbindungen in die optischen
Isomeren, auf Umlagerungen usw. kann nicht eingegangen werden.

Weinsäure. Die Weinsäure ist der Milchsäure insoferne ähnlich, als
auch sie Alkohol und Säure zugleich ist. Verschieden ist die Zahl der
alkoholischen Hydroxylgruppen und der Karboxylgruppen. Die Weinsäure ist ein Abkömmling der Bernsteinsäure.

COOH   COOH   COOH
| | |
CH$_2$ Bernsteinsäure CHOH Äpfelsäure CHOH Weinsäure.
| | |
CH$_2$ CH$_2$ CHOH
| | |
COOH   COOH   COOH

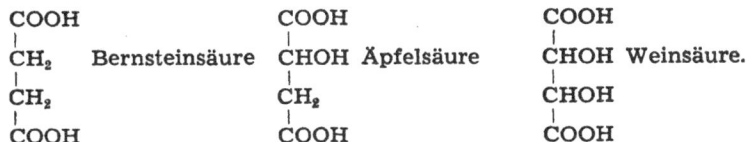

Bernsteinsäure besitzt kein asymmetrisches C-Atom, scheidet für die Raumisomerie aus, Äpfelsäure besitzt ein, Weinsäure zwei asymmetrische C-Atome. Bei Äpfelsäure gibt es 2 Raumisomere d-, l-Äpfelsäure und die razemische Form (d+l). Bei Weinsäure ist die Molekel in bezug auf die Valenz zwischen den beiden asymmetrischen C-Atomen spiegelbildlich gebaut. Es ist deshalb i n t r a m o l e k u l a r e A u f - h e b u n g d e s D r e h u n g s v e r m ö g e n s m ö g l i c h, wenn nämlich die eine Hälfte der Molekel nach links, die andere nach rechts dreht. Diese Verhältnisse sucht man durch sog. Konfigurationsformeln darzustellen, die in der Zuckerchemie von größter Wichtigkeit sind, da hier 3 oder 4 und noch mehr asymmetrische C-Atome vorkommen.

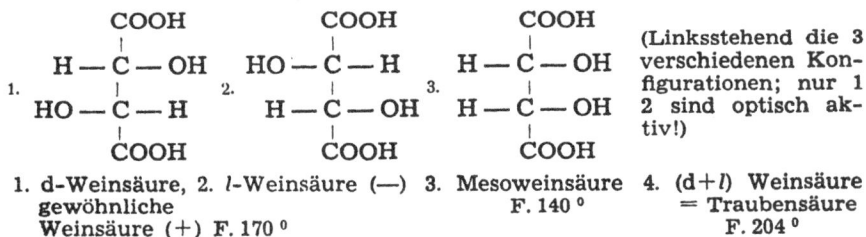

               COOH   COOH   COOH
               | | | (Linksstehend die 3
         H — C — OH   HO — C — H   H — C — OH   verschiedenen Kon-
   1. | 2. | 3. | figurationen; nur 1
         HO — C — H   H — C — OH   H — C — OH   2 sind optisch ak-
               | | | tiv!)
               COOH   COOH   COOH

1. d-Weinsäure, 2. l-Weinsäure (—) 3. Mesoweinsäure 4. (d+l) Weinsäure
gewöhnliche   F. 140 °   = Traubensäure
Weinsäure (+) F. 170 °   F. 204 °

Von den beiden optisch inaktiven Formen (3) und (4) ist n u r die razemische (d+l)-Form, die Traubensäure, in die optischen Isomeren (1) und (2) spaltbar.

Übg. 18: a) In analoger Weise wie bei Oxalsäure kann durch Neutralisation mit starker Kalilauge nachgewiesen werden, daß Weinsäure eine Dikarbonsäure ist.

Das saure weinsaure Kalium ist unter dem Namen Weinstein bekannt. Es ist schon im Safte der Beeren enthalten und kommt bei der Gärung zur Abscheidung, da es in v e r d ü n n t e m A l k o h o l (W e i n) schwerer löslich ist als im Traubensaft. Es tritt übrigens auch an der Innenseite der Schneidezähne als Belag auf.

b) Als starke Säure zersetzt Weinsäure Karbonate unter Aufbrausen. Im festen, gepulvertem Zustande reagiert sie nicht mit trockener Soda. Erst bei Zugabe von Wasser geht sie in den ionisierten Zustand über und wird als Säure wirksam: **Brausepulver;** $C_4H_4O_6H_2 + Na_2CO_3 \rightarrow C_4H_4O_6Na_2 + H_2O + CO_2$.

c) Versuch a) und b) waren Reaktionen der Karboxylgruppe. Das Verhalten zu Kupfersulfat-Lsg. enthüllt den Charakter als 2-wertiger Alkohol: tiefblaue, kochbeständige Lösung, welche die Komplexverbindung $Na_4[(C_4H_2O_6Na)_2Cu]$ enthält, auf deren Feinbau nicht näher eingegangen werden kann. Ein Gemisch von Kupfersulfat, Alkalitartrat[1]) und NaOH in bestimmtem Überschuß wird als Reagens auf Aldehyde und andere reduzierende Substanzen unter dem Namen **Fehlingsche Lösung** verwendet: Cu (II) geht dabei in Cu (I) über. Da das einwertige Kupfer gegenüber alkoholischen Hydroxylen nicht zu Komplexbildung fähig ist, fällt leicht erkennbares CuOH (gelb) aus, bzw. bei Spuren von reduzierenden Substanzen bildet sich die Mischfarbe von blau + gelb = grün. Beim Kochen anhydrisiert sich CuOH in bekannter Weise. 2 CuOH (gelb) — $H_2O \rightarrow Cu_2O$ (rot). Versuche mit Formalin oder Azetaldehyd; vgl. S. 45 und S. 103!

d) Veraschung von Weinstein s. S. 10!

Zitronensäure, welche im Fruchtpreßsaft der Zitrone vorhanden ist und in steigendem Maße im Haushalte (für Salate) Anwendung findet, ist eine drei-basische, feste Säure, welche eine (tertiäre) Alkoholgruppe enthält:

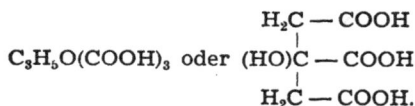

$$C_3H_5O(COOH)_3 \text{ oder } \begin{array}{c} H_2C - COOH \\ | \\ (HO)C - COOH \\ | \\ H_2C - COOH. \end{array}$$

14. Phenol und Naphthol

Der Vergleich der Formeln C_2H_6O (Alkohol) und C_2H_6 einerseits und C_6H_6O (Phenol I, 106) und C_6H_6 andererseits läßt vermuten, daß Phenol zu Benzol im gleichen Verhältnis steht wie Äthylalkohol zu Äthan: Phenol, ein „Alkohol". Für die alkoholische OH-Gruppe ist das besondere Verhalten ihres Wasserstoffatoms und die Esterbildung kennzeichnend. Dem Essigsäureäthylester entspricht der **Essigsäurephenylester,** eine beständige Verbindung vom Kp. 195 [0][2]). Zum Nachweis des besonderen Verhaltens des Hydroxylwasserstoffatoms bedarf es nicht der Einwirkung von Na (s. Übg. 7, d, S. 37!).

Übg. 19: a) Eigenschaften: Farblose Kristalle vom F. 43 [0], die unter dem Einfluß von Licht und Luft einen rosa Farbton annehmen (infolge geringfügiger, photochemischer Veränderung). Schon bei gew. Temperatur entströmt ihnen ein eigenartiger Geruch: Phenol sublimiert also schon bei gewöhnlicher Temperatur.

Dies ist auch der Grund dafür, daß sich in halbgefüllten Flaschen an der leeren Glaswand lange Kristallnadeln bilden. Über den F. erhitzt, siedet es bei 183 [0]. F. und Kp. liegen sehr weit auseinander, was besonders im Hinblick auf die Sublimationsfähigkeit auffällt. Es können also n u r S p u r e n sein, die unser Geruchsorgan wahrnimmt. Beim Arbeiten mit Phenol vermeide man Berührung mit der Haut, schüttle also konz. Phenollösungen nicht gegen den Daumen, da Phenol, abgesehen von seiner **Giftigkeit,** starke Ätzwirkungen ausübt.

---

[1]) Weinsäure führt den Apothekernamen acidum tartaricum.

[2]) Hergestellt mittels Essigsäureanhydrid; direkte Veresterung bleibt bei den Phenolen aus.

Setzt man zu Phenolkristallen Wasser und rührt um, so tritt Ver-
flüssigung ein. Es löst sich etwas Wasser in Phenol. Dadurch wird der
ohnehin niedrige F. so weit herabgedrückt, daß das Phenol bei sommer-
lichen Zimmertemperaturen flüssig wird. (Vgl. Molekulargewichtsbestimmung durch Schmelzpunktserniedrigung!) Umgekehrt löst Wasser
Phenol bis zu einer bestimmten Grenze (1:15) mit schwachsaurer Lackmusreaktion (Übg. b). In Alkohol und Äther ist das Phenol sehr leicht
löslich; bei Zugabe von Wasser zur konz. alkoholischen Lsg. fällt Phenol ölig aus und erstarrt aus dem oben angegebenen Grunde erst bei
sehr tiefer Temperatur. Aus diesem Versuch ist die Schwerlöslichkeit
in Wasser ersichtlich.

b) Phenol wird mit wenig Wasser übergossen und tropfenweise 2n
NaOH zugesetzt: klare Lösung, die s t a r k   a l k a l i s c h reagiert. Auf
Zugabe von Salzsäure scheidet sich Phenol wieder (ölig) aus. Das Phenol verhält sich also wie eine sehr schwache Säure (stark alkalische
Reaktion infolge von Hydrolyse). Phenol ist sogar schwächer wie Kohlensäure, wovon man sich überzeugen kann, wenn man in die eben
durch NaOH eingetretene Lösung hinreichend lange ausgeatmete Luft
einbläst: ölige Trübung.

Während C_2H_5ONa vollständig hydrolysiert wird, geht bei C_6H_5ONa
die Hydrolyse nicht bis zur Phenolausscheidung. Man hat daher die
Berechtigung zur Anwendung der Neutralisationsformel:

Base + Säure = Wasser + Salz: $NaOH + C_6H_5OH \rightleftarrows H_2O + C_6H_5ONa$.

Von diesem Gesichtspunkt aus betrachtet ist die alte Bezeichnung für
Phenol, Karbolsäure = Kohlenölsäure, zutreffend.

Die Säurenatur des Phenols ist im Verhalten des Phenylrests begründet.
Während der Äthylrest (C_2H_5) die Dissoziation herabsetzt[1]), verstärkt der
Phenylrest (C_6H_5) die Dissoziation, „**Phenylalkohol**" **wird zur Säure.** Vgl.
S. 85! Die Struktur des Benzolrings läßt keine andere Möglichkeit zu, als
daß das die OH-Gruppe tragende C-Atom n u r wieder mit C-Atomen ver-
kettet ist. Phenol ist also ein t e r t i ä r e r Alkohol. Bei Oxydation tritt
entweder eine weitgehende Umformung des Benzolrings ein (s. S. 73!) oder
eine Ringsprengung. Bei Oxydation mit $KMnO_4$ entsteht z. B. eine Dikarbonsäure, Mesoweinsäure (S. 52 und 69!).

c) Zur wässerigen Lösung des Phenols wird Bromwasser gegeben.
Unter Verschwinden der Farbe des Broms bildet sich ein fester, weißer
Niederschlag. Die stark saure Reaktion der Mutterlauge zeigt an, daß
HBr entstanden ist, daß also eine **Substitution** stattgefunden hat. Nach
dem Abgießen bzw. Abfiltrieren der Mutterlauge geht der Niederschlag
mit Natronlauge in Lösung und fällt auf Zugabe von Säure wieder unverändert aus. Der Phenolcharakter ist also erhalten geblieben. Die
enstandene Verbindung hat einen viel höheren F. als das Phenol.

---

[1]) Alkohol ist gewissermaßen eine schwächere „Säure" als Wasser (s.
S. 38!).

$C_6H_6O + 3\,Br_2 \rightarrow C_6H_3OBr_3 + 3\,HBr;$
$C_6H_2Br_3OH + NaOH \rightarrow C_6H_2Br_3ONa + H_2O.$

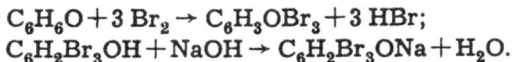

Während bei der Substitution von Benzol ein Bromüber-
träger angewendet werden mußte, ist der Ring durch den
Eintritt von Hydroxyl im Phenol so verändert, daß nunmehr leicht substituiert wird (vgl. S. 27 und 29!). Genau genommen entsteht zunächst $C_6H_2OBr_4$ mit Br statt des Was-
serstoffs der OH-Gruppe.

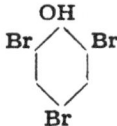

d) Bei Zugabe eines Tropfens $FeCl_3$-Lsg. zur Lösung von Phenol in
destilliertem Wasser erhält man eine intensiv violette Färbung. Es
handelt sich dabei um eine für die **phenolische OH-Gruppe kennzeichnende Farbreaktion,** auf deren Erklärung bei den mehrwertigen Phenolen eingegangen wird.

e) **Naphthol** $C_{10}H_8O$ ist eine dem Phenol entsprechende Naphthalinver-
bindung, die in 2 isomeren Formen vorkommt:

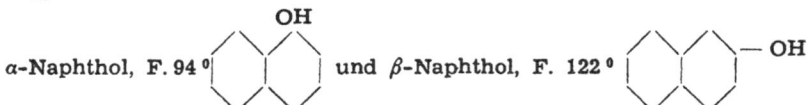

α-Naphthol, F. 94 ° und β-Naphthol, F. 122 °

Die schön glänzenden Nadeln des β-Naphthols sind geruchlos, in kaltem
Wasser schwer löslich, aus heißem umkristallisierbar. NaOH bewirkt Lösung, HCl unveränderte Wiederausfällung, da sich hier eine F. erniedri-
gende Wirkung des Wassers, etwa wie beim Phenol, wegen des hohen F.
nicht bemerkbar macht.

$FeCl_3$ zur w ä s s e r i g e n Kristallisationsmutterlauge, also kaltgesättigten
Lösung gegeben, ruft hellgrüne Färbung hervor.

Brenzkatechin, Resorzin und **Hydrochinon** sind 2-wertige tertiäre Alkohole (Phenole). Ihre verschiedenen Namen stammen aus der Zeit,
in der man sie noch nicht als isomere **Dioxybenzole** klar erkannt hatte.
Die Versuche, in die das (1, 2, 3)-Trioxybenzol, das **Pyrogallol** $C_6H_3(OH)_3$
mit einbezogen wird, sind in der Tabelle wiedergegeben.

Übg. 20: Siehe Tabelle S. 73!

An den Versuchsergebnissen interessiert vor allem die Abhängigkeit
der Eigenschaften von der Substitution und die deutliche Verschiedenheit der Stellungsisomeren. Die verschiedenen Eisenchloridfarben müssen als solche hingenommen werden. Das Beispiel des Hydrochinons
zeigt jedoch, daß $FeCl_3$ in doppelter Richtung wirken kann: 1. ein ge-
färbtes (Komplex-)Salz bildend und 2. oxydierend. Dadurch wird erklärt, daß beim Zutropfen von $FeCl_3$-Lsg. die Farbe immer wieder verschwindet, schließlich aber bleibt. Nach Zugabe einer größeren Menge
$FeCl_3$ stellt sich namentlich beim Erwärmen ein stechender Geruch
nach **Chinon** ein, wodurch die oxydierende Einwirkung bewiesen ist.
Die Eisenchloridfärbungen sind wohl sehr charakteristisch, erfordern
aber genaue Ausführung, da sie sehr empfindlich gegen Säuren u n d
Basen sind.

	Wasser-löslichkeit	FeCl$_3$	Silberammoniakat		Luftsauer-stoff[1] +NaOH	Feinbau
			kalt	heiß		
Phenol	schwer löslich	violett	reagiert nicht mit diesem Reagens		bei langem Stehen Bräunung	OH an Benzolring
Brenz-katechin	leicht löslich	grün	Ag-Aus-scheidung	Ver-mehrung des Ag	Grünbraun bis schwarz	(o-) OH, OH an Benzolring
Resorzin	leicht löslich	blau-violett	keine Ein-wirkung	Ag-Aus-scheidung	sehr langsam Gelbfärbung	(m-) OH, OH an Benzolring
Hydro-chinon	relativ schwer löslich	braun, sich rasch auf-hellend s. Text!	Ausscheidung von Silber		Bräunung	(p-) OH, OH an Benzolring
Pyrogallol	sehr leicht löslich	gelb-braun; auf Zugabe v. NH$_4$OH rotviolett	Ag-Aus-scheidung	Ver-mehrung des Ag	augenblick-lich schwarz-braun	OH, OH, OH an Benzolring

In bezug auf die Einwirkung von Luftsauerstoff und von milden Oxy-dationsmitteln (Silberammoniakat) ergibt sich deutlich ein abgestuftes Ver-halten. Phenol ist gegen Oxydation sehr beständig (s. S. 71!). Die 3 Dioxy-benzole werden in unterschiedlicher Weise angegriffen, am lebhaftesten reagiert das Trioxybenzol (Pyrogallol) mit O$_2$, so daß es sich zur quanti-tativen Bestimmung des Luftsauerstoffs in der Gaspipette eignet, II, 61.

Das widerstandsfähigste der 3 Dioxybenzole ist das Resorzin, die m-Ver-bindung. Das rührt davon her, daß bei o- und p-Dioxybenzol ein Oxy-dationsprodukt möglich ist, ohne daß der Ring gesprengt wird, nämlich ein Diketon. Beide werden dehydriert, d. h. durch den einwirkenden Sauerstoff werden die Wasserstoffatome der bei-den Hydroxylgruppen weggenommen, so daß jetzt eine Umlagerung der Valenzen in dem Sinne stattfinden kann, daß die Moleküle nunmehr 4 Doppelbindungen enthalten, 2 gegen Sauerstoff gerichtet und 2 im Ring. Das Diketon (**Chinon**) weist also einen ganz anderen Bau des Rin-ges auf. Von den im Sinne der zentrischen Formel 6 unbesetzten Wertig-keiten sind 2 durch die Sauerstoffatome nach außen gezogen worden. Damit ist das paarweise Zusammentreten der verbleibenden 4 inneren Wertig-keiten in je eine unter Entstehung von 2 Äthylenbindungen erzwungen.

[1]) Die Natronlauge begünstigt die Oxydation infolge von Stö-rung des Reaktionsgleichgewichts durch Salzbildung mit den sauren Oxy-dationsprodukten.

OH (1) → ; O (2) =O : OH (3) → O (4) ; H OH (5) bzw. OH H (6) — structures of phenol/quinone tautomers (1)–(6)

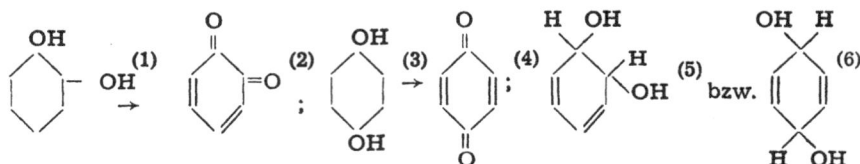

Die Vorbedingung dieser Reaktionsweise ist der eigentümliche Feinbau des Benzols. Die Phenole sind zwar, wie S. 71 auseinandergesetzt, t e r - t i ä r e A l k o h o l e , aber das die Hydroxylgruppe tragende C-Atom ist nur mit z w e i Kohlenstoffatomen verbunden, wie bei den sekundären Alkoholen. Bei letzteren ist die 4. Wertigkeit mit H abgesättigt, bei den Phenolen in besonderer Weise im Innern des Ringes festgelegt. Die Stammsubstanz der beiden Diketone wären demnach die Feinbauformeln (5) und (6). Für ein Metachinon läßt sich keine derartige Stammsubstanz konstruieren, da man bei Verteilung der Doppelbindungen mit der IV-Wertigkeit des C-Atoms in Widerspruch gerät. Die Nichtexistenz des m-Chinons — das Suchen darnach war vergeblich — ist sogar ein Beweis für die Richtigkeit der Chinonformeln. Man könnte nämlich die Chinone als S u p e r - o x y d e m i t u n v e r ä n d e r t e m B e n z o l r i n g formulieren. Dann ist aber nicht einzusehen, warum das n ä h e r e meta-Superoxyd nicht existenzfähig, das weitere p-Superoxyd beständig ist.

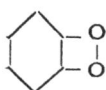

Daß im Chinon das innere Valenzfeld des Benzolrings umgestaltet ist, geht daraus hervor, daß die 2 Äthylenbindungen durch Halogenanlagerung ohne weiteres nachweisbar sind. — Wegen der Nichtexistenz des m-Chinons sind die Hydroxylwasserstoffatome des Resorzins der Dehydrierung nicht ohne weiteres zugänglich. Der Sauerstoff greift hier ähnlich wie bei Pyrogallol am Benzol-Kernwasserstoff an und bewirkt bei anhaltender Oxydationswirkung eine tiefgreifende Änderung des Moleküls.

Nachträge zu den Phenolen. Durch Verwendung der Karbolsäure zur Desinfektion wurde die „**antiseptische**"[1]) Wundbehandlung in die Chirurgie eingeführt. Das Phenol ist dadurch für viele Menschen indirekt zum Lebensretter geworden. Da jedoch die mit Phenol behandelten Operationswunden wegen der Verätzung der Gewebe an den Wundrändern ein mangelhaftes Heilungsbestreben zeigen, ist inzwischen die antiseptische durch die „**aseptische**" Methode verdrängt worden, weil es auf Grund der großen Errungenschaften der bakteriologischen Forschung und ihrer Anwendung auf die Chirurgie möglich geworden ist, keimfrei zu operieren.

Weitere wichtige Desinfektionsmittel sind die Homologen des Phenols, die **Kresole** $CH_3C_6H_4OH$. Sie lösen sich sehr schwer in reinem Wasser, ziemlich gut in Seifenlösung. Eine solche wird unter dem Namen **Lysol**[2]) häufig angewandt. Thymol ist ein Abkömmling des m-Kresols (1) CH_3 (3) (OH)C_6H_3 (4) C_3H_7. Guajakol, der Monomethyläther des Brenzkatechins C_6H_4 (1) OH (2) OCH_3 ist im Buchenholzteer (Kreosot) enthalten. Rauchfleisch ist oberflächlich vom Holzrauch her mit gut desinfizierenden und wenig giftigen Stoffen „imprägniert". Kreosot und Guajakol finden in der Heilkunde Verwendung, auch das Resorzin dient für Salben. Hydrochinon und Pyro-

---

[1]) Sepsis = Blutvergiftung.
[2]) Lysoform ist eine Lösung von Formaldehyd in alkoholischer Seifenlösung.

gallol werden für die Herstellung von photographischen Entwicklern benützt. Alle genannten Phenole sind für die synthetische Darstellung von Farbstoffen wichtige Ausgangsmaterialien. Das mit Pyrogallol isomere Phlorogluzin C_6H_3 (1, 3, 5) $(OH)_3$ wird unter Zugabe von HCl in der pflanzlichen Mikroskopie zum Nachweis von Holzstoff verwendet.

Dem 3. Isomeren, dem (1, 2, 4) Oxyhydrochinon kommt keine praktische Bedeutung zu. Ein neuzeitliches Antiseptikum mit wertvollen Eigenschaften ist das (1, 3, 4) Hexylresorzin C_6H_3 (1,3) $(OH)_2$ (4) $(CH_2)_5CH_3$.

Für den Kunststoff Bakelit wird Phenol in so großen Mengen benötigt, daß das aus Teer abgetrennte Phenol neben der anderweitigen Beanspruchung nicht ausreicht. Eine Zeit lang wurde aus Benzolsulfosäure (S. 83) durch NaOH-Schmelze bei 300 ⁰ C_6H_5ONa hergestellt. Ein neues großtechnisches Verfahren geht von C_6H_5Cl aus (katalytische Chlorierung wie die Bromierung S. 23): $C_6H_5Cl + NaOH$ (sehr hoher Druck [350 ⁰—380⁰] Röhrensystem aus Cu) → $C_6H_5OH + NaCl$ unter Beigabe von etwas Diphenyläther. Letzterer kann in folgender Weise dargestellt werden: $C_6H_5OK + C_6H_5Br$ (fein verteiltes Cu/210 ⁰) $\rightleftarrows$ $C_6H_5OC_6H_5 + KBr$. Deshalb wird auch beim obigen techn. Vorgang Diphenyläther als Nebenprodukt gebildet und zwar ist das Gleichgewicht bei den anderen Umständen nach links verschoben. Um möglichst wenig von der Phenolausbeute in die Ätherbildung abdrängen zu lassen, wird von vornehrein Diphenyläther zugegeben (Massenwirkungsgesetz).

15. Benzoesäure

Da die Dehydrierung der Phenole den Benzolcharakter beseitigt (s. S. 73!), ist es selbstverständlich, daß Benzolkarbonsäuren **die Karboxylgruppe nur als Substituenten** enthalten können. Der einfachste Vertreter dieser Stoffklasse ist die Benzoesäure $C_6H_5 \cdot COOH$. Sie leitet sich vom Toluol ab und ist aus diesem durch geeignete Oxydation darstellbar. Während Paraffine gegen Oxydation sehr beständig sind, ist dies nicht mehr der Fall, wenn sie aromatisch substituiert sind. Das Methan wird durch Ersatz eines H-Atoms durch die Phenylgruppe etwa so verändert, als ob eine (OH)-Gruppe eingetreten sei. Die **Oxydation** läßt den C_6H_5-**Rest** unberührt und führt die CH_3-Gruppe in die Karboxylgruppe über.

Übg. 21: a) Benzoesäure [1]) ist eine feste Säure, F. 120 ⁰, in fein kristallisiertem Zustand schneeweiß, von schwach aromatischem Geruch, in kaltem Wasser sehr schwer löslich, aus heißem Wasser umkristallisierbar. Die Kristallisationsmutterlauge besitzt saure Lackmusreaktion. In Alkohol ist Benzoesäure l. l.

Zur alkoholischen Lösung wird konz. Schwefelsäure gegeben (etwa $^1/_4$ des verwendeten Alkohols) und im Wasserbade gelinde erwärmt. Man bemerkt deutlichen E s t e r g e r u c h. Beim Eingießen in die 7fache Menge Wasser treten ölige Tropfen auf, die nur von dem ent-

---

[1]) Die Bezeichnung stammt von Benzoeharz, aus dem sie durch Sublimation gewonnen werden kann.

standenen Ester herrühren können, da Alkohol und Schwefelsäure mit Wasser mischbar sind und Benzoesäure ein fester Stoff ist:

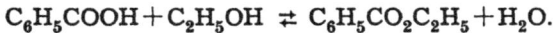

$$C_6H_5COOH + C_2H_5OH \rightleftarrows C_6H_5CO_2C_2H_5 + H_2O.$$

Erklärung wie bei Übg. 10, S. 42!

b) Benzoesäure löst sich leicht in Natronlauge und fällt auf Zugabe von Säure wieder aus (1). Sodalösung bildet ebenfalls benzoesaures Natrium (Natriumbenzoat) unter CO_2-Entwicklung (2):

1 a) $C_6H_5CO_2 \ominus + H \oplus + Na \oplus + OH \ominus \rightarrow H_2O + C_6H_5CO_2 \ominus + Na \oplus$, ionisiert formuliert, um den Unterschied zwischen Salz und Esterbildung hervorzuheben. Gewöhnliche Formulierung: $C_6H_5CO_2H + NaOH = H_2O + C_6H_5CO_2Na$.

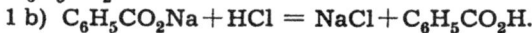

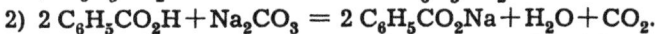

1 b) $C_6H_5CO_2Na + HCl = NaCl + C_6H_5CO_2H$.

2) $2 C_6H_5CO_2H + Na_2CO_3 = 2 C_6H_5CO_2Na + H_2O + CO_2$.

Aus den beiden Verdrängungsreaktionen ergibt sich, daß Benzoesäure schwächer ist als HCl (bzw. H_2SO_4), aber stärker als Kohlensäure.

c) Die Eisenchloridreaktion ist als eine für Phenole kennzeichnende Reaktion bekannt. Dies findet man am Verhalten der Benzoesäure bestätigt. Eine charakteristische Färbung tritt n i c h t auf. $FeCl_3$, zur gesättigten wässerigen Lösung (Kristallisationsmutterlauge) zugegeben, liefert eine bräunliche Trübung. Es entsteht, soweit es das Reaktionsgleichgewicht zuläßt, Eisenbenzoat, das auch die normale Farbe der Eisen(III-)salze besitzt:

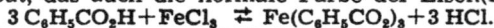

$$3 C_6H_5CO_2H + FeCl_3 \rightleftarrows Fe(C_6H_5CO_2)_3 + 3 HCl.$$

Der Einfachheit halber ist vernachlässigt, daß das Ferribenzoat die Zusammensetzung eines basischen Salzes besitzt, weil dies eine Besonderheit des Eisens im Zusammenwirken mit einer schwachen Säure ist.

Will man das benzoesaure Eisen mit besserer Ausbeute darstellen, so muß man die freie Säure ausschalten, indem man von käuflichem Kaliumbenzoat ausgeht. Dieses Salz der Benzoesäure löst sich sehr leicht in Wasser, gibt mit HCl Benzoesäure, mit $FeCl_3$-Lsg. Ferribenzoat und mit $CuSO_4$-Lsg. h e l l b l a u e s Kupribenzoat. Zu letzterem ist bemerkenswert, daß keine Komplexverbindung entsteht. Die Verbindung $C_7H_6O_2$ enthält zwar 2 O-Atome, aber der Sauerstoff ist nicht in alkoholischen Hydroxylen, sondern in der Form der Karboxylgruppe angeordnet.

d) Benzoesäure, trocken erhitzt, schmilzt und stößt zum H u s t e n und Niesen reizende Dämpfe aus. Daran kann Benzoesäure ziemlich sicher erkannt werden. F. 122 °.

Es bleibt noch übrig zu zeigen, daß die Benzoesäure ein B e n z o l -abkömmling ist, daß also Benzol aus ihr dargestellt werden kann. Direkt läßt sich CO_2 aus Benzoesäure nicht abspalten, da sie eine stabile, bei 250 ° u n zersetzt siedende Verbindung ist. Das CO_2 kann aber durch eine eigenartige, aus dem Rahmen des Gewohnten hinausfallende Reaktionsweise der Alkalihydroxyde bei hoher Temperatur herausgerissen werden. Der Einfachheit halber sei die Umsetzung mit KOH formuliert. Da letzteres an der Luft schnell Wasser anzieht, nimmt man besser (trockenen [1])) Natronkalk, ein Gemisch von NaOH und

----

[1]) In schlecht verschlossenen Flaschen zieht Natronkalk viel Wasser an, das den Ablauf der Umsetzung stört.

Ca(ÖH)$_2$. Welches benzoesaures Salz man nimmt, ist für die Benzolbildung gleichgültig: $C_6H_5CO_2K + KOH = K_2CO_3 + C_6H_6$. Man mischt Kaliumbenzoat und Natronkalk in einer Reibschale und glüht in einem trockenen Rgl.; das Benzol wird an seinem Geruch und an der Brennbarkeit (mit rußender Flamme) erkannt. Vgl. S. 36!

Führt man den analogen Versuch mit entwässertem Natriumazetat und Natronkalk durch, so bekommt man Methan, wodurch die Essigsäure als Methan-Abkömmling nachgewiesen ist. Die Versuchsanordnung, Glühen von Baryumazetat mit Barythydrat (Ba(OH)$_2$), läßt sich sogar als bequeme Darstellungsmethode für Methan verwenden. Essigsäure = Methylameisensäure, Benzoesäure = Phenylameisensäure.

Man unterscheide also die Reaktionsweise der Basen in wässeriger Lösung, die auf der OH$\ominus$-Ionenabspaltung beruht, von der Molekülreaktion der Hydroxyde bei hoher Temperatur! In entsprechender Weise verhält sich H_2SO_4 in wässeriger Lsg. als Säure, im konz. Zustande bei höherer Temperatur als Oxydationsmittel, II, 36.

A. Salizylsäure

Ähnlich wie die Milchsäure und die Weinsäure Karbonsäure- und Alkoholcharakter in sich vereinigen, gibt es auch aromatische Säuren, die zugleich Phenole sind.

Übg. 22: Salizylsäure [1]) (F. 155 ^{0}, feine farblose Nädelchen) ist in kaltem Wasser schwer löslich, aus heißem Wasser umkristallisierbar, in Alkohol l. l. Zur Kennzeichnung genügen folgende Versuche:

a) Sie ist in Sodalösung unter Aufbrausen (CO$_2$) löslich: Nachweis der Karboxylgruppe. Mit Natronlauge wird auch das Phenolsalz gebildet:

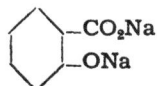 Ortho-Stellung der Substituenten „o-oxy-Benzoesäure".

b) Beim Zutropfen von FeCl$_3$-Lsg. zur k a l t e n, wässerigen Lsg. tritt Violettfärbung ein: Nachweis des phenolischen Hydroxyls (vgl. Übg. 21, c).

c) Bei vorsichtigem Erhitzen schmilzt Salizylsäure und sublimiert in feinen Nadeln. Sie ist jedoch bei Atmosphärendruck im Gegensatz zur Benzoesäure nicht unzersetzt destillierbar, sondern zersetzt sich bei gewaltsamem Erhitzen. Der dabei auftretende Phenolgeruch beweist, daß eine Phenolkarbonsäure vorliegt, die abgespaltene Kohlensäure ist ein Nachweis der Karboxylgruppe.

B. Benzaldehyd

Benzaldehyd ist eine farblose, ölige, in Wasser sehr schwer lösliche Flüssigkeit mit betäubendem, marzipanähnlichem Geruch, „Bittermandelöl", l. l. in Äther und Alkohol.

---

[1]) Namenserklärung: Salizin, aus welchem sie gewonnen wurde, ist in der Weide (salix) enthalten. S. 112!

Übg. 23: Nachweis der Aldehydgruppe durch fuchsinschweflige Säure und durch Silberammoniakat in wässeriger Suspension. Da letztere Reaktion die reduzierende Wirkung gut anzeigt, aber für die Isolierung der Benzoesäure ungünstig ist, oxydiert man zum Nachweis des Zusammenhangs zwischen B e n z a l dehyd und B e n z o e säure mit alkalischer Permanganatlösung: $2\,KMnO_4 + 3\,C_6H_5CHO + KOH \rightarrow 3\,C_6H_5$ $CO_2K + 2\,MnO(OH)_2$. Die Lösung des benzoesauren Kaliums läßt sich vom $MnO(OH)_2$ leicht durch Filtrieren trennen, die nötige Menge des Oxydationsmittels kann infolge des Farbwechsels leicht beurteilt werden. Mit verd. H_2SO_4 wird Benzoesäure ausgefällt, zwischen Filtrierpapier getrocknet und an den zum Husten reizenden Dämpfen erkannt.

In schlecht verschlossenen Vorratsflaschen von Benzaldehyd bilden sich lange, breite Nadeln von Benzoesäure. Der Aldehyd absorbiert O_2-Molekeln zu einer im vorliegenden Fall i s o l i e r b a r e n Z w i s c h e n s t u f e durch Einschiebung zwischen die C- und H-Atome der Aldehydgruppe; der doppelt gebundene Karbonylsauerstoff ist in der Formel eingeklammert. $C_6H_5CH(=O) + O_2 \rightarrow C_6H_5C-O-O-H(=O)$, Benzoylperoxyd. Folgereaktion der zweigliedrigen Kettenreaktion: $C_6H_5C(=O)O_2H + C_6H_5CH(=O) \rightarrow$ $2\,C_6H_5CO_2H$, Benzoesäure. Auch für andere „Auto-Oxydationen" wird die Peroxydstufe als notwendige Zwischenform angenommen. Anfänglich verläuft diese Peroxydbildung sehr langsam und wächst durch Autokatalyse zu einem Maximum an. Dies kann durch leicht oxydierbare Substanzen unterbunden werden. Zusatz von 0,001 % Hydrochinon stabilisiert den Benzaldehyd. Zur Verhinderung der Selbstoxydation bei Sprengstoffen, z. B. Pikrinsäure (S. 86!) kann man ähnlich vorgehen: Antioxydantien als „negative" Katalysatoren. Vgl. besonders den Abschnitt Kunststoffe!

b) Benzaldehyd ist in kalter, verdünnter Natronlauge unlöslich. Beim Erwärmen tritt keine Verharzung ein, sondern eine g e g e n s e i t i g e Oxydation von 2 Aldehydmolekeln, das eine wird oxydiert zu Benzoesäure, das andere zwangsläufig reduziert zu Benzylalkohol. Vgl. II, 65! Man denke sich zum leichteren Verständnis dieser Reaktion an eine Aldehydmolekel Wasser angelagert:

(Das durch Fettdruck gekennzeichnete Sauerstoffatom wandert zwischen das H- und das C-Atom der zweiten Bauformel ein.)

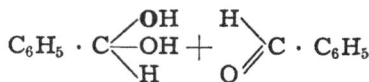

$$C_6H_5 \cdot C \Big\langle {}^{OH}_{OH} + {}^{H}_{O}\Big\rangle C \cdot C_6H_5$$

die Natronlauge begünstigt die Entstehung der B e n z o e s ä u r e durch Störung des Reaktionsgleichgewichts (Überführung in $C_6H_5CO_2Na$). Man führt die Reaktion am besten in folgender Weise aus: Etwa 1 ccm Benzaldehyd wird mit etwa 5 ccm alkoholischer Kalilauge (10 proz.) versetzt. Unter S e l b s t e r w ä r m u n g bildet sich ein Kristallbrei ($C_6H_5CO_2K$, in Alkohol unlöslich). Durch ein mit Alkohol befeuchtetes Filter wird abfiltriert und mit etwas Alkohol nachgewaschen. Das Filtrat enthält **Benzylalkohol** $C_6H_5 \cdot CH_2OH$, welcher nach dem Verjagen des Äthylalkohols auf dem Wasserbad als sehr hochsiedende Flüssigkeit (Kp. 206 [6]) zurückbleibt und z. B. durch Veresterung mit Essigsäure nachgewiesen werden kann.

Benzylalkohol ist ein primärer Alkohol, isomer mit den Kresolen, enthält aber die (OH)-Gruppe in der Seitenkette und kann auch als ein durch Phenyl substituierter Methylalkohol aufgefaßt werden.

Die Oxydation des Toluols braucht nicht in einem Zug zur Benzoesäure zu führen. Sie kann auch bis zur Aldehydstufe gelenkt werden, z. B. durch MnO_2/H_2SO_4 bei Gegenwart von Kupfersulfat als Katalysator erhält man aus Toluol 1 Mol C_6H_5CHO und 1 Mol H_2O. Günstiger ist jedoch der Umweg über die Halogenabkömmlinge. Je nach dem Eintritt des Substituenten in den Benzolkern oder in die Alkylgruppe ergeben sich bei den Alkylbenzolen grundverschiedene Isomere. Kernhalogenverbindungen erhält man durch K a t a l y s e m i t F e, z. B. $C_6H_4ClCH_3$. O h n e Katalysator werden bei höherer Temperatur und im grellen Sonnenlicht (S. 23!) „Seitenketten"-Chloride gebildet, in der ersten Stufe Benzylchlorid $C_6H_5CH_2Cl$, Kp. 179 ^{0}, dann Benzalchlorid $C_6H_5CHCl_2$, Kp. 207 ^{0} und schließlich Benzotrichlorid $C_6H_5CCl_3$, Kp. 213 ^{0} und zwar bei Einhaltung besonderer Bedingungen mit jeweils guter Ausbeute. Unter ähnlichen Bedingungen kann man übrigens auch Essigsäure „halogenieren" und so Monochloressigsäure CH_2ClCO_2H, F. 62 ^{0} und Trichloressigsäure CCl_3CO_2H, F. 55 ^{0}, erhalten. Diese im Alkyl halogenierten Karbonsäuren und Benzolderivate liefern die schon S. 38 genannten Austauschreaktionen der Halogenalkyle. $C_6H_5CH_2Cl$ (verseift) → Benzylalkohol $C_6H_5CH_2OH$. In wässeriger Lsg. vorsichtig oxydiert, erhält man Benzaldehyd $C_6H_5CH_2Cl+O$ (aus $Pb(NO_3)_2$) → $C_6H_5CHO+HCl$. Am einfachsten ist das Verfahren $C_6H_5CHCl_2+H_2O(CaCO_3/100\ ^0)$ → $C_6H_5CHO+2\ HCl$. Benzotrichlorid gibt durch Verseifung Benzoesäure; vgl. die analoge Reaktion mit $CHCl_3$, S. 31!

Außer der schon genannten Oxydation von Seitenketten können aromatische Karbonsäuren auch auf dem Umweg über die Nitrile durch Verseifung der letzteren hergestellt werden: a) durch Schmelzen der Alkalisalze von aromatischen Sulfosäuren mit NaCN; b) auf dem Umweg über Nitro- und Amino-Verbindungen durch Austausch der Diazogruppe gegen CN (S. 92!); c) aus kernsubstituierten Halogenverbindungen über die Mg-Verbindung durch Einleiten von CO_2:$C_6H_5Cl(+Mg)$ → $C_6H_5MgCl(+CO_2)$ → $C_6H_5CO_2MgCl(+HCl)$ → $C_6H_5CO_2H+MgCl_2$.

B e n z o y l c h l o r i d liefert bei Einwirkung auf Natriumsuperoxyd Dibenzoylperoxyd: $2\ C_6H_5COCl+Na_2O_2$ → $2\ NaCl+C_6H_5C\ (=O)\ -O\ -O\ -C$ $(=O)\ C_6H_5$. Mit Natriumäthylat wird daraus eine Benzoylgruppe entfernt: $(C_6H_5CO)_2O_2+NaOC_2H_5$ → $C_6H_5CO_2C_2H_5+C_6H_5C\ (=O)\ -O\ -ONa$. Daraus mit k a l t e r verdünnter Schwefelsäure B e n z o p e r s ä u r e : $C_6H_5CO_3Na+H_2SO_4$ → $NaHSO_4+C_6H_5C\ (=O)\ -O\ -OH$, ein hochwirksames Oxydationsmittel, welches auch bei der Kunststoff-Polymerisation angewandt wird.

C. P h t h a l s ä u r e a n h y d r i d

Übg. 24: a) Phthalsäureanhydrid, weiße, geruchlose, feste Substanz, ist bei zeitlich kurzer Einwirkung in kalter, verdünnter Natronlauge unlöslich, b e i m E r h i t z e n tritt farblose Lösung ein. Nach dem Erkalten ruft verdünnte Schwefelsäure einen Niederschlag hervor, der sich nunmehr auch in kalter Natronlauge löst. Die Lösung in Natronlauge ist also mit chemischer Umwandlung verbunden, so daß mit Säure nicht mehr das Ausgangsmaterial, sondern eine neue Verbindung, Phthalsäure, ausfällt. Die Formel des Phthalsäureanhydrids enthält kein ionisierbares H-Atom, was die Unlöslichkeit in kalter Natronlauge ohne weiteres erklärt. Beim Erwärmen wird zunächst Wasser angelagert

$$\text{[Phthalsäureanhydrid-Formel]} + H_2O \rightarrow \text{[Phthalsäure-COOH/COOH]}; \quad \begin{array}{c} HC - C = O \\ \| \quad > O \\ HC - C = O \end{array} \quad \begin{array}{l} \text{Maleïnsäure-} \\ \text{anhydrid} \end{array}$$

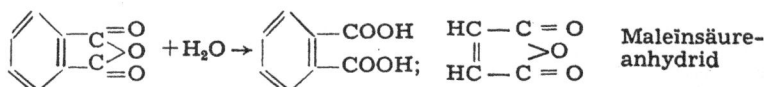

und mit 2 Mol NaOH wasserlösliches, phthalsaures Natriumsalz gebildet.

Diese Veränderung erinnert an die Verseifung der Fette in heißer Natronlauge. Während aber bei der Esterhydrolyse im einfachsten Falle 2 Molekeln gebildet werden, von denen nur eines eine Säure ist, spielt sich hier der Vorgang innerhalb e i n e r Molekel ab, da die beiden freigelegten Karboxylgruppen am Benzolrest in Ortho-Stellung befestigt sind: Aufspaltung eines Säureanhydrids.

b) Im Phthalsäureanhydrid ist neben dem Benzol-6-Ring ein 5-Ring aus 4 C-Atomen und einem O-Atom vorhanden, welcher gemäß der Spannungstheorie ein sehr beständiges Gebilde ist. Man erhitzt Phthalsäure in der S. 34 bei der Sublimation des Naphthalins geschilderten Weise etwas über ihren Schmelzpunkt und erhält Phthalsäureanhydrid (unlöslich in kalter, verd. Natronlauge).

Neben der leichten Anhydridbildung ist auch die Entstehung der Phthalsäure aus Naphthalin ein **Beweis für die Ortho-Stellung** der beiden Karboxylgruppen.

Man kann das Naphthalin nach S. 33 als Benzol mit angesetztem Butadi-en auffassen. Erinnert man sich an die Übg. 3, c und an die Ausführungen S. 75 über die Oxydation von Toluol zu Benzoesäure, so erscheint es ohne weiteres verständlich, daß die oxydierende Einwirkung auf Naphthalin an den in der Formel durch Pfeile angedeuteten Stellen angreift und Karboxylgruppen erzeugt. Wegen der Struktur des Naphthalins kann die Stellung der beiden Karboxylgruppen keine andere als die Ortho-Stellung sein. Da aber in der „Naphthalinsäure" der Naphthalinring teilweise zerstört ist, hat man diesen Namen in **Phthalsäure** verstümmelt.

Als Oxydationsmittel benützt die Technik rauchende Schwefelsäure: $C_{10}H_8 + 9 SO_3(H_2SO_4)$, als Katalysator $(HgSO_4) \rightarrow H_2O + 2 CO_2 + 9 SO_2 + (o\text{-})C_6H_4$ $(CO_2H)_2$; oder es wird bei 250^0 und Vanadiumoxyd als Katalysator mit Luftsauerstoff oxydiert. Durch schärferes Vorgehen (Temperatur doppelt so hoch) kann man auch die katalytische Oxydation des B e n z o l d a m p f e s erzwingen. Man erhält Maleïnsäureanhydrid, dessen Formel dem Phthalsäureanhydrid ähnelt. Der Ring ist abgeschnitten und durch H-Atome ersetzt. — Für die Maleïnatharze wird es in großen Mengen gebraucht. $C_6H_6 + 4 O_2$ (Katalysator/400^0—500^0) $\rightarrow$ 2 $CO_2 + H_2O + (CHCO)_2O$ (Bauformel diese Seite oben).

Benzaldehyd reagiert mit 2 Mol von Phenolen oder aromatischen Aminen und zwar mit deren (p-)H-Atomen unter Bildung von Triphenylmethanderivaten: C_6H_5CHO (Erhitzen mit $ZnCl_2$) + 2 $C_6H_5N(CH_3)_2 \rightarrow C_6H_5CH(C_6H_4N$ $(CH_3)_2)_2 + H_2O$. Bei Verwendung von Dimethylanilin, wie im angeführten Beispiel, erhält man eine sogenannte Leukobase (leukos = weiß [gr.], d. h. noch nicht Farbstoff) Tetramethyldiaminotriphenylmethan, welche durch Oxydation in den Farbstoff **Malachitgrün (Bittermandelölgrün)** übergeht.

Ein Karbonylsauerstoff des Phthalsäureanhydrids reagiert wie der Sauerstoff des Benzaldehyds mit (p-)H-Atomen. 1,9 g Phenol + 1,5 g Phthalsäureanhydrid werden mit etwas konz. H_2SO_4 vorsichtig erhitzt, so daß keine weißen Dämpfe der sich zersetzenden H_2SO_4 auftreten. Nach dem Erkalten erhält man beim Eingießen in kaltes Wasser (7-faches Vol. der verwendeten

H$_2$SO$_4$) eine nahezu weiße Ausfällung: **Phenolphthaleïn.** Mit NaOH tritt die bekannte Rotfärbung auf, mit Säure wieder Entfärbung. Die Farbsalzbildung (durch Aufspaltung am Brückensauerstoff des Anhydrids) geht hier schon mit kalter NaOH vor sich, da diese sofort ein l. l. P h e n o l a t bildet. Durch Hydrolyse entsteht eine Benzoesäure, welche in Orthostellung die

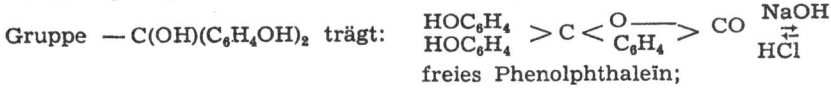

Gruppe — C(OH)(C$_6$H$_4$OH)$_2$ trägt:
$$\begin{matrix} HOC_6H_4 \\ HOC_6H_4 \end{matrix} > C < \begin{matrix} O \\ C_6H_4 \end{matrix} > CO \quad \overset{NaOH}{\underset{HCl}{\rightleftarrows}}$$

freies Phenolphthaleïn;

$$\begin{matrix} O = C_6H_4 \\ NaOC_6H_4 \end{matrix} > C - C_6H_4COONa \rightleftarrows \begin{matrix} NaOC_6H_4 \\ NaOC_6H_4 \end{matrix} > C(OH)C_6H_4COONa. \quad \textbf{Fluoresceïn} \text{ ist}$$

rotes Farbsalz; farblose Lsg. in konz. NaOH;

Resorzinphthaleïn, in analoger Weise hergestellt. Außer der Farbsalzbildung weist dessen alkalische Lsg. eine überraschende Fluorescenz auf, da durch H$_2$O-Abspaltung zwischen den beiden (m-)Hydroxylgruppen der in das Fluoresceïn eingebauten Resorzinmolekeln ein Sauerstoff-haltiger, gegen Basen beständiger 6-Ring sich bildet, den man als Träger der Fluorescenz erkannt hat. **Eosin** ist Tetrabromfluoresceïn. Die Auflösung seines Di-Na-Salzes in Wasser wird als „rote Tinte" verwendet.

Phthalsäureanhydrid kann noch in anderer Weise mit Phenolen sich umsetzen, daß nämlich der B r ü c k e n s a u e r s t o f f mit z w e i an einer 6-Eckseite stehenden Kern-H-Atomen e i n e r Phenolmolekel H$_2$O bildet. Dadurch entstehen Anthrachinonabkömmlinge, mit Brenzkatechin z. B. **Alizarin** oder 1,2-Dioxyanthrachinon C$_{14}$H$_6$O$_2$(OH)$_2$. Nebenher entsteht das 2,3-Stellungsisomere. Für die technische Darstellung wird jedoch in 2-Anthrachinonmonosulfosäure bei 200° und Gegenwart von Oxydationsmitteln (KClO$_x$) durch NaOH-Schmelze nicht nur die Sulfogruppe gegen OH ausgetauscht, sondern gleichzeitig in der Stellung 1 das H-Atom in die OH-Gruppe übergeführt und so unmittelbar Alizarinnatrium erhalten, das mit HCl zerlegt und als 20 %-ige Alizarinpaste verkauft wird.

16. Nitrobenzol

Übg. 25: Man vermischt 3 ccm konz. Schwefelsäure ($s = 1,84$) mit 3 ccm konz. Salpetersäure ($s = 1,40$) und setzt nach dem Erkalten tropfenweise unter Rühren mit einem Glasstab 2 ccm reines Benzol zu. Durch Eintauchen in ein mit kaltem Wasser gefülltes Becherglas wird ein zu hohes Ansteigen der Temperatur über 50° verhütet. Das Benzol löst sich vorübergehend; die wiederauftretende ölige Ausscheidung ist schon chemisch verändert. Man gießt (bei größeren Mengen unter Umrühren) in (die 7-fache Menge) kaltes Wasser und erhält ölige Ausscheidung.

	Benzol	**Reaktionsprodukt**
spez. Gew.	leichter als Wasser	schwerer als Wasser
Farbe	farblos	gelb
Geruch	naphthalinähnlich	ähnlich wie Benzaldehyd
Kp.	80°	etwa 200° (erst nach der Reinigung).

Die Reinigung stößt auf Schwierigkeiten, da Abfiltrieren, Auswaschen des Filterrückstandes und Umkristallisieren bei einem Öl nicht möglich ist. Bei geringen Mengen ist auch Trennen im Scheidetrichter mit Verlusten verbunden, da einige Tropfen infolge der Oberflächenspannung an der Ober-

Bild 7
Ausäthern im
Scheidetrichter.

fläche gehalten werden, besonders wenn größere Mengen unverändertes Benzol vorhanden sind. Außerdem werden dadurch die im Öl gelösten Säurereste nicht entfernt. Bei dem Übergang zur höheren Temperatur der fraktionierten Destillation hätte man dann Einwirkung dieser Säurereste in der Hitze, wodurch ein Teil weiter verändert werden könnte. Man wendet deshalb **Ausäthern** an (s. Übg. 12 b, S. 47!).

Durch Schütteln mit einer hinreichenden Menge Äther führt man das Öl in Ätherlösung über und läßt die wässerige Säurelsg. abfließen. Zur Entfernung der Säurereste schüttelt man einmal mit Wasser, dann mit Sodalösung und zur Entfernung der letzteren wieder mit Wasser durch und trennt die wässerigen Lösungen jeweils ab. Man nehme nicht zuviel Waschflüssigkeit, da diese jeweils etwa $^1/_{10}$ ihres Volumens vom Äther weglösen. Am Schlusse enthält der Äther nur das organische Reaktionsprodukt und etwas Wasser, das durch hygroskopische, den Äther und die gelöste Substanz nicht angreifende, feste Stoffe, in unserem Falle CaCl$_2$, gebunden wird. Nach längerem Stehen gießt man evtl. durch ein Filter von den festen Hydraten ab. Der Äther wird auf dem Wasserbade abdestilliert, wobei seine **Feuergefährlichkeit** zu beachten ist. Nach dem Abdestillieren des Äthers erhitzt man das Wasserbad bis zum Sieden, wobei die Hauptmenge des noch unveränderten Benzols übergeht, stellt die Kühlung ab und fraktioniert unter Kontrolle der Destillationstemperatur (Kp. 209 ^{0}).

Das Verfahren ist für kleine Mengen zu umständlich. Man begnügt sich deshalb damit, die leicht erkennbare Verschiedenheit festzustellen.

Die Analyse des reinen NO$_2$-Benzols ergibt Stickstoff in großen Mengen, aber keinen Schwefel. Deshalb kann die Schwefelsäure zunächst außer Betracht bleiben. Aus der anorganischen Chemie sind 2 Reaktionsweisen der Salpetersäure bekannt: 1. die s a l z b i l d e n d e Wirkung ist ausgeschlossen, weil dem Benzol kein basischer Charakter zukommt; 2. die o x y d i e r e n d e Wirkung ist in der Regel von der Entwicklung rotbrauner Gase begleitet (NO$_2$ bzw. NO). Solche „nitrosen Gase" sind bei der Durchführung des Versuches kaum erkennbar; diese Einwirkung ist auch bei der **Oxydationsfestigkeit des Benzols** (s. S. 75 und 80!) bei t i e f e n Temperaturen nicht wahrscheinlich.

In der Bauformel der Salpetersäure sind das 5-wertige Zentralatom, 3 O-Atome und 1 H-Atom so angeordnet, daß der ionogene Wasserstoff nicht direkt, sondern durch Vermittlung des Sauerstoffs mit dem Stickstoff verbunden ist. Deshalb existiert noch eine 3. Möglichkeit, die bisher nicht beachtet wurde, nämlich, daß die Hydroxylgruppe der Salpetersäure als Ganzes reagiert, wie etwa eine Hydroxylgruppe bei der Esterbildung. Bei der Halogensubstitution wird der zu substituierende Wasserstoff als Halogenwasserstoff abgespalten und Halogen mit dem Chlor verbunden, S. 29. In unserem Falle wird der K e r n - w a s s e r s t o f f des Benzols a l s W a s s e r herausgenommen und der seiner OH-Gruppe beraubte Salpetersäure-Stickstoff, welcher

noch 2 Sauerstoffatome trägt, mit einem Kohlenstoffatom des Ringes direkt verknüpft. Es findet also
**Substitution durch die einwertige Nitrogruppe statt,
welche 5-wertigen Stickstoff enthält.** Damit ist auch die Rolle der
konzentrierten Schwefelsäure geklärt: sie wirkt ähnlich wie bei der
Veresterung „wasserbindend", was nicht selbstverständlich ist. Auch
bei der Schwefelsäure besteht nämlich die Möglichkeit für eine Sub-
stitutions-Reaktion, bei der **Schwefel direkt an Kohlenstoff** gebunden
wird.

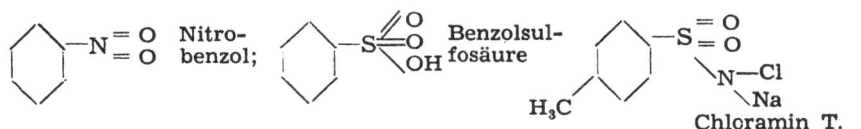

Die Einhaltung bestimmter Temperaturen erklärt sich daraus, daß die
Nitrierung von starker Selbsterwärmung begleitet ist. Durch Erwärmung
wird aber die oxydierende Reaktionsweise der Salpetersäure und die „sul-
furierende" Wirkung der Schwefelsäure begünstigt. Ähnlich wie bei der
Bromierung könnte die Nitrogruppe öfter als einmal in das gleiche Molekül
eintreten. Im vorliegenden Falle ist jedoch die Bildung von Dinitrobenzol
gering; es ist in dem über 210° siedenden Nachlauf enthalten.

Für aromatische Verbindungen ist kennzeichnend: 1. Die leichte
Substituierbarkeit der Kernwasserstoffatome unter Herstellung ho-
möopolarer Bindungen $C-N$ (Nitrierung), $C-S$ (Sulfonierung),
$C-Br$ (Halogenierung) u. a.[1]). 2. Das Versagen von Anlagerungs-
reagentien trotz der für das gesättigte Verhalten zu geringen Zahl von
H-Atomen. 3. Die Widerstandsfähigkeit der Ringe gegen Oxydation.
4. Der Säurecharakter der „Phenole".

Auch in der alifatischen Chemie sind Nitroverbindungen bekannt; jedoch sind erst in neuester Zeit Verfahren für d i r e k t e Nitrierung und
Chlorsulfonierung alifatischer Verbindungen besonders in USA ausgearbeitet worden.

Die in organischen Sulfosäuren vorhandene OH-Gruppe kann man gegen
Cl und — NH₂ austauschen: a) $C_6H_5SO_3Na + PCl_5 \rightarrow C_6H_5SO_2Cl + NaCl + POCl_3$;
b) $2 NH_3 + C_6H_5SO_2Cl \rightarrow C_6H_5SO_2NH_2 + NH_4Cl$. Der Austausch der gesamten
Sulfogruppe gegen OH und CN wurde schon S. 79 angeführt.

Die **Sulfonamide** enthalten ersetzbaren Wasserstoff, verhalten sich also
wie Säuren, lösen sich in Natronlauge und fallen beim Ansäuern als feste
Stoffe wieder aus. $C_6H_5SO_2NH_2 + NaOH \rightarrow C_6H_5SO_2NHNa + H_2O$. p-Toluol-
sulfonamid ist ein Nebenprodukt der Saccharinherstellung. Es läßt sich
mit unterchlorigsauren Salzen in Chlorsulfonamid überführen: $CH_3(1)C_6H_4(4)$
$SO_2NH_2 + NaOCl \rightarrow CH_3C_6H_4SO_2NHCl + NaOH$. Da es in Berührung mit H_2O
langsam unterchlorige Säure abgibt, findet es Anwendung als antisepti-
scher Wundverband und als milder Ersatz für Chlorkalk: $CH_3C_6H_5SO_2NHCl$
$+ H_2O \rightarrow CH_3C_6H_5SO_2NH_2 + HOCl$. Das 1. 1. Na-Salz führt die Bezeichnung
Chloramin T; Bauformel s. oben!

Für die **Saccharin**herstellung wird die CH₃-Gruppe des o-Toluolsulfon-
amids mittels KMnO₄ zur Karbonsäure oxydiert $HO_2C(1)C_6H_4(2)SO_2NH_2$ und

---

[1]) $C - As, C - Sb, C - Hg$ z. B. für Heilmittelherstellung.

durch Erhitzen die OH-Gruppe des Karboxyls mit einem H-Atom der NH_2-Gruppe als H_2O abgespalten, wodurch ein 5-Ring (zyklisches Imid der o-Sulfobenzoesäure) entsteht. Der Imidwasserstoff hat infolge der benachbarten negativen Gruppen sauren Charakter. Das Na-Salz ist l. l. in Wasser und besitzt die 750-fache Süßkraft des Rohrzuckers, aber k e i n e n N ä h r w e r t. Es ist nicht kochbeständig und auch nicht beständig gegen saure Kompotte. Deshalb darf es erst unmittelbar vor dem Verbrauch zugesetzt werden. Bessere Beständigkeit weist das einer anderen Reihe angehörende **Dulzin** auf (200-mal süßer als Zucker) $C_2H_5O(1)C_6H_4(4)NHCONH_2$, ein durch Phenoläther substituierter Harnstoff.

Ein dem oben genannten ähnlicher 5-Ring entsteht auch bei Ersatz des Brückensauerstoffs im Phthalsäureanhydrid durch die Imidogruppe: **Phthalimid** $C_6H_4(CO)_2NH$. Auch hier besitzt der Imidwasserstoff sauren Charakter. Das Phthalimidkalium wird zur Reindarstellung von primären Aminen angewandt. $C_6H_4(CO)_2NK + C_2H_5J \rightarrow KJ + C_6H_4(CO)_2NC_2H_5$. Durch Umsetzung mit KOH wird das Äthylamin in Freiheit gesetzt unter Bildung von Dikaliumphthalat.

Übg. 26: a) Untersuchung des reinen Nitrobenzols: die hellgelbe, ölige Flüssigkeit ist sehr leicht in Alkohol (und Äther, s. Darstellung) löslich. Gibt man zur alkoholischen Lsg. Wasser, so tritt zuerst eine Emulsion feiner Tröpfchen auf, die sich zu großen gelben, niedersinkenden Tropfen vereinigen. Dieses Flüssigkeitsgemenge zeigt n e u t r a l e Lackmusreaktion, obwohl nach der Darstellung unter Anwendung von konzentrierten Säuren saurer Charakter des Reaktionsprodukts hätte erwartet werden dürfen. Das Fehlen der Säurereaktion ist ein Beweis dafür, daß die Hydroxylgruppe der Salpetersäure mit ihrem Wasserstoffion bei der Nitrierung entfernt worden ist, wie S. 82 angenommen wurde.

b) Da auch bei der Esterbildung der saure Charakter verschwindet (s. S. 44!), ist es notwendig zu beweisen, daß kein Ester vorliegt. Für Ester ist die Verseifung charakteristisch. Man kocht deshalb Nitrobenzol mit Natronlauge: man bemerkt keine Änderung, auch die Diphenylaminreaktion bleibt negativ. Ergebnis: N i t r o b e n z o l   i s t   k e i n   v e r s e i f b a r e r   E s t e r. Bei der Hydrolyse müßte man, wenn sie der Entstehung gegenläufig ist, Benzol und Salpetersäure, wenn sie aber wie bei der normalen Esterverseifung verlaufen würde, Phenol und salpetrige Säure bzw. deren Natriumsalze erwarten. Mit der Lösung von Diphenylamin in konz. Schwefelsäure würden aber beide Salze schon in Spuren eine intensive Bläuung liefern (Gegenprobe mit KNO_3 bzw. $NaNO_2$!). Es darf also der weitere Schluß gezogen werden, daß die **einfache Bindung zwischen Kohlenstoff und Stickstoff sehr fest ist** und als Folge davon auch bei Reduktion nicht gelöst wird (s. S. 38 und 87!).

Mit der N i t r o g r u p p e   d a r f   d a s   i s o m e r e   g r u n d v e r s c h i e d e n e   N i t r i t - I o n nicht verwechselt werden. Z. B. besitzt Amylnitrit die Zusammensetzung $C_5H_{11} \cdot O_2N$, ist aber keine Nitroverbindung, sondern der Amylester der salpetrigen Säure, der durch Alkalien leicht verseift wird. Häufig wird die Bezeichnung „Nitro" irreführend gebraucht. Im Nitroprussidnatrium $Na_2Fe(CN)_5(NO)$ ist keine Nitrogruppe, sondern eine Nitrosogruppe (NO) enthalten, welches ein CN-Ion ersetzt (II, 68). Deshalb jetzt Nitritoprussidnatrium. Das „Nitroglyzerin" ist keine Nitro-Verbindung, sondern ein Ester der Salpetersäure, Glyzerintrinitrat (S. 56) .

c) Um nachzuweisen, daß der Nitrierungsreaktion allgemeine Bedeutung zukommt, nitriert man das Phenol, dessen leichte Substituierbarkeit aus Übg. 19 c, S. 71 bekannt ist. Wie schon angedeutet, hängt die Zahl der eintretenden Nitrogruppen auch von der Art der Nitrierung ab. Da man hier eine vollnitrierte Substanz haben will, braucht man keine Vorsichtsmaßregel anzuwenden. Man läßt auf Phenol (etwa 1 g) 10 ccm HNO_3 ($s = 1,20$) ohne Kühlung (im Abzug!) einwirken und erhitzt bis zum Sieden, nachdem sich die erste stürmische Einwirkung etwas gelegt hat. Die starke Entwicklung nitroser Gase rührt zum größten Teil von der thermischen Zersetzung der Salpetersäure selbst her. Man erhält beim Erkalten aus der gelben Lsg. eine gelbe Kristallisation. Gleichzeitig erstarrt auch der ölige Anteil. Reinigung durch Umkristallisieren aus Wasser.

Aus dieser Darstellung der Pikrinsäure kann man erkennen, daß man bei der Nitrierung sehr verschieden vorgehen kann. Die richtige Methode herauszufinden, ist im Einzelfalle oft eine sehr mühselige Sache.

d) Untersuchung der **Pikrinsäure** $C_6H_2(OH)(NO_2)_3$: Im reinen Zustand eine geruchlose, sehr hellgelb gefärbte, kristallisierte Substanz, von bitterem Geschmack (Namen), **giftig** (!), schmilzt, vorsichtig erhitzt, bei 122 ^{0}. Gewaltsames Erhitzen hat „Verpuffung" unter Ausscheidung von Ruß und dunkelgefärbten Substanzen zur Folge.

Dieses Verhalten kommt von der Häufung der NO_2-Gruppen im Molekül her. Pikrinsäure enthält 3 NO_2-Gruppen und ist wie die Bruttoformel $C_6H_3O_7N_3$ erkennen läßt, eine sehr sauerstoffreiche Substanz. Wegen der großen Festigkeit der Bindung zwischen Stickstoff und Kohlenstoff ist sie im Gegensatz zu dem mit NO_3-Gruppen „überladenen" Salpetersäure-Ester des Glyzerins (S. 56) als lockere Kristallmasse eine ungefährliche Substanz. Im dichten Zustand (durch Schmelzen oder Pressen) wird sie durch Initialzündung zur Explosion gebracht und führt als **Sprengstoff** die Namen Melinit oder Lyddit. Man darf daher für den Verpuffungsversuch nicht mehr als eine Messerspitze voll nehmen [1]).

In Alkohol und Äther ist Pikrinsäure leicht, in kaltem Wasser schwer löslich, aus heißem Wasser umkristallisierbar in großen gefiederten, spießigen Kristallen ausfallend.

Feste Substanz wird mit Na_2CO_3-Lösung übergossen: starkes Aufbrausen von CO_2 zeigt an, daß Pikrinsäure stärker ist als Kohlensäure. Das Natriumpikrat ist in kaltem Wasser namentlich bei Sodaüberschuß sehr schwer löslich, geht aber beim Erhitzen mit brauner Farbe in Lösung, aus der beim Erkalten das Salz mit kurzen, zu Warzen verfilzten Nadeln herauskommt, deutlich verschieden von der Kristallisation der Säure. Mit verdünnter Natronlauge analog: P i k r i n s ä u r e ist eine z i e m l i c h s t a r k e S ä u r e, obwohl sie nur ein Phenol ist.

---

[1]) Kaliumpikrat explodiert sehr heftig mit dumpfem Knall, auch als lockere Masse!!

Der saure Charakter der Phenylgruppe wird also durch die Nitrosubstitution verstärkt.

Es sieht so aus, als ob die Nitrogruppen an dem sauren Verhalten direkt beteiligt seien. Es ist deshalb wichtig festzustellen, daß Pikrinsäure eine echte Nitroverbindung ist. Löst man Diphenylamin in konz. H_2SO_4, so erhält man mit Pikrinsäure eine schwache Grünfärbung, aber keine Blaufärbung, die sich sofort bei Zugabe von Salpetersäure (zur Gegenprobe) einstellt.

Die Einführung einer größeren Zahl von Nitrogruppen als 3 in den Benzolring gelingt nicht wegen der Gesetzmäßigkeiten bei der Substitution. Auch das voll nitrierte Toluol $C_7H_5(NO_2)_3$, in USA als T.N.T. bezeichnet (Bauformel S. 90) ist ein ausgezeichneter Sprengstoff. Es enthält zwar noch weniger Sauerstoff als Pikrinsäure, schmilzt aber schon bei 81° und kann deshalb gefahrlos in die Sprengkörper eingegossen werden, greift auch, da ihm der saure Charakter fehlt, das Metall nicht an und ist im Wasser unlöslich.

Durch die Substitution wird die Reaktionsweise des Benzols in dem Sinne abgewandelt, daß an bestimmten Stellen des Rings der Einbruch für eine neue Substitution vorherbestimmt wird: Nitro-, Karboxyl-, Sulfo-, Keto- und Zyangruppen schieben den neu eintretenden Substituenten in die meta-Stellung; Hydroxyl-, Amido- und Alkyl-Gruppen, sowie die Halogene in die ortho- und para-Stellung.

17. Anilin

Übg. 27: 6 g granuliertes Zinn oder auch Stanniol, welches aber wegen der großen Oberfläche sehr heftig reagiert, werden mit 2 ccm Nitrobenzol übergossen und mit 12 ccm HCl ($s = 1,19$) in 3 Portionen von etwa 4 ccm versetzt. Nach den ersten 4 ccm kühlt man durch Eintauchen in kaltes Wasser und wartet jeweils das Nachlassen der Reaktion ab. Die Umsetzung verläuft anfänglich unter sehr starker Erwärmung, welche ohne Kühlung größere Mengen von Nitrobenzol (giftig) und Salzsäure (die Atmungsorgane reizend) verflüchtigen und die Ausbeute herabsetzen würde. Wenn die Selbsterwärmung nachgelassen hat, gießt man etwa 25 ccm Wasser zu und erhitzt zur Vervollständigung kurze Zeit zum Sieden.

Nach Beendigung der Umsetzung ist kein Nitrobenzolgeruch mehr bemerkbar. Dunkle feste Anteile rühren von weitgehend zerfallenem Zinn her. Man entnimmt eine Probe und setzt starke Natronlauge zu: grauer Niederschlag von $Sn(OH)_2$ (bzw. $Sn(OH)_4$), der jedoch mit überschüssigem NaOH in Stannit (bzw. Stannat) übergeht (II, 131). Dabei tritt ein dumpfer, an frischen Mörtel erinnernder Geruch auf. Es entsteht also eine neue Verbindung von basischem Charakter, deren Dämpfe diesen Geruch verursachen. Größere Mengen von NH_3 sind nicht zu bemerken. NH_3 müßte aber auftreten, wenn bei der Reduktion die C-N-Bindung gelöst würde. Man erinnere sich an die Übg. 26, II, 70! Siehe auch S. 84, Übg. 26 b!

Die Trennung des neu entstandenen Stoffes von den anorganischen Salzen durch **Wasserdampfdestillation** ist nur mit einem größeren Ansatz durchführbar.

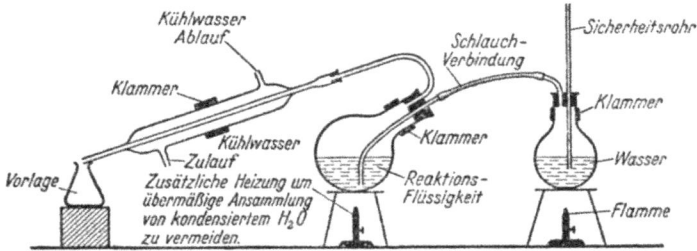

Kühlwasser Ablauf — Schlauch-Verbindung — Sicherheitsrohr — Klammer — Klammer — Kühlwasser Zulauf — Klammer — Wasser — Vorlage — Zusätzliche Heizung um übermäßige Ansammlung von kondensiertem H_2O zu vermeiden. — Reaktions-Flüssigkeit — Flamme

Bild 8

Die Wasserdampfdestillation hat zur Voraussetzung, daß die Stoffe schon bei gewöhnlicher Temperatur eine merkliche Dampftension besitzen, „verdunsten", was bei stark riechenden Stoffen ohne weiteres angenommen werden kann (I, 26). Die Dampftension ist dann bei etwa 100 ⁰ eine bedeutend höhere und diese Steigerung nützt man aus, indem man die Stoffe in wässeriger Suspension erhitzt. Sieden tritt dann ein, wenn die Summe der beiden Dampfdrucke (des Wassers und des organischen Stoffes) = Atmosphärendruck, also bei Temperaturen, welche unter dem Kp. des Wassers liegen (Dalton'sches Gesetz). Dadurch, daß man reinen Dampf einleitet, überschreitet man schon diese kombinierte Siedetemperatur. Das ist erst recht der Fall, wenn man den Wasserdampf vor der Berührung mit der organischen Substanz überhitzt (auf 180 ⁰ und darüber, S. 18!). Beim Abkühlen wird das Gemisch der beiden Dämpfe in den organischen Stoff und in flüssiges Wasser zerlegt. Selbst wenn der Anteil des organischen Stoffes im Dampfgemisch ein geringer ist (angenommen $^1/_{10}$), kann man doch durch lang andauernde Dampfdestillation den Stoff vollständig übertreiben. Vorbedingung ist, daß der Wasserdampf keine chemische Änderung bewirkt (Naphthalin, Kampfer, Nitrobenzol, Pikrinsäure usw. sind wasserdampfflüchtig).

Das Anilin destilliert als ölige, milchige Flüssigkeit und ist frisch dargestellt f a r b l o s. Es ist nunmehr mit destilliertem Wasser „verunreinigt". Es folgt nun Ausäthern, Trocknen des Äthers mit festem KOH und Destillation. Kp. 182 ⁰.

Die Formulierung der Anilinbildung trennt man zweckmäßig in den anorganischen (I) und organischen Teil (II).

I. $Sn + 2 HCl \rightarrow SnCl_2 + 2 H$ (im Entstehungszustand!); $SnCl_2 + 2 HCl + O$ (aus der Nitrogruppe) $\rightarrow SnCl_4 + H_2O$. $SnCl_2 + 2 NaOH \rightarrow Sn(OH)_2 + 2 NaCl$; $Sn(OH)_2 + 2 NaOH \rightarrow Sn(ONa)_2 + 2 H_2O$. $SnCl_4 \rightarrow SnO_3Na_2$ (in analoger Weise).

II. $C_6H_5NO_2 + 6 H + HCl \rightarrow C_6H_5NH_3Cl + 2 H_2O$.

Der organische Teil zerfällt selbst wieder in mehrere Teilreaktionen:

1. durch naszierenden Wasserstoff wird Sauerstoff herausgenommen: **Reduktion.**

2. Nach der Sauerstoffwegnahme hätte man sich vorübergehend I-wertigen Stickstoff zu denken C_6H_5N, der sofort 2 W a s s e r s t o f f-

a t o m e a n l a g e r t und in $C_6H_5NH_2$ übergeht: **Hydrierung.** Diese Wasserstoffanlagerung ist eine S y n t h e s e, ein ähnlicher Vorgang wie die Bromanlagerung an Äthylen.

3. Bei Gegenwart von überschüssiger Salzsäure wird Anilin in das **Chlorhydrat** übergeführt, aus dem erst durch NaOH. Anilin $C_6H_5NH_2$ frei gemacht wird (s. Übg. 28 b, S. 88, wo auch die Formulierung zu finden ist!).

Der anorganische Teil ist dadurch verwickelt, daß Stannoverbindung beim Übergang in die Stanniverbindung nochmals reduzierend wirken kann. Nimmt man Stannichlorid-Entstehung an, so kommt man mit der Hälfte von Zinn aus im Vergleich zum Übergang in Stannoverbindung. Auf jeden Fall muß für Anwesenheit von genügenden Mengen Salzsäure gesorgt werden.

Anmerkung: Anilin ist nicht das e i n z i g e Reduktionsprodukt des Nitrobenzols, vielmehr sind als Zwischenstufen Nitrosobenzol C_6H_5NO und Phenylhydroxylamin C_6H_5NHOH bekannt, kommen jedoch für unseren Versuch nicht in Frage.

Für die technische Herstellung aus Nitrobenzol wird an Stelle von Sn und HCl Eisen und Wasser genommen, wobei Eisen(III-)hydroxyd und Anilin entsteht. Ein zweites technisches Verfahren geht von Chlorbenzol aus und vermeidet den Verbrauch von HNO_3 für die Anilinherstellung: $2 C_6H_5Cl + 2 NH_3 + Cu_2O$ (Cu_2Cl_2 - Katalysator/200°) → $Cu_2Cl_2 + H_2O + 2 C_6H_5NH_2$. Das gebildete Cu_2Cl_2 wird mit NaOH in Cu_2O übergeführt und wieder verwendet unter Belassung von etwas Cu_2Cl_2 als Katalysator.

Untersuchung des Anilins.

Übg. 28: a) Deutet man die Einwirkung von Natronlauge am Schlusse der Darstellung als Verdrängungsreaktion, so möchte man vermuten, daß das Reaktionsprodukt eine Hydroxylverbindung ist. Man versetzt die alkoholische Lösung mit Phenolphthaleïn und bekommt keine Rötung (s. S. 62!), auch nicht bei Zugabe von Wasser, obwohl jetzt Gelegenheit für die Bildung einer dem Ammoniumhydroxyd analogen Verbindung vorhanden wäre. Es tritt lediglich milchige Trübung auf, da Anilin in Wasser weniger leicht löslich ist als in Alkohol. Auch die Lackmusprobe verläuft ergebnislos. Die quantitative Analyse ergibt, daß Anilin keinen Sauerstoff enthält.

E r g e b n i s : Anilin reagiert weder in alkoholischer noch in wässeriger Lösung alkalisch. Seine Formel ist $C_6H_5NH_2$ und nicht, etwa dem Ammoniumhydroxyd entsprechend, $C_6H_5 \cdot NH_3OH$.

b) Das Vorhandensein von wasserlöslichen Anilinsalzen beweist, d a ß **Anilin** t r o t z d e m **eine Base** i s t [1]. 1. Käufliches Anilinsalz (Anilinchlorhydrat) löst sich spielend in Wasser mit stark saurer Reaktion. Die Hydrolyse geht aber nicht bis zur Ausfällung des Anilins (vgl. Übg. 19, b!). Auf Zugabe von Natronlauge zur konzentrierten wässe-

---

[1]) Die meisten und wichtigsten organischen Basen sind Abkömmlinge des Ammoniaks und werden als Amino- oder Amidoverbindungen bezeichnet, z. B. Anilin = Phenylamin. Die anorganischen NH_3-Anlagerungsverbindungen werden zur Unterscheidung als Amine bezeichnet.

rigen Lösung, fallen Anilintropfen (Geruch!) aus, die auf Zugabe von Salzsäure wieder in Lösung gehen. 2. Fügt man zu reinem Anilin (auf einem Uhrglas) tropfenweise konzentrierte Salzsäure, so geht das Öl unter starker Selbsterwärmung (Befühlen des Uhrglases) in eine kristallinische Masse über, die beim Verdünnen mit wenig Wasser vollständig in Lösung geht und auf Zugabe von NaOH wieder Öltropfen von Anilin ausscheidet. Da man konz. Salzsäure genommen hat, muß man auch starke Natronlauge anwenden, da Anilin sonst im Verdünnungswasser gelöst bleibt. Mit konz. Schwefelsäure findet die analoge Umsetzung statt, nur daß das schwefelsaure Anilin in Wasser schwerer löslich ist.

Erklärung: Die gebildeten Anilinsalze sind wegen der „aussalzenden" Wirkung der überschüssigen konzentrierten Säuren schwer löslich aus dem gleichen Grunde, aus dem bei Zugabe von konz. HCl zu konz. Kochsalzlösung letzteres ausfällt (II, 86). Die auftretenden Nebel erinnern an die Salmiaknebel beim Zusammenbringen von NH_3 mit HCl und verdanken auch dem analogen Vorgang ihre Entstehung.

Die Formulierung dieser Reaktion ist ungewöhnlich. Sie verläuft nicht nach dem Umsetzungstypus der normalen Salzbildung Base + Säure = Salz + Wasser, sondern nach dem Vereinigungstypus, Organische Base + Säure = Salz. Die übliche Bezeichnung Anilinchlorhydrat deutet bereits an, daß der Säurewasserstoff in das Salz eingetreten ist und nicht, wie bei der normalen Salzbildung von der basischen Hydroxylgruppe zur Wassersynthese verbraucht wird. Die Salzbildung ist also hier eine direkte Addition von Base und Säure ohne Zwischenschaltung der Hydroxylverbindung und erinnert an die Addition von Kristallwasser an Salze und an die Salmiakbildung: NH_3 + HCl → NH_4Cl; $C_6H_5 \cdot NH_2$ + HCl → $C_6H_5NH_2HCl$; NH_3 + H_2SO_4 → NH_4-SO_4H (saures Ammoniumsulfat); $C_6H_5NH_2$ + H_2SO_4 → $C_6H_5NH_2H_2SO_4$.

Herkömmlicherweise begnügt man sich in der organischen Chemie mit dieser Formulierung und zieht nicht einmal die Zahl der Wasserstoffatome zusammen, ähnlich wie man in der anorg. Chemie das Zusammenziehen der Formeln bei den Kristallwasserverbindungen unterläßt.

Nach der Koordinationslehre (II, 48) vermag NH_3 dem sehr wenig dissoziierten Wasser das Wasserstoff-Ion zu entreißen und bildet in hohem Betrage die Ionen: $NH_4\oplus$ und OH$\ominus$. Die Base NH_4OH läßt sich nicht isolieren, da die koordinative Bindung zum Wasserstoff-Ion in dem Maße zerreißt, als Lösungswasser entfernt wird. Die stark dissoziierte Salzsäure stellt dem NH_3 sehr viel H$\oplus$-Ionen zur koordinativen Anlagerung zur Verfügung, so daß vollständig $NH_4\oplus$ und Cl$\ominus$ gebildet wird. Obwohl NH_4OH elektrolytisch eine nur mittelstarke Base ist, vermag sie doch Salzsäure ohne merkliche Hydrolyse zu neutralisieren; NH_4Cl-Lösung: P_H = 6,5.

Die Fähigkeit des Ammoniaks, Wasserstoff-Ionen koordinativ heranzuholen, wird durch den Eintritt sog. negativer Gruppen (C_6H_5, vgl. Übg. 19 b!) geschwächt, positiver Gruppen (CH_3) gestärkt. Anilin vermag aus Wasser keine H$\oplus$ herauszuholen, eine Hydroxylverbindung des Anilins, die dem in wässeriger Lösung allgemein angenommenen NH_4OH entspricht, gibt es nicht. Wohl aber lagern sich die in Säuren reichlich vorhandenen H $\oplus$ Ionen an. Man erhält dadurch Salze, deren Hydrolyse viel schwächer ist als man nach der Unbeständigkeit der Hydroxylverbindung des Anilins erwarten dürfte. Anilin ist eine schwächere Base als NH_3; dieses wiederum eine schwächere Base als $CH_3 — NH_2$ (Methylamin).

Die Behauptung, daß der (C_6H_5)-Rest die koordinative Wirkung auf H $\oplus$ Ion abschwächt, kann durch folgenden Versuch bewiesen werden: **Diphenylamin,** welches von der Salpetersäure-Farb-Reaktion her bekannt ist, hat die Zusammensetzung $(C_6H_5)_2NH$. Es enthält also den Phenylrest z w e i - m a l. Salzbildung ist hier nur möglich, wenn durch Alkoholzugabe die Hydrolyse zurückgedrängt wird. Diphenylamin wird in Alkohol gelöst **und** durch Zugabe von w e n i g H_2O ausgefällt. Auf Zugabe von konz. Salzsäure geht es in Lösung als $(C_6H_5)_2NH$, HCl. Bei Zugabe von v i e l Wasser tritt v o l l s t ä n d i g e Hydrolyse ein in D i phenylamin und Salzsäure.

c) Zur wässerigen Lösung von Anilin wird Bromwasser gegeben. Man erhält eine feste weiße Ausscheidung und eine stark sauer reagierende Mutterlauge. Die Ausfällung ist Tribromanilin. Die Bromatome sind so angeordnet wie im Tribromphenol und wie die Nitrogruppen in der Pikrinsäure und im Trinitrotuol.

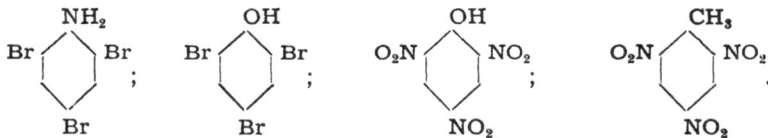

d) Zu wässeriger Anilinlösung (1 Teil Anilin löst sich in etwa 40 Teilen Wasser) wird filtrierte Chlorkalklösung gegeben. Man erhält eine violette Lösung.

Das beim Verreiben mit Wasser aus dem Chlorkalk in Lösung gehende $CaOCl_2$ oxydiert Anilin zu **tief gefärbten Verbindungen** von hohem Molekulargewicht. Die Reaktion wird wegen ihres komplizierten Verlaufes nicht weiter erörtert.

e) Eine ähnliche Reaktion hat die Zugabe von $K_2Cr_2O_7/H_2SO_4$ (+$CuSO_4$ [Katalysator]) zu Anilinlösung zur Folge. Man erhält ebenfalls tiefgefärbte Verbindungen. Da diese Reaktion statt im Reagierglas auch in feuchten Textilfasern sich vollzieht und die Textilfaser haltbar anfärbt, hat sie technische Bedeutung: **Färbung mit Anilinschwarz.** Man führe dies mit einem Baumwoll- und einem Wollfaden durch.

f) Ein Tropfen $C_6H_5NH_2$ + 4 Tropfen $CHCl_3$ werden zu 5 ccm alkoholischer Kalilauge gegeben und durch Einstellen in ein heißes Wasserbad erwärmt (Abzug!). Unter Ausscheidung des in C_2H_5OH unlöslichen KCl tritt ein übler Geruch auf: Isonitril ($C_6H_5NH_2$ + $CHCl_3$ + 3 KOH → 3 H_2O + 3 KCl + $C_6H_5N=C$), ein Isomeres des Benzonitrils C_6H_5CN. Während letzteres bei Verseifung NH_3 und Benzoesäure liefert (S. 54!), ergibt das Isonitril durch Verseifung Anilin und Ameisensäure (S. 11 und 53!).

A. D i a z o - u n d A z o - V e r b i n d u n g e n

Übg. 29: a) Zur Lösung von 0,5 ccm Anilin in überschüssiger Salzsäure (etwa 3 Mol 2n HCl = 8 ccm) gibt man tropfenweise etwa 3,5 ccm Natriumnitritlösung (1:10), schüttelt um und kühlt mit Leitungswasser. Durch Tüpfelproben mit Jodkalistärkepapier stellt man fest, daß $NaNO_2$ verbraucht wird. Die Umsetzung mit der organischen Substanz ist dann zu Ende, wenn freie salpetrige Säure nachgewiesen werden kann.

Erklärung der Jodstärkereaktion:
1. $NaNO_2 + HCl \rightarrow HNO_2 + NaCl,$
2. $2 HNO_2 + 2 HJ \rightarrow 2 NO + 2 H_2O + J_2,$
3. $J_2 + Stärke \rightarrow$ tiefblaue Anlagerungsverbindung (II, 26).

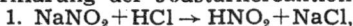

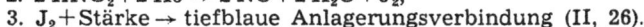

Gegenprobe: Jodkalistärkepapier $+ NaNO_2$; keine Reaktion; $+ HCl$: s c h w a r z blauer Fleck. — Solange dieser Fleck nicht auftritt, wird die salpetrige Säure von der organischen Substanz durch Umsetzung verbraucht. Diese entstehende Verbindung ist sehr empfindlich gegen höhere Temperatur; deshalb kühlt man bei ihrer Darstellung.

b) Hitzeumsetzung des Einwirkungsprodukts der salpetrigen Säure auf Anilin: Erhitzt man die Hälfte der dargestellten Lösung, so setzt bei 50^0 bis 60^0 stark schäumende Gasentwicklung ein, die bei Unterbrechung der Wärmezufuhr sich noch steigert. In einer geschlossenen Apparatur könnte dieses Gas als Stickstoff erkannt werden. In dem Maße als die N_2-Entwicklung aufhört, wird der unverkennbare Geruch nach Phenol immer stärker, wobei ölige Ausscheidung auftritt.

Die $FeCl_3$-Reaktion ist jedoch erst nach der Reinigung positiv, da sie säureempfindlich ist. Dagegen beweist die Löslichkeit in Natronlauge die Richtigkeit der Annahme.

Dasselbe Ergebnis erhält man, wenn man die Natriumnitritlösung z u r e t w a 6 0⁰ h e i ß e n A n i l i n l ö s u n g in überschüssiger, verd. Schwefelsäure zugießt.

Formulierung für den Vorgang in der Hitze bei Gegenwart von Säure.

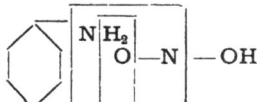

Für die Einwirkung bei niederer Temperatur ist dann folgende Formulierung naheliegend:

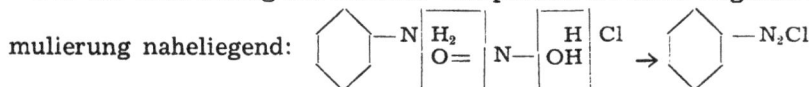

Durch Bindungswendigkeit (S. 28) ist auch ein anderer Feinbau möglich, worauf nicht eingegangen werden kann.

Bezeichnung: Diazobenzolchlorid oder Benzoldiazoniumchlorid. **Diazoverbindungen** enthalten **2 Stickstoffatome aneinandergekettet.** Die 2-gliedrige Stickstoffkette ist mit einem **aromatischen Radikal und mit einem Säurerest** verbunden.

Bei der Stickstoffabspaltung durch Erhitzen des Diazobenzolchlorids sollte man eigentlich $C_6H_5 \cdot Cl$ erwarten. Der Reaktionsverlauf in diesem Sinne muß aber erst durch Zusatz von Cu_2Cl_2 oder fein verteiltem Cu und durch hohe Konzentration der Lsg. erzwungen werden. Ohne diese wirkt das Lösungswasser mit: $C_6H_5N_2Cl + H_2O \rightarrow C_6H_5OH + N_2 + HCl$ [1]). Die Überführung

---

[1]) In geringem Betrage entsteht allerdings unter den Nebenprodukten etwas Chlorbenzol.

von Diazoverbindungen in Phenole wird als „**Verkochung**" bezeichnet, weil die Diazolösungen dabei auf höhere Temperaturen gebracht werden.

Um aus Diazolösungen Nitrile herzustellen, ist Zugabe von NaCN und $Cu_2(CN)_2$ nach besonderer Vorschrift erforderlich (Vergiftungsgefahr!).

Die Reduktion der konz. Diazobenzolchlorid-Lsg. unter Eiskühlung mit einer konz. Lsg. von $SnCl_2$ in konz. HCl ergibt salzsaures **Phenylhydrazin** $C_6H_5N_2Cl + 4 H \rightarrow C_6H_5NHNH_2HCl$. Die zugrunde liegende starke Base Phenylhydrazin (S. 143!) liefert, mit Azetessigester $CH_3COCH_2CO_2C_2H_5$ „kondensiert", unter Abspaltung je einem Mol H_2O und C_2H_5OH Phenylmethylpyrazolon. Letzteres ergibt durch Einwirkung von CH_3J unter Umlagerung Dimethylphenylpyrazolon, das bekannte Fiebermittel „Antipyrin" ($C_6H_5\text{-} C_3HON_2(CH_3)_2$).

c) β-Naphthol wird in überschüssiger Natronlauge gelöst (farblos) und mit der nahezu farblosen Diazolösung zusammengegossen: **roter Niederschlag ohne Gasentwicklung.**

Bei dieser überraschenden Reaktion entsteht eine wichtige Atomgruppierung, **die 2-gliedrige Stickstoffkette ist nunmehr mit 2 aromatischen Resten** verbunden, so daß zwischen den Stickstoffatomen eine Doppelbindung angenommen werden muß: **Azogruppe.**

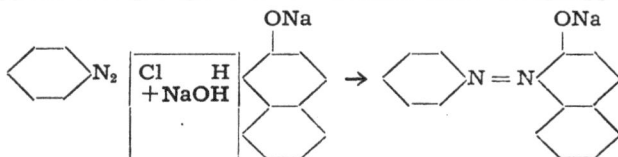

Bei Behandlung mit Säure wird die rote Farbe etwas heller, der Farbstoff selbst wird nicht zerstört, vorausgesetzt, daß keine salpetrige Säure (von ungenauer Diazotierung her) vorhanden ist, welche den N a p h t h o l rest unter grünbrauner Verfärbung angreift [1]. Die kennzeichnende Gruppe $R_1 — N = N — R_2$ selbst ist im Gegensatz zu den Diazoverbindungen s e h r   b e s t ä n d i g ,   s p a l t e t   k e i n e n Stickstoff ab, so daß Azoverbindungen aus heißen Lösungen umkristallisiert werden können. Da zwei aromatische Reste durch die zweigliedrige Stickstoffkette zusammengeschlossen werden, spricht man von „Kupplungsreaktion". Wegen der zahllosen Variationsmöglichkeiten kommt ihr bei der Farbstoffsynthese eine große technische Bedeutung zu. Nicht nur die Phenole „kuppeln", sondern auch die Amine. Hier sei der bekannte Indikator **Methylorange** genannt, welcher aus diazotierter p-Anilinsulfosäure (Sulfanilsäure) durch Kuppelung mit Dimethylanilinchlorhydrat entsteht und als gelbes Na-Salz in den Handel kommt.

= Sulfanilsäure;
(intramolekulares Anilinsalz)

= Dimethylanilinchlorhydrat.

---

[1] Überschuß von HNO_2 kann durch Zugabe von Harnstoff beseitigt werden (S. 96!). Verwendung des letzteren als Stabilisator in Sprengstoffen.

Beim Diazotieren liefert Sulfanilsäure zwar infolge intramolekularer Umsetzung ein Diazoanhydrid. Um jedoch die Analogie in der Umsetzung auch in der Formulierung zum Ausdruck zu bringen, sei diese Besonderheit vernachlässigt.

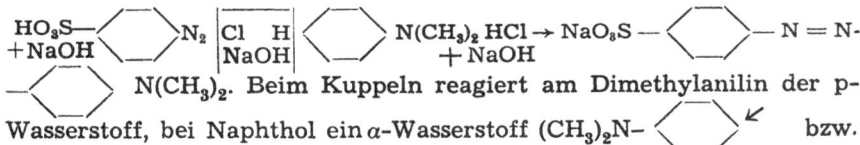

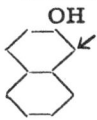

HO_3S—⟨⟩—N_2 |Cl H| ⟨⟩ $N(CH_3)_2$ HCl → NaO_3S —⟨⟩— $N = N$-
+NaOH |NaOH| + NaOH

—⟨⟩ $N(CH_3)_2$. Beim Kuppeln reagiert am Dimethylanilin der p-

Wasserstoff, bei Naphthol ein α-Wasserstoff $(CH_3)_2N$-⟨⟩⤶ bzw.

OH
⟨⟩⤶   wie durch die Pfeile angedeutet. Vgl. S. 84, den letzten Absatz
            von Abschnitt 16!

Das gegen Kokkenerkrankungen angewandte „Prontosil" ist ein Azofarbstoff aus Sulfanilsäure und m-Phenylendiamin C_6H_4 (1, 3) $(NH_2)_2$, welches mit dem H-Atom der Stellung (4) kuppelt: $(H_2N)_2$ (1, 3) C_6H_3 (4) N = N (4') C_6H_4 (1') SO_2NH_2. Der Träger der bactericiden Wirkung in anderen zahlreichen „Sulfonamiden" ist die Atomfolge des p-Sulfanilamids (H_2N) (4) C_6H_4 (1) SO_2NH_2, eine farblose Substanz.

Eine den Azofarbstoffen entsprechende Zusammensetzung, aber mit Austausch von N gegen As, besitzt das Heilmittel „Salvarsan", eine hellgelbe Substanz (OH) (4) (H_2N) (3) C_6H_3 (1) As = As (1') C_6H_3 (3') (NH_2) (4') (OH). Sein l. l. Formaldehydsulfoxylnatrium ist als „Neosalvarsan" bekannt (in 3' an Stelle von NH_2 die Gruppe — $NHCH_2OSONa$ (Ehrlich).

Vom p-Amidophenol leitet sich das **Phenacetin** ab. Die OH-Gruppe ist mit C_2H_5 „veräthert", die NH_2-Gruppe azetyliert H_5C_2O (1) C_6H_4 (4) $NHCOCH_3$.

B. Allgemeines über Farbe und Konstitution

Die Entstehung der Azoverbindungen, der Übergang von Hydrochinon in Chinon und die Reduktion von Nitrobenzol sind von auffallenden Farbänderungen begleitet. In der anorg. Chemie hat man, von den Komplexverbindungen abgesehen, die Farben als nicht weiter zu erklärende spezifische Eigenschaften der Elemente (z. B. Halogene, gefärbte Metalle, Gold, Kupfer, Wismut) oder der Ionen (Chromat-, Permanganat-, Kupri-Ion) hinzunehmen. Dagegen hat die organische Feinbaulehre ein System von Stammsubstanzen und Substituenten geschaffen und die Unterlagen dafür geliefert, bestimmten Atomgruppierungen innerhalb der Molekeln auf Grund der Erfahrung einen maßgebenden Einfluß auf die Farbe zuzuweisen.

Das Auge empfindet als Farbe die Änderungen in der Wellenlänge des sichtbaren Lichtes zwischen 400 und 800 mμ. Das G e m i s c h a l l e r , vom Auge wahrgenommenen Wellenlängen wird als w e i ß bezeichnet. Stoffe, die es unverändert durchlassen, sind für das menschliche Auge farblos, solche, die es v o l l s t ä n d i g reflektieren weiß, solche, die es g l e i c h - m ä ß i g schwächen, grau und die es v o l l s t ä n d i g absorbieren, schwarz. Als e i g e n t l i c h e F a r b e wird entweder monochromatisches Licht (Spektralfarbe) oder ein Gemisch von Spektralfarben bezeichnet, das so beschaffen ist, daß diese sich nicht gegenseitig zu weiß ergänzen. Welcher Wellenbereich ausgefallen ist bzw. welche Wellenlängen noch vorhanden sind, läßt sich am A b s o r p t i o n s s p e k t r u m nachweisen.

Die Spektroskopie hat ihr Forschungsgebiet über die Empfindlichkeit des menschlichen Auges hinaus in die unsichtbaren Strahlen ausgedehnt, einerseits in die infraroten und andererseits in die ultravioletten bis zu den Röntgenstrahlen. Farbe, im weitesten Sinne leuchtet aus den Atomen und den Molekeln heraus, nur nimmt das menschliche Auge sie nicht wahr. An seine Stelle tritt im Ultraviolett die photographische Platte, im Infrarot ein kompliziertes Gerät für elektrische und Wärmemessungen. Die Auslegung der Gesetzmäßigkeiten bei den Absorptions- und bei den Emissionsspektren hat zu wichtigen Schlüssen für Atom- und Molekülbau geführt (II, 153).

Wegen der großen Bedeutung für die organische Feinbaulehre sei von einer neuen Errungenschaft der Spektroskopie wenigstens der Name genannt: Der **Ramaneffekt**, ein von dem Inder C. V. Raman 1928 entdeckter Strahlungseffekt.

Die Änderung der Farben der Benzolderivate wird mit dem Feinbau in ursächliche Verknüpfung gebracht, indem man die Farbigkeit in bestimmten Atomgruppen lokalisiert, die man als **Chromophore** bezeichnet. Sie bewirken, daß die Ultraviolett-Absorption des Benzols in das sichtbare Gebiet rückt. Absorbiert z. B. das Benzolderivat im Violett, so ist seine Farbe selbst g e l b grün, bei Absorption in blaugrün ist die Farbe der Verbindung rot. Solche „Chromophore" sind:

1. Die **Nitrogruppe**: Beweis die Reduktion von gelbem Nitrobenzol zu farblosem Amidobenzol = Anilin.

2. Die **Azogruppe**: Wenn man die Azodoppelbindung ($-N=N-$) dadurch beseitigt, daß man Wasserstoff anlagert, so entstehen ungefärbte Hydrazoverbindungen ($-NH-NH-$).

3. Die **Karbonylgruppe**: Im Indigoblau sind z. B. 2 Karbonylgruppen enthalten; werden sie zu ($\equiv$C-OH)-Gruppen reduziert, so entsteht Indigo w e i ß.

4. Die **Kohlenstoffdoppelbindung** in mehrfacher Anwesenheit im Molekül: Vertreter: Die Triphenylmethanfarbstoffe oder eigentlichen Anilinfarben, zu denen im weiteren Sinne auch das Phenolphthaleïn gehört. Ferner die **Chinonfarbstoffe,** wo 2 Kohlenstoffdoppelbindungen im Chinonkern mit 2 an sich schon chromophoren CO-Gruppen kombiniert sind. Chinon gelb, Hydrochinon farblos. Vertreter: Die vom Anthrachinon sich ableitenden Alizarinfarbstoffe und die Indanthrene.

Bei allen gefärbten Verbindungen wird die Farbe durch weitere Substitution beeinflußt, auch wenn die neuen Substituenten selbst keine Chromophore sind. Die (OH)- und die (NH$_2$)-Gruppe sind keine Chromophore, Phenol und Anilin sind farblos. Aber p-Nitroanilin und o-Nitrophenol sind stärker gefärbt als Nitrobenzol. OH- und NH$_2$[1])-Gruppe werden deshalb als Auxochrome bezeichnet.

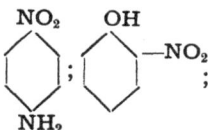

---

[1]) Die NH$_2$-Gruppe kann auch substituiert sein. Vgl. Methylorange S. 93!

Neben der physikalischen Wirkung auf die Lichtabsorption (Verschiebung der Absorptionsbanden) kommt den Auxochromen noch ein technischer Effekt zu. Sie machen den gefärbten Stoff erst zum Farbstoff im gewerblichen Sinne, indem sie infolge ihres schwach sauren (OH) oder basischen Charakters (NH$_2$) die Farbstoffe an die zu färbenden Textilfasern „anheften". Um dies zu verstehen, ist aber die Kenntnis des chemischen Charakters der Textilien erforderlich (s. S. 125!).

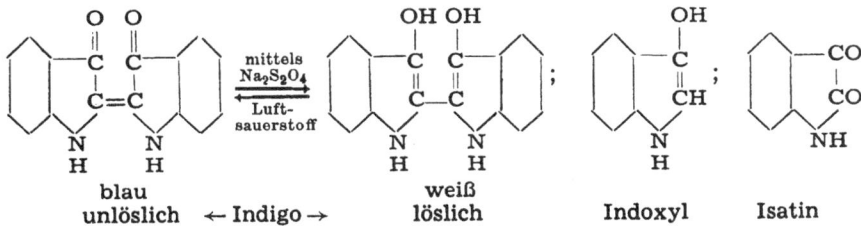

Der Feinbau der Indigomolekel wurde um 1880 durch den Münchener Chemiker A. v. Baeyer klargestellt, von welchem u. a. auch die zentrische Benzolformel, die Spannungstheorie und die Phthaleinsynthese stammen. In der Pflanze Indigofera ist Indikan enthalten, ein Glykosid (S. 112!) des Indoxyls, welches durch Luftsauerstoff in Indigo übergeht. Durch Oxydation mit HNO$_3$ entsteht aus Indigo unter Entfärbung Isatin.

18. Harnstoff; Eiweißstoffe. Allgemeine Übersicht über die Eiweißstoffe

Übg. 30: Harnstoff ist eine in farblosen Nädelchen kristallisierte und daher schneeweiße Substanz; g e r u c h l o s; löst sich spielend in kaltem Wasser, ist aber nicht hygroskopisch; schmeckt kühlend und reagiert gegen Lackmus neutral.

a) Harnstoff wird mit Barytwasser übergossen, löst sich zunächst klar im Lösungswasser des Ba(OH)$_2$: Beim K o c h e n tritt NH$_3$-Geruch[1]) und a l l m ä h l i c h Trübung auf, welche als BaCO$_3$ erkannt wird (Zugabe von HCl).

Stickstoff ist damit als NH$_3$, Kohlenstoff als CO$_2$ nachgewiesen. Harnstoff ist eine organische Substanz. Es ist auffallend, daß Kohlendioxyd o h n e O x y d a t i o n durch einfaches Kochen mit einer Base entsteht. NH$_3$ und CO$_2$ müssen demnach schon vorgebildet im Molekül enthalten sein. Dieselbe Reaktion namentlich die BaCO$_3$-Fällung würde auch kohlensaures Ammonium liefern, aber schon momentan in der K ä l t e als Ionenreaktion. Der allmähliche Zerfall beim Erhitzen läßt eine Art Verseifung vermuten, um die es sich tatsächlich handelt:

---

[1]) Rotes Lackmuspapier wird durch die Dämpfe gebläut.

$$C=O \begin{smallmatrix}\diagup NH_2 \\ \diagdown NH_2\end{smallmatrix} + 2\,H_2O \rightarrow C=O \begin{smallmatrix}\diagup OH+HNH_2 \\ \diagdown OH+HNH_2\end{smallmatrix} = (NH_4)_2CO_3; \quad C=O \begin{smallmatrix}\diagup NH_2+ONOH \\ \diagdown NH_2+ONOH\end{smallmatrix} \rightarrow \left\{ \begin{smallmatrix}2\,N_2 \\ 3\,H_2O \\ CO_2.\end{smallmatrix}\right.$$

erhitzt

$$(NH_4)_2CO_3+Ba(OH)_2 \rightarrow BaCO_3+2\,NH_3+2\,H_2O. \qquad \text{(Übg. 30, b)}$$

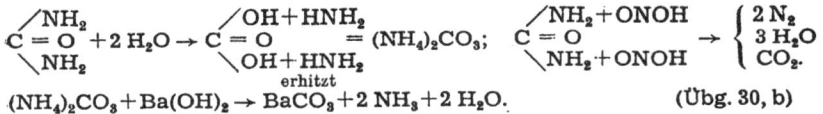

Der Stoff, an dem hier die Verseifung sich vollzieht, ist aber kein Ester, sondern ein sog. Säureamid. Während im Anilin die NH_2-Gruppe ein Benzol-H-Atom ersetzt, steht in den **Säureamiden** die **NH_2-Gruppe** an Stelle der Hydroxylgruppe **im Karboxyl;** CH_3COOH = Essigsäure, CH_3CONH_2 = Azetamid; $CO(OH)_2$ = Kohlensäure; $CO(NH_2)_2$ = Harnstoff = Diamid der Kohlensäure.

b) Bei Einwirkung von salpetriger Säure wird die NH_2-Gruppe der Säureamide gegen OH unter N_2-Entwicklung ausgetauscht. Auch die meisten primären **a l i f a t i s c h e n** Amine verhalten sich so: $CH_3NH_2+ONOH \rightarrow CH_3OH+N_2+H_2O$. Dagegen kann bei den primären **a r o m a t i s c h e n** Aminen durch Kühlhaltung die Zwischenstufe der Diazoverbindung erhalten werden (S. 90!).

Eigenartig ist, daß der Körper des Menschen, der sonst hydrolytische Spaltungen mit Leichtigkeit bewerkstelligt, darauf verzichtet, die im Harnstoff steckende, nicht unbeträchtliche Verbrennungsenergie sich nutzbar zu machen, im Gegenteil sogar Harnstoff aus Ammoniumkarbonat in der Leber synthetisch herstellt. Bei der Hydrolyse würde Ammoniumkarbonat in großen Mengen im Blute auftreten, ein Stoff mit lebensfeindlicher pH-Zahl (II, 89). Deshalb wird der abgebaute Körperstickstoff in Form einer wässerigen Harnstofflösung ausgeschieden, welche keinerlei ätzende bzw. gewebezerstörende Wirkung besitzt, da die Giftwirkungen sowohl des NH_3 wie des CO_2 durch esterartige Bindungen abgeschirmt sind.

Grundsätzlich davon verschieden ist die Ausstoßung von abgebautem Körperstickstoff aus den biochemischen Reaktionslösungen in Form eines praktisch unlöslichen Stoffes, der **Harnsäure,** wie dies hauptsächlich bei Vögeln und Reptilien geschieht. Auch Pflanzen bilden Stoffwechselprodukte, die zur Harnsäure in nahen Beziehungen stehen, das **Koffein** oder **Thein** (in Kaffeebohnen und im Tee) und das **Theobromin** (in den Kakaobohnen). Diesen Stoffen kommt eine nervenerregende und -schädigende Wirkung zu. Die Harnsäure stellt eine Verknüpfung von 2 Harnstoffmolekeln mit dem Kohlenstoffskelett der Malonsäure dar. In sehr kleinen Mengen wird Harnsäure aus dem menschlichen Körper mit dem Harn entfernt. Entsteht sie in größeren Mengen, so lagert sie sich in den Geweben und Gelenken ab und verursacht „Gicht". $C_5H_4O_3N_4$; Harnsäurebauformel s. o.!

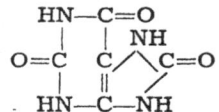

Da Harnstoff ein ausgezeichnetes Düngungsmittel ist und NH_3 in großen Mengen aus Luftstickstoff hergestellt werden kann, wird Harnstoff synthetisch als Massenprodukt gewonnen, welches auch für die Kunstharzindustrie benötigt wird. $NH_3+CO_2+H_2O$ (130 ^{0}—140 ^{0}/100 atü) $\rightarrow CO(NH_2)_2$ mit 40 $^0/_0$-iger Ausbeute.

Auch aus Kalkstickstoff kann Harnstoff technisch gewonnen werden, da ersterer mit H_2O-Dampf und CO_2 in $CaCO_3$ und $NC-NH_2$ (Zyanamid) übergeht, welches durch Wasseranlagerung bei Gegenwart von Säure Harnstoff liefert. Das Zyanamid ist dadurch merkwürdig, daß die Amidwasserstoffatome durch Metall (Kalzium) ersetzbar sind. Der

bei Glühtemperatur beständige **Kalkstickstoff** hat die **Zusammensetzung** NC — NCa (S. 11).

Aus Harnstoff kann Zyanamid durch Behandlung mit Wasser entziehen-
den Mitteln, z. B. $SOCl_2$, dargestellt werden $CO(NH_2)_2 \rightarrow NC — NH_2$ (F. 42 ^{0})
$+ H_2O$.

Das in H_2O schwer lösliche Harnstoffsalz der Salpetersäure, Harnstoff-
nitrat ergibt durch H_2O-Entziehung H_2NCONH_2, HNO_3 ($H_2SO_4 / — 3^0$) $\rightarrow$
$H_2NCONHNO_2$, Nitroharnstoff, welcher durch Reduktion in ein durch $CONH_2$
substituiertes Hydrazinderivat übergeht $H_2NCONHNH_2$ Semikarbazid, das in
ähnlicher Weise wie Phenylhydrazin mit Karbonylgruppen sich zu Semikar-
bazonen umsetzt (S. 46!).

Malonsäureäthylester und Harnstoff liefern $CH_2(CO_2C_2H_5)_2 + CO(NH_2)_2$
(C_2H_5ONa als Kondensationsmittel) $\rightarrow 2\,C_2H_5OH + C_4H_4O_3N_2$ Malonylharnstoff,
ein zyklisches Diimid (s. die linke Seite obiger Harnsäurebauformel!), auch
Barbitur s ä u r e genannt, da die 2 Imid-H-Atome sauren Charakter besitzen, weil die Imidgruppen jeweils zwischen 2 CO-Gruppen stehen. Im
Veronal sind die 2 H-Atome der zwischen 2 CO-Gruppen stehenden CH_2-
Gruppe durch C_2H_5 ersetzt = Diäthylbarbitursäure. Luminal ist Phenyl-
äthylbarbitursäure. Auch andere Schlafmittel, z. B. Evipan und Phanodorm,
leiten sich ebenfalls vom Malonylharnstoff ab. — Anlagerung von H_2O_2 an
Harnstoff ergibt „Ortizon", eine Verbindung, welche im festen Aggregatzustand bis zu 36 % H_2O_2 enthält.

Übg. 31: a) **Hühnereiweiß** wird mit der 5-fachen Menge dest. Wasser
geschüttelt und vom Ungelösten durch einen Porzellanseiher abgegos-
sen. Beim Erhitzen zum Sieden tritt Ausflockung ein, die in diesem
besonderen Fall als **Gerinnung** oder **Koagulation** bezeichnet wird.

Frische Milch verträgt Erhitzen zum Sieden, obwohl auch in der Milch
große Mengen von Eiweiß gelöst sind. Ein kleiner Teil der Milch-Eiweiß-
stoffe wird allerdings zum Gerinnen gebracht, steigt beim Stehen der gekochten Milch mit „Rahm" nach oben und bildet unter Mitwirkung des
Luftsauerstoffs die sog. Milchhaut.

E r g e b n i s : Die Hitzegerinnung ist für eine große Zahl von Eiweißstoffen kennzeichnend, jedoch nicht für alle. Der Vorgang ist von
der vorhandenen Wasserstoffionenkonzentration und der Anwesenheit von Neutralsalzen weitgehend abhängig (p_H; II, 88).

Auch das nicht verdünnte Hühnereiweiß gerinnt beim Kochen zu einem
mit Wasser durchsetzten Gerinnsel („Harte" Eier), woraus folgt, daß das
flüssige Eiklar nicht reines Eiweiß, sondern eine konzentrierte wässerige
Eiweißlösung ist (s. S. 99 unten!).

b) **Ansäuern** mit wenig Essigsäure (verd.) und Salpetersäure (verd.)
bewirkt Gerinnung namentlich beim Erwärmen. Die Säurekoagulation
erstreckt sich auch auf das gesamte in der Milch enthaltene Eiweiß.
Der Hauptbestandteil des Milcheiweißes (das Kaseïn) ist in der Milch
in Form eines (kochbeständigen) Kalksalzes enthalten, dem durch Säuren der Kalk entzogen wird. Daher gerinnt die Milch durch Sauerwerden, d. h. wenn durch Gärung aus Milchzucker Milchsäure entsteht.

Kocht man längere Zeit mit einer größeren Menge verdünnter S a l p e t e r -
s ä u r e , so stellt sich Gelbfärbung der Flocken ein. Es ist dies dieselbe

Reaktion, die I, 89 bei der Einwirkung von konz. HNO_3 auf die menschliche Haut oder auf das „trockene" Eiweiß (Keratin) einer Vogelfeder beobachtet wurde (Xanthoproteinreaktion). Die Farbe vertieft sich durch Alkalischmachen zu einem bräunlichen Ton. Die gelbe Farbe läßt darauf schließen, daß im Eiweiß aromatische Bestandteile enthalten sind, deren Benzolkerne nitriert werden.

M i l l o n s   R e a g e n s ist eine Lösung von Hg(II-)Nitrat, die freie Salpetersäure und salpetrige Säure enthält. Sie liefert mit Eiweißlösung eine weiße Fällung, die beim Kochen sich mehr oder weniger stark rötet. Da diese Farbreaktion auch bei Phenol-Lsg. positiv ausfällt, darf daraus geschlossen werden, daß im Eiweiß auch hydroxylierte aromatische Bestandteile enthalten sind bzw. durch Kochen mit Säure daraus frei gemacht werden.

c) Verdünnte Lösungen von Schwermetallsalzen (z. B. $HgCl_2$) fällen die entsprechenden Metalleiweißverbindungen. Daher schädigt Sublimat, obwohl es ein ausgezeichnetes „antiseptisches" Mittel ist, die Wundränder und verzögert die Heilung. Umgekehrt gründet sich darauf die Verwendung von Milch-Eiweiß zur Bekämpfung von Schwermetallsalzvergiftungen.

Die Säurekoagulation gestattet eine sichere Unterscheidung von anorganischen Kalksalzen, wie Kalziumkarbonat und -phosphat (letztere sind in Säuren löslich) und wird deshalb zur Urinuntersuchung verwendet. Erkrankungen der Harnwege und der Nieren haben V o r k o m m e n von g e l ö s t e m Eiweiß im Urin zur Folge. Mit Essigsäure tritt bei relativ geringem Überschuß Wiederauflösung ein. Um auch Spuren von Eiweiß mit Sicherheit nachzuweisen, nimmt man Essigsäure mit Kaliumferrozyanid-Lsg. zusammen; die nach dem Verdrängungstypus gebildete Ferrozyanwasserstoffsäure vermag Eiweiß nicht wieder in Lösung zu bringen.

d) Alkoholsalz bewirkt schon in der Kälte Gerinnung, ebenso Sättigung mit festem Ammonsulfat. Beim Verdünnen mit Wasser geht die Fällung wieder in Lösung. Diese Fällungen sind also umkehrbar (II, 104), während bei den Versuchen a) bis c) das gefällte Eiweiß seine ursprünglichen Eigenschaften teilweise verloren hat, „denaturiertes" Eiweiß geworden ist.

Gerinnung kann auch durch Enzyme bewirkt werden, z. B. durch Kälberlab ·bei der Milch. Der enzymatischen Koagulation kommt eine sehr große biochemische Bedeutung zu, z. B. bei der Verdauung und bei der Ausschaltung von in die Blutbahn eingedrungenem körperfremdem Eiweiß durch Präzipitine.

e) Daß Eiweiß eine N- und S-haltige Substanz ist, wurde bereits I, 119 festgestellt. Das starke Schäumen beim Kochen mit Laugen rührt nicht nur von der alkalischen Reaktion her, sondern vom Eiweiß selbst.

Auch neutrale Eiweißlösungen schäumen stark und besitzen ein sehr gutes Reinigungsvermögen (s. S. 63!). Besonders bekannt ist das Schäumen von Milcheiweißlösung („Überlaufen" [1]). Reines Wasser schäumt nicht. Es

---

[1] Bei der zum erstenmal gekochten Milch hauptsächlich CO_2, aus Hydrogenkarbonaten abgespalten; I, 15.

müssen die Oberflächenspannung herabsetzende Stoffe gelöst sein: Seife, Eiweiß, (viel) Zucker.

Aus dem Vergleich mit Übg. 30 folgt, daß das abgespaltene Ammoniak wahrscheinlich aus der Verseifung von Säureamiden herrührt. Damit ist im Einklang, daß auch bei langem Kochen keine Fällung auftritt, daß also in Wasser leicht lösliche Salze entstehen. Nach anhaltendem Kochen bewirkt Ansäuern keine Koagulation mehr; es hat also eine weitgehende Zerstörung des Eiweißmoleküls durch Hydrolyse stattgefunden. In dem Umsetzungsprodukt durch Laugenkochung ist n o c h s e h r v i e l S t i c k s t o f f vorhanden, woraus hervorgeht, daß im Eiweiß auch die widerstandsfähige (C — N)-Bindung der organischen Basen vorkommt.

Die Versuche a) bis e) ergeben, daß **Eiweiß** eine sehr verwickelte Zusammensetzung besitzt. Es ist ein **amphoterer Stoff,** der die **Eigenschaften von Säure und Base** in sich vereinigt. Die kolloide Natur läßt auf ein **sehr hohes Molekulargewicht** schließen, Tausende, Zehntausende, bei Virusproteïnen sogar Millionen. Auffallend häufig sind ganzzahlige Vielfache von 34 500. Damit steht im Einklang, daß der osmotische Druck von Eiweißlösungen nahezu null ist, und daß Eiweiß zur Diffusion durch tierische Häute nicht fähig ist.

Eiweiß-Zersetzungs- und Umwandlungsprodukte werden seit langem bei der Gärung, bei der Fäulnis und bei der Einwirkung von Verdauungssäften beobachtet und untersucht, besonders wenn sie durch ihre Giftigkeit auffallen, wie Leichengifte (Ptomaïne), Gifte der pathogenen Bakterien, der Giftpilze, auch der mikroskopischen (Fleischvergiftung = Botulismus). Einen genaueren Einblick in die Chemie der Eiweißmolekeln haben erst die Arbeiten Emil Fischers (1919 in Berlin †) vermittelt, der Methoden zur Isolierung der Eiweiß-„Bausteine" ausgearbeitet hat und auch die ersten synthetischen Versuche (Polypeptide) unternommen hat. Dabei hat sich herausgestellt, daß die Zahl der „Bausteine" der Eiweißmolekel eine beschränkte ist, etwa 23 Aminosäuren, die aber unzählige Variationsmöglichkeiten zulassen (s. S. 16!). Zur Orientierung seien einige genannt: **Glykokoll** = Leimsüß $CH_2(NH_2) \cdot COOH$ = Aminoessigsäure; **Phenylalanin** $C_6H_5 \cdot CH_2 \cdot CH(NH_2)$ $\cdot COOH$; **Tyrosin** $HO \cdot C_6H_4 \cdot CH_2 \cdot CH(NH_2)COOH$; **Cystin** $HOOC \cdot CH(NH_2)$ $\cdot CH_2 \cdot S \cdot S \cdot CH_2 \cdot CH(NH_2) \cdot COOH$. Die angegebenen Formeln sollen zeigen, daß die Bausteine selbst wieder durchaus keine einfachen Stoffe sind und die Möglichkeit für Salzbildung an der Amidogruppe (mit Säuren) und an der Karboxylgruppe (mit Basen) zulassen. Wichtig ist, daß diese durch gewaltsame chemische Einwirkung isolierten Eiweißbestandteile mit den auf biochemischem Wege durch eiweißverdauende Enzyme (Pepsin, Trypsin, Erepsin) erhaltenen Produkten übereinstimmen (s. S. 120!). Die verschiedenen Eiweißarten (Muskel-, Leber-, Nieren- usw. Eiweiß) unterscheiden sich durch Zahl und Art der Aminosäuren, ihre Reihenfolge in der Peptidkette (s. Bild S. 149 unten!), die Konfiguration der Ketten und das M. G.

Allgemeine Übersicht über die Eiweißstoffe. Ihre mittlere Zusammensetzung ist: 50 —55 % C; 6,5—7,3 % H; 15—18 % N; 0,3—2 % S; 20—25 % O. Vorkommen: entweder gelöst oder in halbfestem Zustand als organisierte Gewebe oder als amorphe Gerinnsel in Flüssigkeiten. Im festen Zustande sind sie weiße, flockige, getrocknet gelbe, durchscheinend hornartige Massen, in organischen Lösungsmitteln in der Regel unlöslich.

a) **Albumine** sind in Wasser löslich, koagulieren beim Erhitzen, die Fällung löst sich in überschüssiger Essigsäure: Blutserumalbumin, Milchalbumin, Eieralbumin.

b) **Globuline** sind in reinem Wasser unlöslich, aber löslich in verdünnten Salzlösungen, z. B. NaCl. Sonstiges Verhalten wie bei a). Serumglobulin, Fibrinogen im Blute, welches in Berührung mit der Luft rasch „von selbst" gerinnt und in Fibrin übergeht. Durch Rühren mit Holzstäbchen „defibriniertes" Blut ist längere Zeit haltbar.

c) **Gerüsteiweiß,** unlösliche „h a r t e" E i w e i ß s t o f f e: Keratin (Horn, Haare [Wolle], Hufe, Federn); Kollagen in Knochen und Knorpeln liefert beim Kochen mit Wasser Leim und Gelatine; Fibroin und Serizin sind die wichtigsten Bestandteile der N a t u r seide; Konchiolin ist in Muschelschalen enthalten.

d) **Phosphorglobuline:** Eiweißstoffe mit Gehalt an Phosphor, z. B. das Kaseïn der Milch, welches eine stärkere Säure ist als die Kohlensäure (s. S. 97!). Es findet nach Härten mit Formaldehyd auch technische Verwendung als Kunsthorn, Galalith (Klaviertasten).

e) **Zusammengesetzte Eiweißstoffe.**

1. **Hämoglobin** besteht zu 96 % aus einem ungefärbten Eiweißstoff, der je nach der Art der Lebewesen verschieden ist, und zu 4 % aus Hämin, dem roten Blutfarbstoff des Menschen und der Säugetiere, dessen Totalsynthese durch den Münchener Chemiker Hans F i s c h e r im Jahre 1929 verwirklicht wurde. Vgl. II, 139!

2. **Glykoproteïde.** Wie der erste Teil des Wortes andeutet, sind Eiweißarten mit Z u c k e r stoffen vereinigt, z. B. die **Schleimstoffe** (Muzine).

3. **Nukleoproteïde** sind Vereinigungen von Eiweißarten, mit verwickelt gebauten Nukleïnsäuren. Ihnen kommt als B e s t a n d t e i l e n d e r Z e l l k e r n e von Tieren und Pflanzen eine besondere biologische Bedeutung zu: „Chromatin", so genannt vom leichten Anfärbungsvermögen.

Hämoglobin besitzt die Fähigkeit, mit Gasen Anlagerungsverbindungen zu liefern. Sauerstoff und CO_2 werden locker gebunden (Gasaustausch in der Lunge). Andere Gase: NO, SH_2, CO liefern stabile Anlagerungsverbindungen. Besonders wichtig ist, daß das Kohlenoxydhämoglobin keinen Sauerstoff mehr einzutauschen vermag (I, 115 u. 111), weshalb die mit CO beladenen Blutkörperchen für die Atmung unbrauchbar werden. Gegenwirkung: Sauerstoffzufuhr, künstliche Atmung, um das Leben mit Hilfe der noch vorhandenen, nicht vergifteten Blutkörperchen zu erhalten.

19. Traubenzucker und Rohrzucker

Traubenzucker und Rohrzucker sind geruchlose, feste Stoffe, die bei Traubenzucker in Form eines weißen „Mehles", bei Rohrzucker in Form des sog. Kristallwürfelzuckers zur Untersuchung vorliegen.

Übg. 32: a) Geringe Mengen beider Zuckerarten werden nahe nebeneinander auf ein Uhrglas gelegt und vorsichtig erhitzt (durch mehrmaliges Einsenken und Wiederherausheben bei eben entleuchteter Flamme). Man erhält farblose Schmelzen, und zwar schmilzt Traubenzucker niedriger als Rohrzucker. Erhitzt man über den F., so tritt bei beiden Zersetzung ein, die sich in Braunfärbung und Gasentwicklung kundgibt: Karamel, gebrannter Zucker. Die farblose, glasig erstarrte Schmelze liefert „Bonbonmasse". Für Überhitzung bis zur Kohlenstoffausscheidung ist an Stelle des Uhrglases ein Metallblech zu verwenden (s. Übg. 1. S. 8!).

E r g e b n i s : Trotz der H y d r a t formel ($C_6H_{12}O_6$ bzw. $C_{12}H_{22}O_{11}$, I, 116) verhält sich Zucker nicht wie eine Kristallwasserverbindung, sondern liefert Zersetzungsdestillation.

b) Beide Zuckerarten sind leicht in Wasser löslich, sehr schwer löslich in Alkohol, unlöslich in Benzin und Äther. Die wässerige Lsg. reagiert neutral gegen Lackmus und schmeckt süß, und zwar schmeckt bei gleichen Mengen Traubenzucker weniger süß als Rohrzucker. Das Fehlen einer sauren Reaktion schließt das Vorhandensein einer Karboxylgruppe aus. Im $C_6H_{12}O_6$-Molekül müssen also die Sauerstoffatome gleichmäßig auf die C-Atome verteilt sein. Jedes C-Atom trägt ein Sauerstoffatom. Der süße Geschmack deutet auf einen mehrwertigen Alkohol hin in Analogie mit G l y kol und G l y zerin.

Beide Zuckerarten lösen sich beim Verrühren in konz. Schwefelsäure. Bei Rohrzucker tritt nach kurzer Zeit unter Selbsterwärmung und Verfärbung massenhafte breiige Kohlenstoffausscheidung, humusähnliche Substanz und sogar Geruch nach SO_2 auf. Bei Traubenzucker ist zur Verkohlung Wärmezufuhr notwendig.

Die Schwefelsäure holt sich die Bestandteile des Wassers aus den Zuckermolekeln heraus, vereinigt sie zu Wasser und verbindet sich chemisch damit (I, 81). Die Leichtigkeit, mit der dieser Vorgang sich vollzieht, bestätigt die Vermutung, daß in Zucker die Bestandteile des Wassers leicht greifbar sind, daß also schon Hydroxylgruppen vorliegen. Da die Traubenzuckermolekeln für sechs Hydroxylgruppen 2 Wasserstoffatome zu wenig besitzt, liegt der Schluß nahe, daß **eine Alkoholgruppe zur Aldehyd- oder Ketongruppe dehydriert** ist (vgl. die allgemeinen Formeln S. 49!). Der Stoff mit 6 Hydroxylgruppen $C_6H_{14}O_6$ ist als der 6-wertige Alkohol „Mannit" bekannt.

c) Man gibt zur wässerigen Lösung beider Zuckerarten Kupfersulfat-Lsg. und Natronlauge. An Stelle der zu erwartenden $Cu(OH_2)$-Fällung bemerkt man tiefblaue Lsg. einer Kupfer-Komplex-Verbindung, welche für mehrwertige Alkohole kennzeichnend ist.

Beim Erhitzen zeigen die Komplexlösungen ein verschiedenes Verhalten. Bei Traubenzucker schlägt die Farbe nach Grün um, die in eine gelbe (CuOH) und schließlich rote Ausfällung (Cu_2O) übergeht. die komplexe Rohrzucker-Cu(II-)-Lsg. bleibt unter den gleichen Bedingungen unverändert.

E r g e b n i s : Die komplexen Cu(II-)-Verbindungen mehrwertiger Alkohole (Glyzerin und Weinsäure) sind kochbeständig. Die Reduktion zu einwertigem Cu zeigt an, daß im Traubenzucker nicht alle Sauerstoffatome in Hydroxylgruppen stecken, sondern daß mindestens ein Sauerstoffatom sich in einer **Aldehyd-Gruppe** befindet. Dieser Befund wird bestätigt durch das Verhalten gegen ammoniakalische Silberlösung. Traubenzucker liefert schon bei gelindem Erwärmen Silber-Ausscheidung, Rohrzucker erst bei anhaltendem Kochen Dunkelfärbung und g e r i n g e , dunkle Ausscheidung.

Auch beim Erhitzen mit Natronlauge verrät Traubenzucker seine Aldehydnatur: braune, harzige Massen, die, mit HNO_3-Lsg. versetzt, Karamelgeruch aussenden. Die reduzierende Kraft des Traubenzuckers läßt sich sehr schön durch eine Farbstoffreaktion zeigen. Kocht man alkalische Traubenzuckerlösung mit Indigo, so erhält man Entfärbung zu Indigoweiß. Tränkt man einen Faden mit der farblosen Flüssigkeit, so wird er infolge von Reoxydation zu Indigo durch den Luftsauerstoff blau gefärbt (s. S. 126!).
Der Schluß, daß wegen des Versagens der Aldehydreaktionen im R o h r z u c k e r a l l e Sauerstoffatome in alkoholischen Hydroxylgruppen sich befinden, ist nicht zulässig, da die Zahl der W a s s e r s t o f f a t o m e im Rohrzuckermolekül dafür nicht ausreicht und Sauerstoff auch in ketonartiger Bindung vorliegen könnte. Ein Diketon müßte aber die Formel $C_{12}H_{22}O_{12}$ besitzen. Weil im Gegensatz zum Traubenzucker die Zahl der S a u e r s t o f f a t o m e für eine gleichmäßige Verteilung auf die Kohlenstoffatome nicht mehr genügt ($C_{11}H_{22}O_{11}$), müssen anhydridartige (C — O — C)-Gruppierungen angenommen werden.
Der Äthyläther $(C_2H_5)_2O$ verdankt (S. 47) seine chemische Trägheit dem Umstande, daß die C-Atome an der Sauerstoffbrücke Paraffincharakter besitzen. Im Rohrzucker steht die Ätherbindung unter dem Einfluß eines seitlichen O-Atoms (S. 149!). In Übg. c hat sie zwar das Erhitzen mit Alkali ertragen, mit Säure tritt aber, im Gegensatz zum Äthyläther, Hydrolyse ein.

d) Man erhitzt Rohrzuckerlösung einige Zeit mit verdünnter Schwefelsäure, neutralisiert nach dem Erkalten sorgfältig mit Natronlauge und weist durch die obigen Reaktionen nach, daß sich die Reaktionslösung so verhält, als ob Traubenzucker vorläge. Eine durch die ätherartige Bindung verdeckte Aldehydgruppe ist nunmehr freigelegt. Daß bei der Spaltung des Rohrzuckers außer Traubenzucker noch eine andere Zuckermolekel (Fruchtzucker) entsteht, kann durch e i n f a c h e Versuche nicht festgestellt, aber aus folgenden Angaben erschlossen werden:
Rohrzucker dreht die Polarisationsebene des monochromatischen Lichtes der Natrium-(D)-Linien nach r e c h t s (66,5 [0]). Bei der Säurehydrolyse erhält man eine l i n k s drehende Reaktionslösung. Damit ist bewiesen, daß außer dem Traubenzucker eine 2. Zuckerart aus Rohrzucker entsteht, nämlich Fruchtzucker, der stärker nach links dreht (92,3 [0]) als der Traubenzucker nach rechts (53 [0])[1], so daß im

---

[1]) Traubenzucker besitzt ein v e r ä n d e r l i c h e s Drehungsvermögen; hier ist die Drehung der β-Form angegeben, Bild S. 149.

äquimolekularen Gemisch die Linksdrehung überwiegt (Inversion = Umkehr der Drehung):

$$C_{12}H_{22}O_{11} + H_2O \rightarrow C_4H_9O_4CH_2CHO + C_4H_9O_4COCH_2OH \text{ (vgl. S. 149!)}.$$

In der Einwirkung des Wassers auf organische, nichtsalzartige Verbindungen tritt die Mittelpunktstellung des Wassers bei chemischen Umsetzungen in besonderer Weise in Erscheinung. Als Verbindung von $H\oplus$ mit $OH\ominus$ ist das Wassermolekül die Nahtstelle unseres Säure-Basen-Systems, aber eine bei den Elektrolyten durch Hydrolyse im engeren Sinn auftrennbare Naht. Dadurch, daß H_2O an sich in geringem Betrage gespalten ist (p_H = 7), ist die Möglichkeit geboten, daß seine heteropolaren Spaltstücke für die Einordnung in gespannte Teile von Nichtelektrolytmolekülen (Eiweiß und Polysaccharide) überall in der lebenden Substanz zur Verfügung stehen unter Übergang der Ionen- in die homöopolare Bindung der organischen Verbindungen: Hydrolyse im weiteren Sinn.

Diese **Hydrolyse** kann man nicht als Verseifung ansprechen, weil kein Ester sondern ein „Äther" gespalten wird und deshalb keine Säure entsteht. An Stelle von Alkohol und Säure treten 2 Alkohole auf.

Die Umsetzung des Traubenzuckers mit $CuSO_4$/NaOH wird in der Medizin als „Trommersche Probe" zum Nachweis des Traubenzuckers im Urin von Zuckerkranken benützt. Bei wenig Zucker ist sie undeutlich, da sich dann nur wenig Komplexverbindung bildet. Man setzt der Sicherheit halber die Kupferkomplexverbindung in Form von fertiger Fehlingscher Lsg. zu, so daß der Traubenzucker nicht erst selbst Komplexverbindung bilden muß. Das primäre Oxydationsprodukt ist die entsprechende Karbonsäure: $CH_2OH \cdot (CHOH)_4 \cdot COOH$ = Glukonsäure. Nimmt man andere Oxydationsmittel, so kann die oxydierende Einwirkung auch die alkoholischen Hydroxylgruppen ergreifen und ein mannigfaltiges Ergebnis haben. Mit HNO_3 (s = 1,3) im Überschuß erhält man als Endprodukt **Oxalsäure.**

A. Allgemeines über Kohlehydrate

Aus den Versuchen ergibt sich die Worterklärung: **Als Kohlehydrate werden die Aldehyde und Ketone mehrwertiger Alkohole** (Oxaldehyde und Oxyketone) **bezeichnet.** Sie bilden eine wichtige Gruppe organischer, N-freier Verbindungen, denen im Pflanzenreich hauptsächlich als Bestandteilen der Gewebe, im Tierreich als Nahrungsmittel große biologische Bedeutung zukommt. Die wissenschaftlichen Namen bildet man mit Hilfe der Endung ...ose[1]): Traubenzucker = Glukose; Fruchtzucker = Fruktose; Rohrzucker = Saccharose; Malzzucker = Maltose.

Die Zuckerarten mit der niedrigsten C-Atomzahl sind die Glyzerosen, welche sich vom Glyzerin ableiten: Glyzerinaldehyd $CH_2OH \cdot CHOH \cdot CHO$ und Glyzerinketon $CH_2OH \cdot CO \cdot CH_2OH$. Diese und andere künstliche Zuckerarten sollen außer Betracht bleiben und von den natürlichen nur die wichtigsten besprochen werden. Erwähnt sei, daß Glyzerinaldehyd als Bezugsstoff für Konfigurationsbestimmungen eine besondere wissenschaftliche Bedeutung besitzt.

---

[1]) Die Endung ...ase bezeichnet Enzyme (s. S. 120!).

I. **Monosen** oder Monosaccharide [1]), vorwiegend 6 C-Atome enthaltend $=$ Hexosen. a) Aldohexosen: 1. **Traubenzucker $=$ d-Glukose $=$ Dextrose** kommt im Safte der Trauben und anderer süßer Früchte, ferner im Blütennektar und im Honig vor (I, 116). Die im Blute des g e s u n d e n M e n s c h e n vorkommenden g e r i n g e n M e n g e n erhöhen sich beim Zuckerkranken (Diabetiker) [2]) so stark, daß sie durch die Nieren durchtreten und im Harn nachgewiesen werden können (s. S. 103!). Die chemisch-technische Bedeutung s. Gärungsgewerbe!

2. **Galaktose,** im Milchzucker enthalten (s. Ziffer II, 1!).

b) Ketohexosen: **Fruchtzucker $=$ Fruktose $=$ Lävulose** kommt ebenfalls im Blütennektar, in süßen Früchten und im Bienenhonig vor.

Neben den beiden Zuckerarten enthält der Honig noch kleine Mengen von Wachs, Farbstoffen, Eiweißstoffen und Vitaminen, ferner Spuren von Salzen, Säuren (Lackmusreaktion) und Riechstoffen. Kunsthonig s. S. 111! Eine weitere Ketohexose ist die **Sorbose** aus dem Preßsaft der Vogelbeeren.

II. Spaltbare Zuckerarten, hauptsächlich Disaccharide $C_{12}H_{22}O_{11}$, die in großer Zahl in der belebten Natur vorkommen **(Biosen).**

1. **Laktose oder Milchzucker** ist aus einer Molekel Glukose und einer Molekel Galaktose zusammengesetzt.

2. **Maltose** besteht ebenfalls aus 2 Aldohexosen, nämlich aus 2 Molekeln Glukose.

Fällt man aus frischer Milch durch Ansäuern die Hauptmenge von Fett und Eiweiß aus, so erkennt man das Vorhandensein von Laktose an der reduzierenden Kraft des Filtrates. Da Laktose sich beim Eindampfen der süßen Molken in sehr h a r t e n Kristallen abscheidet, wird sie auch als **Sandzucker** bezeichnet.
Anwendung: Zur Herstellung von Nährpräparaten für Kleinkinder, da er von diesen gut vertragen wird, während der heranwachsende Mensch sich erst allmählich an den **Rohrzucker** gewöhnen muß, welcher, wie S. 101 erwähnt, eine Verbindung einer Molekel Glukose mit einer Molekel Fruktose ist und S. 110 ausführlicher beschrieben wird.
Als **Trisaccharide** seien genannt die **Raffinose,** welche neben Rohrzucker in den Zuckerrüben enthalten ist und die Gentianose in den Enzianwurzelstöcken: $C_{18}H_{32}O_{16}$. Ein Tetrasaccharid ist die Stachyose: $C_{24}H_{42}O_{21}$.

III. Während die Gruppen I und II leicht in Wasser lösliche, süß schmeckende und k r i s t a l l i s i e r b a r e Stoffe sind, werden in der III. Gruppe die nicht zuckerähnlichen Polysaccharide zusammengefaßt: **Stärke (Amylose)** und **Dextrine,** welche sich k o l l o i d a l in Wasser lösen, und **Zellulose** (in Wasser unlöslich); **Polyosen.** Erst nach Durchführung einer hydrolytischen Spaltung erhält man aus den Polyosen Reaktionsprodukte, welche die Monosenreaktionen zeigen.

---

[1]) Unterscheide davon das S a c c h a r i n , welches sehr süß schmeckt, aber kein Kohlehydrat ist, infolgedessen keinen Nährwert besitzt! S. 83 .
[2]) diabaino $=$ ich durchschreite (gr.). Vgl. S. 130, Absatz 3!

B. Stärke, Dextrin, Glykogen

Übg. 33: a) Stärkemehl ist in kaltem Wasser unlöslich. Die Suspension, die unter dem Mikroskop den Schalenaufbau der Stärkekörner erkennen läßt, gibt bei vorsichtigem Erhitzen (w e n i g Wasser, „brennt" leicht an) zwischen 55 ⁰ und 87 ⁰ eine gequollene, dickflüssige Masse: Stärkekleister. Auf dem Wasserbade trocknet dieser lackartig (n i c h t kristallisiert) ein, mit sehr viel Wasser liefert er kolloide Lösung. Hat man reine (gut ausgewaschene) Stärke verwendet, so ist die Fehlingsche R. und die Verharzungs-R. mit Natronlauge negativ. Jodstärke s. II, 26!

Die Jodreaktion ist wichtig für die Erkennung von Stärke bei der mikroskopischen Untersuchung von Pflanzenschnitten. In der Brauerei wird sie bei der Bierwürzeherstellung verwendet, um die vollständige Umwandlung der Stärke zu kontrollieren (vgl. auch S. 91 u. I, 117).

b) Statt mit viel Wasser kann man Stärke auch durch a n h a l t e n - d e s K o c h e n mit verdünnter Schwefelsäure u n t e r c h e m i s c h e r V e r ä n d e r u n g in Lösung bringen. Beim Abkühlen fällt keine Gallerte mehr aus, die Lösung zeigt Aldehyd-Reaktionen. Auf dem Wege über Maltose wird Stärke zu Glukose aufgespalten (hydrolysiert) und ist damit als **Polysaccharid** nachgewiesen: $(C_6H_{10}O_5)_n + nH_2O \rightarrow nC_6H_{12}O_6$. Das dabei erhaltene Produkt wird als **Stärkezucker** bezeichnet.

c) Röstet man trockene Stärke durch Erhitzen auf etwa 200 ⁰, so geht sie in **Dextrin** über, welches keine einheitliche Verbindung, sondern ein Gemisch zahlreicher Abbaustufen der Stärke darstellt. Das beim Aufnehmen mit k a l t e m Wasser in Lösung gegangene Dextrin wird durch Alkohol ausgefällt und durch Jod nur mehr rötlich oder gar nicht gefärbt. Befeuchten von Stärke mit verdünnter Salpetersäure und Trocknen bei 110 ⁰ bewirkt dieselbe Veränderung. Dextrine dienen als Klebmittel (Röstgummi).

Damit verwandt sind die natürlich vorkommenden Pflanzengummi, z. B. arabisches Gummi, die **Pektine** und **Schleimsubstanzen**. Die beiden letzteren finden bei der Bereitung von Fruchtgelee „küchentechnische" Verwendung. Sehr nahe verwandt mit der Stärke ist das **Glykogen** oder die „tierische" Stärke $(C_6H_{10}O_5)_x$. Es liefert bei Säurehydrolyse ebenfalls Glukose. Reines Glykogen ist ein weißes Pulver, das in kaltem Wasser schwer löslich ist, in heißem Wasser löst es sich leicht (opalisierend), aber o h n e Verkleisterung. Aus der wässerigen Lsg. ist es durch Alkohol fällbar. Glykogen ist bei allen Tieren (Wirbeltieren und Wirbellosen) anzutreffen, besonders in der Leber und in den Muskeln. Es liefert auch eine Jodreaktion, aber von roter bis brauner Farbe. Eine stärkeähnliche Masse ist das **Inulin** $(C_6H_{10}O_5)_y$, welches z. B. in D a h l i e n k n o l l e n vorkommt, bei der Säurehydrolyse aber F r u k t o s e liefert.

C. Zellulose, Kunstseide, Papier

Übg. 34: Ein Stück Filtrierpapier oder Zellstoffwatte wird mit k o n z. H_2SO_4[1]) befeuchtet. Unter Verreiben in einer Reibschale wird so viel konz. H_2SO_4 zugegeben, bis Lösung eintritt. Man läßt in Wasser (5—7-fache Menge) einfließen und kocht einige Minuten. Nach Neutralisation mit Natronlauge haben die Traubenzucker-Reaktionen ein positives Ergebnis. Damit ist der qualitative Nachweis erbracht, daß die Zellulose aus Trauben z u c k e r - Molekülen aufgebaut ist. Die Verzuckerung der Holz-Zellulose durch konz. HCl ist durch Bergius zu einem technisch brauchbaren Verfahren ausgebildet worden (I, 118). Die quantitative Analyse ergibt die gleiche prozentische Zusammensetzung wie bei der Stärke $C_6H_{10}O_5$. Polymerisation und Feinbauformel s. Formeltafel S. 149!

Gegen verdünnte Natronlauge ist Zellulose auch beim Kochen sehr beständig, erleidet aber neben geringer Hydratisierung eine Gefügeänderung. Die Baumwollfäden werden dicker und schrumpfen etwas, sie werden „merzerisiert" und dadurch aufnahmefähiger für Farbstoffe. Damit ist auch das Zerreißen von Filtrierpapier durch alkalische Flüssigkeiten erklärt.

Zellulose löst sich in einer konz. wässerigen Lsg. von Kupriammoniakat (Schweitzersches Reagens). Man knetet frisch gefälltes $Cu(OH)_2$ mit Zellstoffwatte oder Filtrierpapier und konzentrierter NH_3-Lösung durch und erhält eine sehr zähe Lsg. (Absaugen durch Glaswolle), die durch Eintragen in 50 proz. Schwefelsäure gefällt und entkupfert wird und glänzende Zellulosefäden liefert: Modellversuch für G l a n z stoffherstellung, wegen des Glanzes d ü n n e r Fäden K u n s t seide genannt. In der Technik wird sie durch feine, zu einer Spinnbrause angeordnete Düsen (0,2 mm) in Au- oder Pt-Blech ausgepreßt und der Spinnfaden in geeigneter Weise (Fällen und Waschen) behandelt. Die Aufgabe, Zellulose in Lsg. zu bringen und aus der Lsg. zusammenhängende Fäden zu formen, ist zuerst von Chardonnet (1891) bearbeitet worden, und zwar auf dem **Umweg über nitrierte Zellulose:** Kollodium, das in einem Gemisch von Alkohol und Äther eine sirupdicke Lösung liefert (II, 104), wurde aus 0,08 mm-Glaskapillaren bei einem Druck von 40 Atmosphären versponnen. Aus dem explosiven Kollodiumfaden wurden die Nitratreste in geeigneter Weise (durch Na_2S) abgespalten; Durchmesser der **Naturseidenfäden** 0,015 mm. Gegenwärtig wird die Feinheit des Naturerzeugnisses durch das Streckspinnverfahren mit Viskose (s. w. unten!) erreicht, indem die aus den Spinndüsen austretenden Fäden, soweit sie es ohne Zerreißung vertragen, noch weiter ausgezogen werden.

Kollodium (D i n i t r o zellulose) ist ein E s t e r der Zellulose, ebenso die **Trinitrozellulose oder Schießbaumwolle,** enthält also Nitratreste (— NO_3). Baumwolle (Watte) verbrennt langsam, sogar schwelend, Schießbaumwolle blitzartig. I n l e t z t e r e r ist zur Verbrennung genügend Sauerstoff vorhanden (s. S. 56!), während erstere den Sauer-

---

[1]) Taucht man Filtrierpapier nur ein paar Sekunden in 75 proz. Schwefelsäure und wäscht darnach gut aus, so erhält man das luftundurchlässige Pergamentpapier.

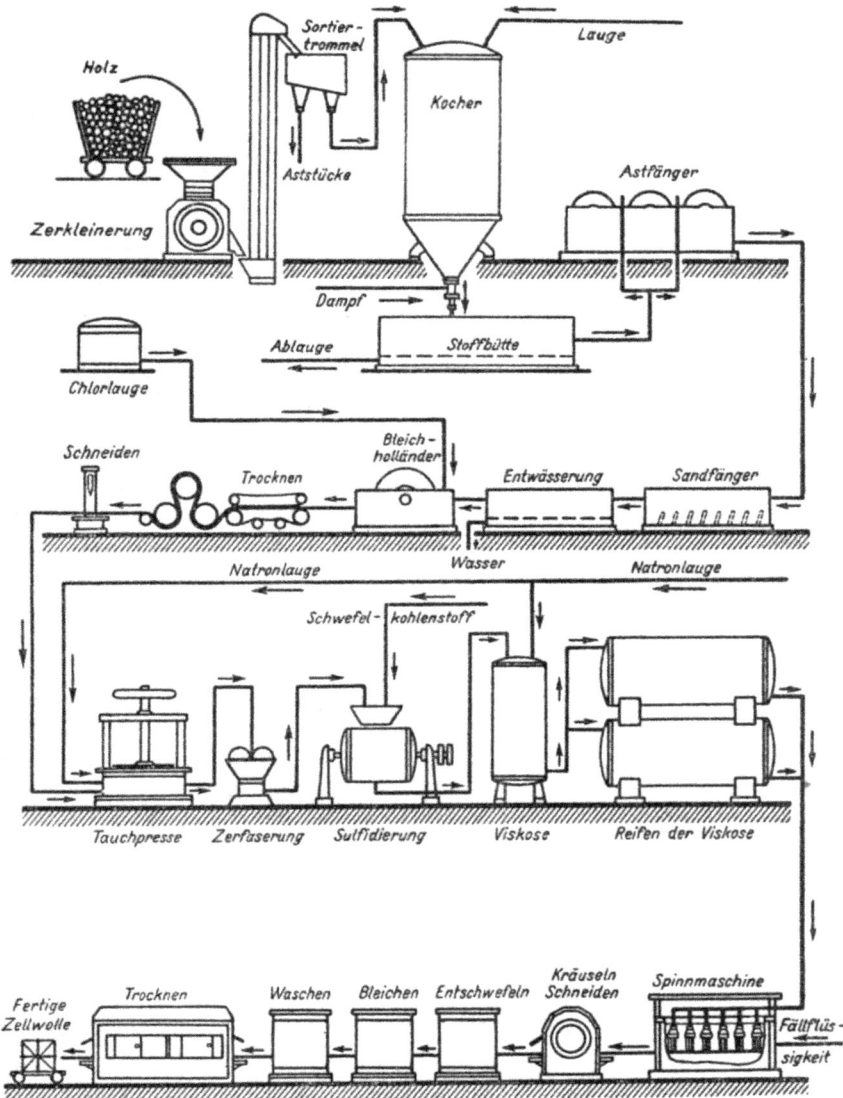

Holz

Sortier-trommel

Kocher

Lauge

Astfänger

Zerkleinerung

Aststücke

Dampf

Chlorlauge

Ablauge

Stoffbütte

Schneiden

Trocknen

Bleich-holländer

Entwässerung

Sandfänger

Natronlauge

Wasser

Natronlauge

Schwefel - kohlenstoff

Tauchpresse   Zerfaserung   Sulfidierung   Viskose   Reifen der Viskose

Fertige Zellwolle

Trocknen   Waschen   Bleichen   Entschwefeln   Kräuseln Schneiden   Spinnmaschine

Fällflüs-sigkeit

Bild 9
Viskoseherstellung nach Henglein, Grundriß der chemischen Technik.

stoff aus der Luft heranholen muß. Im Vergleich zum Sprengöl (Nitroglyzerin) ist die Darstellung durch Einwirkung eines Gemenges von HNO_3 und H_2SO_4 leichter ausführbar, weil das fasrige Gefüge nahezu unverändert bleibt und die Entfernung der Nitriersäure keine besonderen Schwierigkeiten macht.

Die Erfindung der Schießbaumwolle (1846) hat erst nach 1870 zu einer Umbildung der Sprengstoff- und Kriegstechnik geführt, da das Roherzeugnis nicht ohne weiteres verwendungsfähig ist, sondern erst durch Behandeln mit Essigester und Azeton und durch Pressen in rauchloses Pulver übergeführt werden muß. Ein Gemisch von Kollodiumwolle und Kampfer ist das sehr f e u e r g e f ä h r l i c h e **Zelluloid** (für allerlei Gebrauchsgegenstände, Spielwaren (!) und photographische Filme).

Andere wichtige Ester der Zellulose sind der Essigsäureester, das Zellulose-Azetat, löslich in $CHCl_3$, und die „**Viskose**", ein Xanthogensäure [1])-Ester, gewonnen durch NaOH und CS_2-Einwirkung auf Zellulose, in Wasser zu einer leimartig [2]) zähen Masse löslich. Der Verwendung des Azetats **(Zellon)** steht der hohe Preis im Wege. Auch sind die Azetatfilme weniger haltbar als Zelluloidfilme, obwohl erstere den Vorzug besitzen, nicht feuergefährlich zu sein. Dagegen wird **aus Viskose weitaus die meiste Kunstseide gewonnen**, etwa 75 % und neuerdings auch **Zellwolle**. Durchsichtige, aus Viskose hergestellte Blätter sind als **Zellophan** ein unentbehrlicher Gebrauchsstoff geworden, dem die künstliche Herstellung nicht mehr verübelt wird, was bei Zellwolle noch hie und da geschieht (I, 123).

Aus der Biologie ist bekannt, daß Zellulose als Baumaterial der Zellwand für die Zuordnung zum Pflanzenreich kennzeichnend ist [3]). Nur in jungen Zellen besteht die Zellwand aus reiner Zellulose. In älteren Zellen verholzt sie, wird mit **Lignin** inkrustiert [4]). Letzteres gehört einer ganz anderen organischen Stoffklasse (der aromatischen) an. Nachweis durch Phlorogluzin-Salzsäure (Rotfärbung) oder durch Anilinsalz (Gelbfärbung). In den Samenhaaren der Baumwolle bietet die Natur dem Menschen nahezu reine Zellulose in einer besonders günstigen, leicht verspinnbaren Form dar, 2—5 cm lange, innen hohle Zellen, die der wichtigste Faserstoff für die Textilindustrie geworden sind. Sehr leicht verspinnbare und sehr lange Zellen sind auch in den Flachs- und Hanfstengeln enthalten, müssen aber erst von den übrigen Gewebeteilen (durch Gärungsprozesse, Verrotten) getrennt werden. Nicht so leicht ist Zellulose aus dem Holz unserer Bäume, Buchen und Fichten, freizulegen. Und doch besteht die Notwendigkeit dafür, da die Abfälle von Leinen und Baumwollgewebe für die **Papierfabrikation** längst

---

[1]) Xanthogensäure ist ein geschwefeltes Kohlensäurederivat; CS_2 ist „geschwefeltes" Kohlendioxyd.

[2]) viscum - (lat.) Leim, - ose deutet Kohlehydrat an.

[3]) Als Baustoff wird die Zellulose im Tierreich nur bei den Manteltieren (Tunikaten) angetroffen.

[4]) In der Borke findet auch **Verkorkung** statt. Experimentelle Beobachtungen neuesten Datums werden überraschender Weise dahin ausgelegt, daß Lignin erst bei Zelluloseisolierung durch eine Art Disproportionierung gebildet wird: Einheitliche (!) Holzsubstanz → (bei der Kochung) Zellulose + Lignin.

nicht mehr ausreichen und da die mechanische Zerkleinerung des Holzes ohne chemische Reinigung („**Holzschliff**") nur für die Herstellung von Zeitungsdruckpapier und geringeren Papiersorten verwendet werden kann.

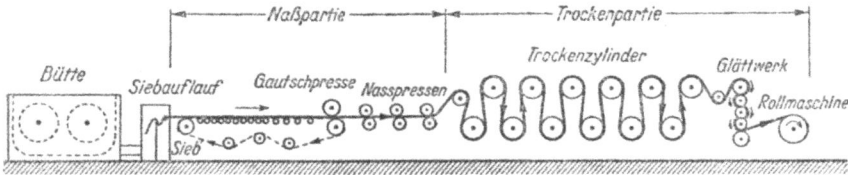

Bild 10
Papiermaschine.

Aus der Bütte wird die rohe Papiermasse auf ein in einem Kreislauf geführtes Bronze-drahtsieb übernommen, welches auch seitliche Schüttelbewegung ausführt. Die Gautschpresse entzieht dem Faserfilm soviel Wasser, daß er genügend fest wird und vom Sieb sich abheben läßt.

Infolge der großen chemischen Widerstandsfähigkeit der Zellulose gelingt die Abtrennung der Begleitstoffe in der Holzsubstanz. a) **Sulfitzellstoff.** In bis zu 300 cbm großen, mit säurefesten Steinen ausgemauerten Druck-gefäßen wird nach verschiedenen Verfahren 8—28 Stunden bei 115 ^{0}—150 ^{0} mit „Kalziumbisulfitlauge" $Ca(HSO_3)_2$ gekocht, mit 40—50 g SO_2 im Liter, wovon 12—17 % freie Säure sind. Für besondere Zwecke Bleichung des grauen Rohzellstoffs b) Sulfatzellstoff. In bis zu 70 cbm fassenden Kochern wird mit 10 %-iger Lsg. eines Gemisches von $NaOH$, Na_2SO_4, Na_2CO_3 und Na_2S bei 170 ^{0}—180 ^{0} und 7—10 atü 3—6 Stunden gekocht und durch Fil-tration von der s c h w a r z e n, Ligninsulfosäuren enthaltenden L a u g e getrennt. Die Alkaliverbindungen werden möglichst restlos durch Ein-dampfen und Veraschen regeneriert. Das Sulfatverfahren liefert erhöhte Zellstoffausbeute (vgl. S. 112 und S. 140!) und Fasergüte. Die Abgase der Kocher enthalten jedoch sehr übel riechende und deshalb die Ausbreitung dieses Verfahren erschwerende Merkaptane, geschwefelte Alkohole, Beispiel Äthylmerkaptan C_2H_5SH.

Getrocknetes Fichtenholz enthält 41 % Zellulose (S. 149!); 28 % Lignin, dessen „Monomeres", nicht unbestritten, mit $— O(1)(OCH_3)(2)C_6H_3(4)CH_2-CHOHCH =$ angegeben wird; 1,4 % Azetyl; 4,8 % Harz, Gerbstoff, Farbstoff und anorganische Salze; 24,3 % Hemizellulosen. Letztere sind Begleitstoffe der Zellulose in verholzten Fasern von anderem Polymerisationsgrad wie bei dieser. Sie lösen sich in verd. Alkalien und werden durch verd. Säuren hydrolysiert, bestehen zu 19 % aus Hexosanen (aus $C_6H_{12}O_6$-Monosen) und 5,3 % Pentosanen ($C_5H_{10}O_5$-Monosen, z. B. Xylose). Beim Sulfitverfahren treten Lignin und der größte Teil der depolymerisierten Hemizellulosen in die Ablauge über, d. h. etwa 50 % des ursprünglichen Fichtenholzes. Ein kleiner Teil erscheint in den leichter verwertbaren Abgasen. Die Sulfit-ablauge enthält 1,5—2 % gärfähigen Zucker, aus dem, nach Neutralisation mit $CaCO_3$, durch Hefegärung „Sulfitsprit" gewonnen wird (10—14 Liter reiner Alkohol aus 1 cbm Ablauge). Allein in Schweden werden so jährlich 75 Millionen Liter als Nebenprodukt des Zellstoffs produziert. Andere Fa-briken dampfen die Ablauge soweit ein, daß der Rückstand als Pech für Brikettierung verwendet werden kann. Auch werden Gerbstoffe und Klebe-stoffe daraus gewonnen oder Kunstsoffe oder wenigstens Füllmittel für Kunststoffe. — Aus den Kocherabgasen des Sulfatverfahrens fallen Ter-pentinöl, Methanol und Azeton an.

Bei der gewaltigen Ausweitung der Faserstoffindustrie ist die Roh-
materialienbeschaffung durchaus nicht einfach. Zur Sicherstellung der benötigten Zellulose soll an Stelle von Holzeinfuhr auch Kartoffelkraut-,
Stroh- und Kiefernzellstoff nutzbar gemacht und durch Vorbehandlung des
Rohzellstoffs die Eignung der Zellulose für die Herstellung der Spinnlösungen verbessert werden. Aber auch die Rückgewinnung der dazu nötigen Chemikalien ist für die Preisgestaltung von großem Einfluß, da es
sich z. B. bei der Kupferseide um Stoffe handelt, die Deutschland nicht im
Überfluß besitzt. Das Kupfer wird bis zu 98 % aus den Spinnlösungen
herausgeholt. Auch bei den Viskoseerzeugnissen werden Schwefelkohlenstoff und Schwefelverbindungen weitgehend zurückgewonnen. Sogar das
Spinnwasser wird von den in Lösung gegangenen Stoffen befreit und wieder
verwendet. Das natürliche Wasser kann nämlich für den Fabrikbetrieb nicht
unmittelbar hergenommen werden. Statt nun frisches Wasser zu enthärten
und das gebrauchte Abwasser für die Flußläufe zu entgiften, hat das Faser-
stoffwerk Wolfen ein besonderes Verfahren durch „Austauscher" auf
der Kunstharzbasis ausgearbeitet, sogenannte „Wofatite". Vgl. I, 57, Kleingedrucktes!

D. Rohrzuckergewinnung

Der Name rührt von dem ursprünglichen Ausgangsmaterial, dem
Zuckerrohr (saccharum off., einer Grasart) her. Jedoch auch die Zuckerrübe enthält ungefähr den gleichen Prozentsatz (12—20 %), die übrigen süßen Pflanzensäfte nur sehr geringe Mengen von Rohrzucker
(vgl. S. 102, I a und b!).

Schon im Altertum wurde „saccharon, eine Art geronnener Honig aus
Arabien", als Medikament benutzt. Im Mittelalter wurde seine Herstellung
hauptsächlich in Indien, Persien und Ägypten betrieben, wo Zucker schon
um das Jahr 1000 allgemeines Genußmittel war. Später gelangte er über
Venedig nach Europa. Nach der Entdeckung Amerikas wurde er schon mit
den ersten Auswanderern dort eingeführt. Mittel- und Südamerika (San
Domingo, Brasilien) wurden nunmehr die Hauptproduktionsländer, zumal
durch das Vordringen der Türken die Produktion in den Randländern des
Mittelmeeres zerstört wurde. Das Vorkommen von Saccharose in der
(Zucker-) Rübe wurde 1747 von Marggraf entdeckt. Im Jahre 1802 wurde
die erste Rübenzuckerfabrik in Schlesien eröffnet. Nach kurzem Aufblühen
während der Kontinentalsperre wäre diese Industrie beinahe der Konkur-
renz des Kolonialzuckers erlegen. Die Steigerung des Zuckergehaltes in der
veredelten Zuckerrübe und die Vervollkommung der technischen Einrich-
tungen brachte sie jedoch namentlich in Deutschland und Belgien zu mäch-
tiger Entwicklung.

Beim Zuckerrohr trifft die Isolierung des Zuckers auf sehr günstige Vor-
bedingungen. Der durch Auspressen von den festen Pflanzenbestandteilen
getrennte Saft ist eine nahezu reine Zuckerlösung, die zur Abscheidung der
geringen Verunreinigungen mit Kalkmilch aufgekocht und nach der Klärung
durch Einkochen konzentriert wird: Der Rohrzucker kristallisiert aus, die
Mutterlauge wird als Sirup direkt verwendet oder zu **Rum** vergoren.

Die Isolierung aus der Zuckerrübe ist schwierig, da der gewonnene
Preßsaft viel Salze und organische Nichtzuckerstoffe enthält. An die
Stelle des früher angewandten Auspressens ist jetzt das bessere Dif-
fusionsverfahren getreten. Die gewaschenen Rüben werden in dünne
Scheiben zerschnitten und bei 80 °—90 ° mit Wasser ausgelaugt. Die
hohe Temperatur ist deshalb notwendig, weil der Zucker erst nach

der Koagulation des Protoplasmas und der Z e r s p r e n g u n g d e r Z e l l w ä n d e abgegeben wird (diffundiert). Die ausgelaugten Schnitzel werden unter Zusatz von Melasse (s. weiter unten!) zu Futtermitteln verarbeitet.

Aus dem Diffusionssaft werden durch ü b e r s c h ü s s i g e n Kalk Phosphorsäure, organische Säuren, Eisen- und Magnesiumverbindungen ausgefällt, Eiweißverbindungen zum Teil unter NH_3-Entwicklung als aminosaure Salze gebunden. Der trübe **Rohsaft** wird dadurch wasserhell. Der Kalk führt aber unerwünscht große Mengen von Zucker in lösliche und unlösliche Zucker-Kalk-Verbindungen über, deren Zusammensetzung ungefähr den Kupferverbindungen der mehrwertigen Alkohole entspricht. Deshalb muß der überschüssige Kalk durch Einleiten von CO_2 wieder entfernt werden, auch unter Zuhilfenahme von schwefliger Säure.

Der gewonnene **Dünnsaft** wird in Filterpressen von den Fällungen (Scheideschlamm) befreit, zunächst eingeengt und schließlich im Vakuum bis auf 7 % Wassergehalt eingekocht, wobei der Zucker auskristallisiert. Der nicht kristallisierende Anteil (die **Melasse**) wird durch Zentrifugieren abgetrennt. Die sirupöse Melasse enthält noch ziemlich viel Zucker; sie wird entweder als Zusatz zu Futtermitteln verwendet oder vergoren, oder nach besonderem Verfahren entzuckert. Der zuckerfreie Melasserückstand führt den Namen **Schlempe**. Sie enthält hauptsächlich Kalisalze und organische Stickstoffverbindungen.

Der R o h z u c k e r , braun gefärbt, besitzt nicht den reinen Zuckergeschmack. Er wird deshalb raffiniert, entweder ohne Wiederauflösung mit reiner gesättigter Zuckerlösung gewaschen oder wieder gelöst, chemisch und durch Tierkohlefiltration gereinigt, erneut im Vakuum eingedampft und zur Kristallisation gebracht. Die schwach gelbe Farbe wird durch Zusatz einer Spur Ultramarinblau verdeckt. Der raffinierte Zucker gehört zu den r e i n s t e n E r z e u g n i s s e n d e r c h e m i - s c h e n I n d u s t r i e : **99,95 %** Saccharose, der Rest 0,05 % ist hauptsächlich Wasser. Große Kristalle werden als Kandiszucker bezeichnet.

Rohrzucker wird durch Zymase (s. S. 113!) nicht vergoren und wirkt in höheren Konzentrationen sogar konservierend (kandierte Früchte, Marmeladen). Durch das Enzym Invertase und durch Kochen mit 0,02-proz. Salzsäure wird er invertiert: Invertzucker, **Kunsthonig**, welcher ein äquimolekulares Gemisch von Dextrose und Lävulose ist, enthält meist Kochsalz[1]), aus der Neutralisation der Salzsäure mit Soda entstanden. Vgl. S. 104 und die Bauformel S. 149!

Glykoside. Nicht nur unter sich vermögen die Zuckermolekeln ätherische Verbindungen, wie die Disaccharide, zu liefern, sondern auch mit anderen Alkoholen und Aldehyden, die aber dann, wenn Traubenzucker daran beteiligt ist, Glykoside genannt werden. Beispiele: Amygdalin, das Glykosid der bitteren Mandeln, ist aus 2 Molekeln Traubenzucker, 1 Molekel

---

[1]) Die Invertierung kann auch durch Ameisen-, Wein- und Zitronensäure bewirkt werden, z. B. beim Kochen von „Kompott".

Benzaldehyd und 1 Molekel Blausäure zusammengesetzt und wird durch das ebenfalls in den bitteren Mandeln enthaltenen Enzym „Emulsin" gespalten. Das Salizin der Weide besteht aus Glukose und Salizylalkohol. Das Krappwurzelglykosid ist aus 2 Molekeln Glukose und 1 Molekel Alizarin zusammengesetzt. Glykosidbauformeln s. S. 149!

Als Übergänge zwischen Kohlehydraten und Eiweißstoffen sind die **Aminozucker** zu nennen. Beispiel: **Glukosamin**, in welchem die der Aldehydgruppe benachbarte alkoholische Hydroxylgruppe der Glukose durch NH_2 ersetzt ist. Die Stützsubstanz der Gliederfüßler, das **Chitin**, besteht in der Hauptsache aus Verbindungen des Glukosamin.

Die Chemie der Kohlehydrate ist zu einem sehr umfangreichen und verwickelten Gebiet der organischen Chemie herangewachsen. Die Konfiguration (S. 69!) fast sämtlicher Zuckerarten ist genau bestimmt worden. Bahnbrechend hat hier wie auch in der Chemie der Eiweißarten und Gerbstoffe der Berliner Chemiker Emil Fischer gewirkt. Die neuesten Erkenntnisse (S. 142) stammen hauptsächlich von dem Engländer Haworth. In den letzten Jahren sind die Molekelgrößen der nichtsüßen Kohlehydrate mit neu ausgearbeiteten Methoden bestimmt und für die Herstellung von „Kunstfasern" ausgewertet worden.

20. Landwirtschaftliche Gewerbe. Enzyme

Bei der Zuckergewinnung liefert die Landwirtschaft den Rohstoff, die Zuckerrübe, welche den Zucker fertig gebildet enthält. Die Aufgabe der Fabrik ist es, ihn zu isolieren. Die Fabrikationsabfälle kehren wieder in die Landwirtschaft zurück: die zuckerarmen Köpfe und Blätter der Rüben und die ausgelaugten Schnitzel als Viehfutter, der Scheideschlamm als Dünger. Auch bei den die Stärke verarbeitenden chemischen Industrien ist ohne die Verwendung der Abfälle in der Landwirtschaft die Fabrikation selbst nicht lohnend. Die genannten Industrien und die Landwirtschaft bilden eine natürliche Einheit, auch wenn die konzentrierte Arbeit in der Fabrik bei oberflächlicher Betrachtung den größeren Eindruck macht. Der Anbau der Zucker und Stärke liefernden Pflanzen, die gesamte Feldbestellung, Vergrößerung des Viehbestandes usw. stehen in engem Zusammenhang mit der Fabrikation. Die Bierbrauerei, ursprünglich auch ein landwirtschaftliches Gewerbe, ist zwar jetzt ein städtischer Betrieb geworden, bezieht aber die Rohstoffe aus der Landwirtschaft und gibt auch ihre Abfälle, z. B. die Treber, in die Landwirtschaft zurück. Die Weinbereitung dagegen ist ganz in den Händen der Wein b a u e r n geblieben. Zu den landwirtschaftlich-chemischen Industrien ist auch die Milchwirtschaft (Butter, Käse) und die Industrie der Öle und Fette zu rechnen. Die landwirtschaftlichen Gewerbe sind nicht nur ein wichtiges Bindeglied, sondern auch eine wichtige Voraussetzung dafür, die Landwirtschaft im modernen Industriestaat lebensfähig zu erhalten.

Stärke. Die Stärkedarstellung aus CO_2 in der grünen Pflanzenzelle unter Mitwirkung des Sonnenlichtes **(Assimilation)** ist der **Urbildungsvorgang** alles Lebens und der gesamten organischen Chemie; I, 118 und II, 73. Von diesem Primärvorgang gehen alle übrigen organischen

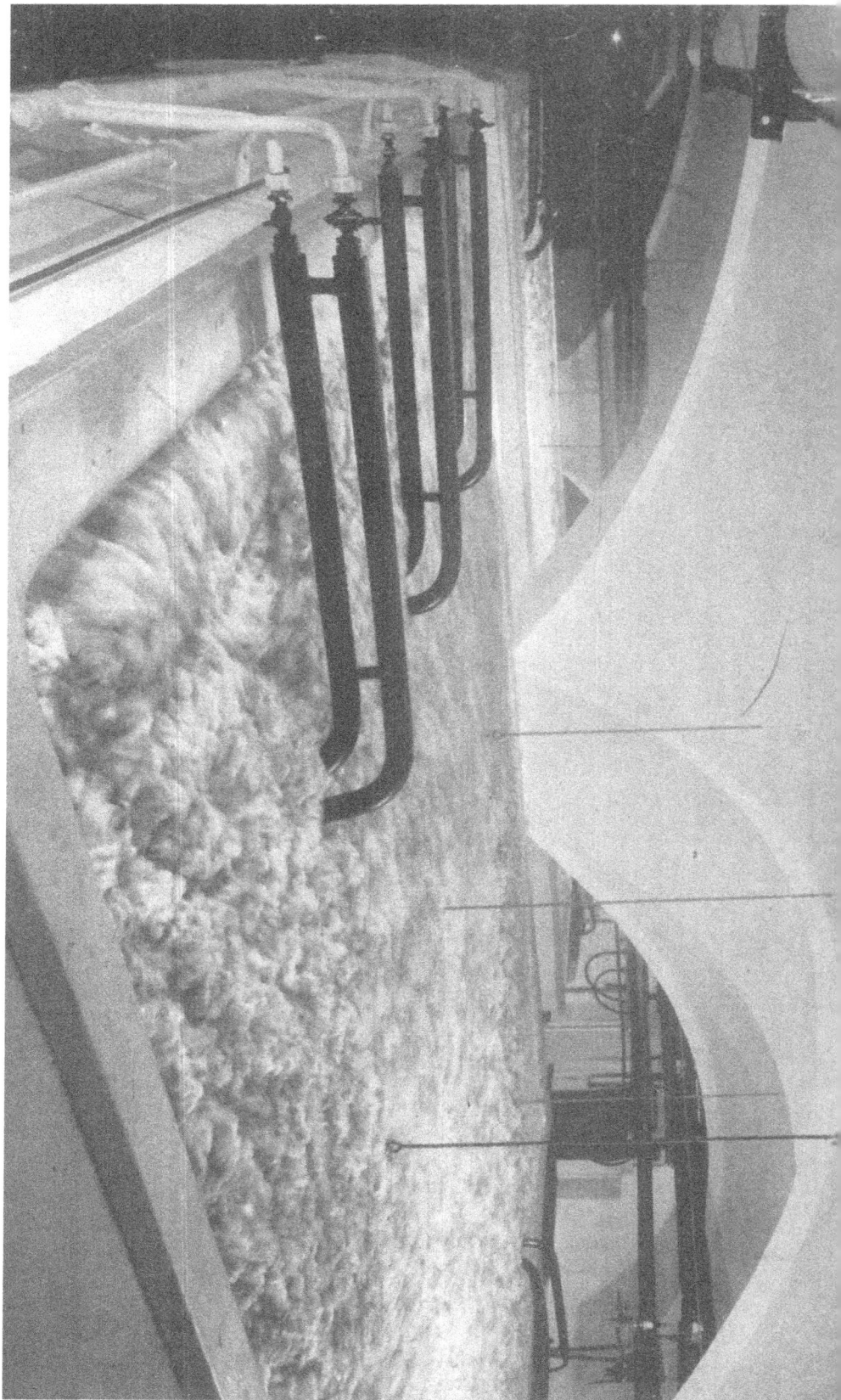

Synthesen im Pflanzenkörper aus. Mensch und Tier nehmen die organischen Produkte der Pflanzen direkt oder indirekt auf und nützen sie für ihren Stoffwechsel aus. Für Mensch und Haustier sind stärkereiche Nahrungsmittel (Getreidekorn, Kartoffel) unentbehrlich.

Die Stärke findet aber auch weitgehende gewerbliche Verwendung, z. B. zum „Stärken" der Wäsche, wobei Stärke in dünnen Schichten aufgetragen und durch die Hitze des Bügeleisens in einen glänzenden Überzug von Dextrin verwandelt wird. Oder als Kleister für Tapezierer und Buchbinder, für das „Leimen" des Papiers, als Puder (Wundbehandlung), als Nahrungsmittel (Pudding), als Ausgangsmaterial für die Stärkezucker- und Dextrinfabrikation.

Zur Isolierung wird die Unlöslichkeit in kaltem Wasser und die Kleinheit der Stärkekörner ausgenützt. Reis, Weizen und Kartoffel werden fein zerrieben. Durch Schlämmen, Waschen und Filtrieren (Zentrifugieren) wird die Stärke isoliert. Die Waschwasser werden zur Berieselung von Wiesen, die abgetrennten Zellfasern zur Futtermittelfabrikation verwendet.

Enzyme. Viele G ä r u n g s g e w e r b e verarbeiten als Rohstoff ebenfalls Stärke, und zwar unter Zuhilfenahme von biochemischen Methoden, ohne daß Stärke selbst isoliert zu werden braucht. Früher hat man geglaubt, daß die l e b e n d e Z e l l e für die biochemischen Umwandlungen unbedingt notwendig sei. Heute weiß man, daß die Zelle nur indirekt benötigt ist, insofern als sie E n z y m e , u n b e l e b t e o r g a n i s c h e K a t a l y s a t o r e n herstellt, die auch im zellfreien Preßsaft die Umsetzungen bewirken können, welche man früher der lebenden Zelle zugeschrieben hat. Z. B. hat man die seit Jahrtausenden bekannte und angewandte alkoholische Gärung[1]) dem „geformten" Ferment, der Hefezelle, zugeschrieben, bis Buchner (Würzburg, 1897) bewies, daß der z e l l f r e i e Hefepreßsaft infolge seines Gehaltes an Z y m a s e die alkoholische Gärung verursacht. **Die Enzyme sind hochmolekulare, gegen** gewisse Stoffe („Gifte"), z. B. Blausäure, Quecksilberchlorid, Alkohol, **und gegen Erhitzen sehr empfindliche organische Verbindungen,** deren Erforschung noch in den Anfängen steckt. Sie sind überall in der lebenden Natur anzutreffen: im Speichel, im Magensaft, im Pankreas- und Darmdrüsensaft, im Blutserum und in den Pflanzensäften. Der Organismus bedient sich ihrer zur Verdauung seiner Nährstoffe. Er macht mit ihrer Hilfe aus körperfremden Stoffen körpereigene (Assimilation im weitesten Sinne des Wortes), die dann ebenfalls unter Mitwirkung von Enzymen zur Gewinnung der lebensnotwendigen Energieformen wieder abgebaut werden (Dissimilation, I, 118). **Die Enzyme sind** spezifisch **auf bestimmte chemische Prozesse eingestellt.** Für die Verdauung und für die Gä-

---

[1]) Auch g e i s t i g e Gärung genannt, weil dabei leicht flüchtige Stoffe entstehen, die man früher als Geist (spiritus) bezeichnet hat. Vgl. Salmiakgeist, Ameisengeist, Weingeist, Holzgeist; I, 120.

rungsgewerbe sind die **hydrolysierenden Enzyme** besonders wichtig:

a) Kohlehydratspaltende Enzyme: Das bekannteste Enzym ist die **Diastase,** welche Stärke in Malzzucker umwandelt. Dieselbe Wirkung hat das Ptyalin des Mundspeichels und die Pankreasamylase. Maltase spaltet Malzzucker in Traubenzucker, Invertase invertiert Rohrzucker.

b) Proteolytische = eiweißlösende Enzyme: Der hydrolytische Eingriff in das Eiweißmolekül führt gewöhnlich nicht in einem Zuge zu den niedrigsten Bausteinen, sondern läuft über Zwischenstufen. Vgl. Abschnitt 21, S. 119! Auch im Malz kommen proteolytische Fermente vor.

c) Fettspaltende Enzyme, Lipasen: Pankreaslipase, das Rizin des Rizinussamens.

Praktisch ist man noch nicht so weit, reine Enzyme im Fabrikbetrieb zu benützen. Man verwendet im Gärungsgewerbe K u l t u r e n von „Enzymlieferanten", Hefepilze, Bakterien, Schimmelpilze, sog. „geformte Fermente"[1]). Statt von Gärung spricht man von **Fäulnis,** wenn übelriechende Spaltprodukte auftreten, und von **Verwesung,** wenn Oxydasen zu geruchlosen a n o r g a n i s c h e n Endprodukten (CO$_2$, H$_2$O, N$_2$ und Nitrat) führen.

Die Grundgleichung der alkoholischen Gärung sagt aus, daß das Hexosenmolekül dabei nur teilweise oxydiert wird: nur 2 C-Atome erscheinen in der höchsten Oxydationsstufe. Der Wasserstoff wird nicht mitoxydiert, sondern in das Alkoholmolekül verschoben: C$_6$H$_{12}$O$_6$ (Zymase) → 2 C$_2$H$_5$OH + 2 CO$_2$ → + 24 kcal. Es handelt sich also um einen intramolekularen, unter Bildung einer energiereichen Verbindung verlaufenden Spaltungsvorgang (I, 107 und 120). Der Ablauf ist in Wirklichkeit ein je nach den Bedingungen verschiedenartiger und verwickelter Vorgang. Aus der Gleichung ist ersichtlich, daß nur die Hexosen d i r e k t vergärbar sind, Disaccharide erst nach vorausgegangener Invertierung. Da aber Maltase in allen Hefen vorhanden ist, wird Maltose scheinbar direkt vergoren. Invertase kommt auch in vielen Hefesorten vor. Dagegen ist Diastase in reinen Hefen nicht vorhanden. Deshalb werden Stärke und Dextrine durch Hefe n i c h t d i r e k t vergoren. Bei der **Gärung** handelt es sich um Pilzkulturen, welche zum Wachstum (im Gegensatz zur grünen Pflanze, vgl. S. 118!) o r g a n i s c h e Stoffe brauchen, aus deren Umwandlung die zum Leben notwendigen Energien gewonnen werden. Ferner müssen noch a n organische Salze und organische Wirkstoffe vorhanden sein. Es muß eine optimale, nicht zu hohe und nicht zu niedrige Temperatur eingehalten werden und es dürfen keine „Gifte" vorhanden sein, welche durch chemischen Angriff auf die Enzyme den Ablauf der Lebensvorgänge hemmen. Da Hefe bei 15 % Alkoholgehalt ihre Lebenstätigkeit einstellt, wird so weit verdünnt, daß nicht mehr als 10 % Alkohol entstehen kann.

Wein. Ohne vorbereitende Maßnahmen sind nur Hexosen enthaltende Fruchtsäfte vergärbar. Bei Traubensaft erübrigt sich der Hefezusatz, da die Weinhefe (Saccharomyces ellipsoideus) schon den Weinbeeren anhaftet und bei Herstellung des Preßsaftes (Keltern) in diesen gelangt. Die ausgepreßten Rückstände heißen „Trester". Nach Beendigung

---

[1]) Auch im menschlichen Körper spielen geformte Fermente eine nicht zu unterschätzende Rolle. Symbiose mit Bakterien „Darmflora". In besonders hohem Maße ist die Mitwirkung von Bakterien bei Ernährungsspezialisten lebensnotwendig, z. B. bei holzfressenden Insektenlarven.

der Gärung (3—14 Tage) läßt man Hefe und Weinstein [1]) absitzen und füllt nach der Klärung in Fässer ab, wo der Wein eine nachträgliche Veränderung erleidet (reift). Die Farbe des Rotweines stammt aus Schalen der blauen Beeren, die man mitvergären läßt. Dadurch gelangen in den Schalen vorhandene herbschmeckende Gerbstoffe mit in den Rotwein. Der Alkoholgehalt der Beerenweine beträgt in der Regel 9—12 %, der gesamte Trockenrückstand (Eiweißstoffe, Dextrine) 1,8—2,5 %. Kohlensäure ist nicht vorhanden, da man sie vollständig entweichen läßt.

M ä ß i g genossen ist Wein ein sehr bekömmliches Getränk, das durch Belebung des Stoffwechsels bei entkräfteten Personen sogar Heilwirkungen ausübt. Wein war bis in das 16. Jahrhundert in Deutschland Nationalgetränk. Die Ausbreitung des Bieres ist erst späteren Datums. Auch aus anderen Fruchtsäften der Äpfel, Johannisbeeren, Hagebutten u. a. werden zum Teil sehr a l k o h o l r e i c h e Weine bereitet, die bei Verwendung von Weinhefen in Geschmack und Geruch dem betreffenden Weine ähneln („Blume", „Bukett").
Die Kefirhefe vermag die Laktose der Milch zu spalten und führt Milch in eine Art Milchwein über, der neben wenig Alkohol Kohlensäure und Milchsäure enthält.
Campagner ist ein allerdings sehr edler K u n s t wein, in dem durch nachträglichen Zusatz von Zucker und Nachgärung CO_2 erzeugt wird und nach Entfernung der Nachgärungshefe Likör zugesetzt wird.

Bier. Im Gegensatz zu Wein ist Bier ein **extraktreiches und kohlensäurereiches alkoholisches Getränk, das aus Hopfen und Malz hergestellt** wird und sich beim Ausschank noch in langsamer Nachgärung befindet. Die Brauerei verwendet als Ausgangsmaterial stärkereiche Getreidefrüchte (Gerste, Weizen). Es handelt sich vor allem darum, die Stärke in gärungsfähigen Zucker überzuführen und das Getreidekorn überhaupt aufzuschließen. Das geschieht durch die **Malzbereitung.**
Wenn das Getreidekorn genügend W a s s e r a u f g e n o m m e n hat, beginnt es bei 10—20 ° zu keimen. Die dabei entstehende Diastase dringt vom Schildchen aus in den Mehlkörper ein und führt die Stärke in Dextrine und Maltose über. Proteolytische Enzyme hydrolysieren Eiweißstoffe, Lipasen die Fette. Das im Dunkeln keimende Korn atmet CO_2 und H_2O aus (Oxydasen) und erzeugt Wärme. Deshalb müssen die Haufen von Zeit zu Zeit umgeschaufelt werden. Zytase [2]) (Zellulase) löst die Zellulosehäutchen der Zellen auf, so daß nunmehr der Zellinhalt an warmes Wasser leicht abgegeben wird. Da man die Hauptmenge des Getreidekorns für die Verarbeitung erhalten will, muß man

---

[1]) S. S. 10 und 69!
[2]) Ein solches Enzym fehlt im menschlichen Körper, was besonders wichtig erscheint im Hinblick auf die Ausnützung der „Pflanzenrohkost". Die menschlichen Verdauungssäfte greifen intakte Zellwände nicht an. Der Mensch muß die Zellwände durch weitgehendes Zerquetschen, Zerreiben oder durch Kochen aufschließen.

das Wachstum unterbrechen, wenn durch den Keimling Enzyme in ge-
nügendem Ausmaß gebildet worden sind.

Denn sonst würde der gesamte Inhalt des Getreidekorns in die Gewebe
der jungen Pflanze übergeführt werden und aus diesen kann man kein Bier
herstellen. Dem **Grünmalz** wird das für die Lebensprozesse notwendige
Wasser entzogen: **Darren.** Malz für Spiritusbrennerei soll möglichst kräftig
wirkende Enzyme enthalten. Es wird deshalb bei 20 ^{0} zu S c h w e l k m a l z
getrocknet.

Für Bier sind unvergärbare Extraktstoffe beabsichtigt. Deshalb wird
zwischen 50 ^{0} und 100 ^{0} gedarrt, um Röstaroma und Karamel zu erzeugen und die Enzyme etwas zu schwächen. Das von den Würzelchen
befreite **Malz** wird zerkleinert (Malzschrot) und mit warmem Wasser
angerührt. Durch die noch vorhandene Diastase wird bei 50 ^{0}—60 ^{0} die
Stärke zu 80 % in Maltose und zu 20 % in Dextrine übergeführt. Der
Maischprozeß der Brauerei wird so geleitet, daß größere Mengen un-
vergärbarer Dextrine erhalten bleiben, welche als E x t r a k t dem
Biere den N ä h r w e r t verleihen. Der von den ausgelaugten und 1-
bis 2 mal ausgewaschenen „Trebern" [1] getrennte klare Saft heißt nunmehr **Würze.** Sie wird unter **Zusatz von Hopfen gekocht.** Dadurch werden die Enzyme unwirksam gemacht, die nicht hydrolysierten Eiweißstoffe werden ausgefällt, die aromatischen Hopfenbestandteile gehen in
Lösung und die Würze selbst wird sterilisiert. Die heiße Würze wird
durch den Hopfenseiher, welcher die Hopfenblätter zurückbehält, in
das sog. Kühlschiff übergeführt. In dieser großen, flachen Pfanne wird
sie auf etwa 50 ^{0} abgekühlt, wobei sich der beim Kochen entstandene
Niederschlag als Trub absetzt, der durch Filterpressen abgetrennt wird.
Die klare Würze wird nunmehr von 50 ^{0} auf 5 ^{0} s e h r r a s c h in einem
Flächenberieselungskühler abgekühlt.

Bei langsamem Durchschreiten der für Bakterienwachstum günstigen
Temperatur zwischen 50 ^{0} und 20 ^{0} im Kühlschiffe würden sich sonst unerwünschte Spaltpilzkulturen entwickeln. In manchen Brauereien werden
deshalb die Berieselungskühler in einem für Personenverkehr geschlossenen,
mit sterilisierter Luft versorgten Raume aufgestellt.

Die abgekühlte Würze wird mit **Reinzuchthefe** versetzt. Wilde Hefen
rufen bitteren Geschmack usw. hervor. Die Hauptgärung vollzieht sich
in großen offenen Bottichen, meist aus Aluminium, die Nachgärung in
großen Lagerfässern. Nährstoffe (Stickstoffverbindungen und Salze)
brauchen für die Hefe nicht zugesetzt zu werden, da hinreichende
Mengen in der Würze enthalten sind. Bei untergärigen Bieren wird die
Temperatur durch in die Gärbottiche eingebaute Kühlschlangen auf
5 ^{0}—8 ^{0} gehalten, bei obergärigen auf 15 ^{0}—22 ^{0}.

Das Bier verdankt seine belebenden Eigenschaften dem Alkohol (etwa
4 %), seine nährenden dem Extrakt (etwa 6 %), seinen erfrischenden Geschmack der Kohlensäure, seinen aromatischen Geschmack und seine Halt-

---

[1] Wertvolles Schweinefutter.

barkeit dem Hopfen. Das Zusammentreffen vieler sehr guter Eigenschaften ist die Ursache des starken Verbrauchs.

Bierähnliche Getränke sind seit Jahrtausenden bekannt. Wissenswert ist, daß die alten Babylonier und Ägypter zunächst „B i e r b r o t e" herstellten, indem sie g e k e i m t e s Getreide mit Sauerteig zum Backen verwendeten. Der halbgare Teig wurde der Gärung überlassen und dann mit Wasser ausgelaugt.

Spiritus. Der für Genußzwecke und für die chemische Industrie benötigte **Äthylalkohol** wird zum größten Teil aus Stärke durch Gärung hergestellt, auch als Nebenprodukt des Zellstoffs: Sulfitsprit.

In neuerer Zeit ist dem Gärungsprozeß im **Mineralspiritus** ein Mitbewerber erstanden. In einem katalytischen Verfahren (142) wird Azetylen durch H_2O-Anlagerung in Azetaldehyd und dieser durch Wasserstoffanlagerung in C_2H_5OH übergeführt (S. 6 und S. 135!). Für gewerbliche Zwecke steht steuerermäßigter, denaturierter Spiritus zur Verfügung. Für die Vergällung werden Pyridinbasen oder andere ungenießbare Zusätze genommen.

Früher war der Stärkelieferant hauptsächlich der Roggen. Heutzutage ist es die Kartoffel, auch Mais und Reis. Die Kartoffeln werden durch Dämpfen (Erhitzen mit gespanntem Dampf) in dünnflüssigen Kartoffelbrei verwandelt. Durch Zugabe von Brennereimalz wird die Stärke bei etwa 60° verzuckert. Ohne Filtration und Aufkochen wird die Maische auf Gärtemperatur abgekühlt und durch obergärige Brennereihefe vergoren. Die flüchtigen Gärungsprodukte gehen durch Einengen der Maische auf die Hälfte in das Destillat über. Der Rückstand, die Schlempe, wird unter Beimengung von festem Beifutter an Schweine oder Mastochsen verfüttert oder durch Eindicken haltbar und versandfähig gemacht. Ein großer Teil ihres Nährwertes liegt im hohen Gehalt an Hefeeiweiß. Der Rohspiritus muß raffiniert werden, da er beträchtliche Mengen von Fuselölen enthält. Dies geschieht durch sorgfältige Destillation in sog. Kolonnen-Apparaten (ähnlich wie Bild 3).

Die Fuselöle sind Alkohole, welche mehr C-Atome enthalten als der Äthylalkohol: Propyl-, Butyl- und Amylalkohol. Sie entstehen bei der normalen Gärung nicht aus Glukose, sondern aus den Aminosäuren des Kartoffeleiweißes. Sie werden für Parfümeriezwecke in Ester übergeführt (s S. 50!).

Brot. Auch die Bäckerei hat Beziehungen zum Gärungsgewerbe. Nur wird hier die Gärung nicht der chemischen Endprodukte zuliebe verwendet, sondern zu einem mechanischen Zweck, zur Auflockerung des Brotteiges. Der durch die Quellung des Klebers (Pflanzenfibrin) zähe Mehlbrei (= Teig) enthält schon vom Einrühren des Wassers her etwas Luft. Aber auch durch andauerndes Rühren könnte man die zahlreichen kleinen Gasbläschen nicht herstellen, welche durch Vergärung der geringen Maltosemengen erzeugt werden, die beim Durchfeuchten des Mehles infolge der Getreidekorndiastase entstehen. Die Hitze des Backofens dehnt die CO_2-Gasbläschen weiter aus, verflüchtigt den Gärungsalkohol und einen großen Teil des Anrührwassers und erzeugt durch

Überhitzung „Anbrennen" von außen her eine **Dextrinkruste,** welche nach dem Erkalten das Innere vor dem Austrocknen und vor dem Zutritt von Bakterien schützt, nachdem das Brot durch die Backhitze nunmehr sterilisiert ist. Im Innern entsteht durch Gerinnung des Klebers und anderer Eiweißstoffe ein Gerüst, dessen Hohlräume durch verkleisterte Stärke ausgefüllt sind. Das Gerüst selbst ist von zahllosen größeren und kleineren lufterfüllten [1]) Blasen durchsetzt und bietet so den Verdauungsenzymen eine sehr große innere Oberfläche dar. Das Brot weist also ein „erstarrtes Schaumgefüge" auf (I, 15!). Von diesem Gesichtspunkt aus erscheint es verständlich, daß ungesäuertes Brot zur Erzeugung einer größeren ä u ß e r e n Oberfläche in dünnen Fladen ausgebacken wird (Knäckebrot u. a.).

Für Schwarzbrot wird Sauerteig, ein Gemisch von Hefepilzen und Milchsäurebakterien, verwendet, für Weißbrot reine Hefe. Die früher verwendete Bierhefe ist wegen des bitteren Geschmackes wenig geeignet und wird seit 100 Jahren durch besonders hergestellte Preßhefe ersetzt.

Die **Hefenbrennerei** ist ein besonderer Abzweig des Gärungsgewerbes, bei der Alkohol Nebenprodukt und die Hefe Hauptprodukt ist. Man läßt hierbei die Hefe in der Hauptsache nicht anaerob gären, sondern unter Luftzufuhr auf der Maische als Nährsubstrat wachsen. Da Hefe zu etwa 50 % l e i c h t v e r d a u l i c h e Eiweißstoffe und wichtige Hochleistungswirkstoffe (I, 140) enthält, ist schon vorgeschlagen worden, Hefe als menschliches Nahrungsmittel (Fleischersatz) in großen Massen unter Düngung mit a n o r g a n i - s c h e n Salzen zu züchten (Mineralhefe). Solche Wuchshefen sind imstande, aus Z u c k e r, Ammoniak und M i n e r a l s a l z e n wertvolle Eiweißstoffe aufzubauen, ohne daß Alkohol in nennenswerter Weise entsteht, was außer ihnen kein anderer Organismus fertig bringt.

Obwohl durch Gärung ein nicht unbeträchtlicher Verlust an Brotsubstanz (etwa 1 %) entsteht, haben sich Backpulver (z. B. $NaHCO_3$) für Brotherstellung nicht bewährt. Das Brot nimmt statt des gewohnten sauren einen alkalischen Geschmack an, auch ist infolge des Fehlens der enzymatischen Einwirkung die Verdaulichkeit eine geringere. Ferner gelangen durch die Hefe auch nicht unbeträchtliche Mengen **hitzebeständiger Vitamine** (s. S. 132!) in das Brot.

Essig und saure Gärung. Essigsäure für technische Zwecke wird gegenwärtig hauptsächlich aus der Zersetzungsdestillation des Holzes oder synthetisch aus Azetylen gewonnen (S. 117, Kleingedrucktes). Für Speisezwecke wird aber Essig, 4—10 proz. n i c h t destillierte Essigsäure, welche noch Extrakt- und Geschmackstoffe („Blume") enthält, durch Gärung hergestellt, und zwar aus Bier, Wein oder 10 proz. Alkohol + Malzauszug. Das Bacterium aceti vermittelt die Oxydation des Alkohols zu Essigsäure durch Luftsauerstoff. Da seine Sporen überall in der Luft suspendiert sind, werden alle verdünnten alkoholischen Flüssigkeiten „von selbst" s a u e r. Man läßt das Essiggut durch hohe, gut gelüftete Fässer durchtropfen und stellt in den Fässern durch Buchenholzspäne, auf welchen der Pilz gut gedeiht, eine starke Vergrößerung der Oberfläche her (s. S. 40 und I, 121, Abb. 28!).

---

[1]) Vor dem Backen CO_2-Blasen.

Milchsäure, welche in größeren Mengen für die Färberei, Gerberei und Hefereinzucht benötigt wird, gewinnt man durch Vergärung von Malzauszug mit Hilfe des Milchsäurebazillus, welcher in Form von saurer Milch oder von Bakterienreinkulturen zugesetzt wird. Da ein relativ geringer Milchsäuregehalt antiseptisch wirkt, das Bakterienwachstum hemmt, neutralisiert man die entstehende Milchsäure durch Karbonate ($CaCO_3$, $ZnCO_3$) und gewinnt die Milchsäure durch Verdrängung mittels starker Säuren aus den Ca- und Zn-Salzen.

Auch **Buttersäure** wird unter Mithilfe des Buttersäurebazillus (aus dem reifenden Käse) gärungsgewerblich hergestellt und in der Parfümerie für Fruchtäther verwendet. Die beiden letzteren Gärungen sind für die Landwirtschaft insoferne von Bedeutung, als sie oft unerwünscht einsetzen und Futtermittel (Treber, Rübenschnitzel) durch Säuerung unbrauchbar machen. Vgl. auch S. 67!

Hygienische Bedeutung alkoholischer Getränke. Bier und Wein sind nicht nur Genußmittel, sondern infolge ihres E x t r a k t g e h a l t e s a u c h N ä h r s t o f f e, sogar in wertvoller Form. Auch wirkt m ä ß i g e r Biergenuß nicht schädlich. Man ist deshalb bestrebt, neue Biersorten herzustellen und einzuführen, die sehr w e n i g A l k o h o l enthalten, aber die günstige Bekömmlichkeit v e r g o r e n e r Getränke besitzen [1]).
Im Übermaß genossen, wirken Bier und Wein infolge ihres Alkoholgehaltes g i f t i g, namentlich für den **jugendlichen Organismus.** Im Trinkbranntwein, Arrak, Rum, Kognak und in den Likören tritt die r e i n e G i f t w i r k u n g k l a r z u t a g e. Diese „Spirituosen" enthalten 20—73 Vol.-% Alkohol. Sie werden durch Destillation gewonnen (Branntwein oder Weinbrand), enthalten keine Extraktstoffe mehr und besitzen deshalb k e i - n e n N ä h r w e r t. Den Likören werden zwar neben ätherischen Ölen und Pflanzenextrakten größere Mengen von Zucker und Glyzerin zugesetzt, aber durchaus nicht, um ihnen Nährwert zu verleihen, sondern um ihren Geschmack zu verbessern.
Ein Schluck Kognak wirkt bei schweren Erschöpfungszuständen belebend, da er die Herz- und Atmungstätigkeit anregt. Der dabei aufgenommene Alkohol wird im nährstoffarmen Körper rasch „verbrannt". Längere oder dauernde Anwesenheit größerer Alkoholmengen im Blute führt zu schweren Gefäßschädigungen (Herz, Arterien), Lähmung und Degeneration der Nerven, Stoffwechselstörungen (Fettablagerung, gichtischen Erkrankungen, Leber- und Nierenstörungen), beeinträchtigt also die körperliche und die geistige Leistungsfähigkeit aufs schwerste und setzt die Widerstandsfähigkeit gegen Krankheiten weitgehend herab.

21. Überblick über die menschliche Ernährung

Das Ziel der Ernährung ist, den stofflichen Bestand aller Körperzellen unter der Beanspruchung der durch das Leben von ihnen geforderten Leistungen zu erhalten, und ferner dem jugendlichen Organismus die für sein Wachstum benötigten Stoffe zu liefern. Die N a h r u n g s s t o f f e werden den N a h r u n g s m i t t e l n entnommen und nach dem verwickelten Vorgang der Verdauung als Kraft-

---

[1]) Nährbier und Heilbier sind entweder s c h w a c h v e r g o r e n e Würzen oder unvergorene Würzen mit eingepreßter Kohlensäure, gewissermaßen Malzauszugsprudel.

spender durch „Verbrennung" unmittelbar verwertet oder, zu körpereigenen Verbindungen neu aufgebaut, den Organen eingefügt.

Nahrungsmittel sind: Fleisch der Haus- und Nutztiere, Fisch, Eier, Milch, pflanzliche Fette, Mehl, Brot, Reis, Mais, Hülsenfrüchte, Gemüse, Pilze, Obst und Fruchtsäfte. Dazu kommen als wichtige Ergänzungsstoffe die Genußmittel (Gewürze), durch welche die Tätigkeit der Verdauungsdrüsen angeregt wird.

Übermaß ist nicht nur beim Trinken von Genußmitteln sondern auch beim täglichen Essen gesundheitsschädlich. Besondere Gefahren werden durch die amtliche Beaufsichtigung der Nahrungsmittelgewerbe ausgeschaltet (Trichinen, Bandwürmer, Tuberkulose [Perlsucht der Rinder], Milzbrand, Rotz, Paratyphus, Botulismus; unsachgemäße Zubereitung bzw. Konservierung; Fälschungen; Verschönerung durch Verwendung giftiger Farben).

Eiweiß ist als Zellprotoplasma der Träger des Lebens, insofern als es als leitendes Ferment für alle Stoffwechselvorgänge wirkt. Seine Mittelpunktsstellung in der Ernährung ist darin begründet, daß mindestens das alltäglich zugrunde gehende Zellmaterial ersetzt werden muß, und zwar außer dem Zelleiweiß noch das die Schwankungen des Stoffwechsels ausgleichende Vorratseiweiß. Für die Energielieferung wird Eiweiß ebenfalls herangezogen, jedoch nicht mit so günstiger Wirkung wie die Kohlehydrate und Fett. Weiterhin muß das Eiweiß Ausgangsmaterial für die Bildung von Antikörpern und Hormonen (S. 129) liefern. Zu diesen Zwecken wird das Nahrungseiweiß durch **proteolytische Enzyme** aufgespalten. Das P e p s i n des Magensafts spaltet in verd. salzsaurer Lsg.[1]) (0,4 bis 0,5 %-ig) zu Peptonen (Herabsetzung des M. G.), das T r y p s i n aus der Bauchspeicheldrüse spaltet letztgenannte weiter in Polypeptide und schließlich in Aminosäuren, was auch das E r e p s i n des Darmsaftes bewirkt. Die Labfermente des Magens und der Bauchspeicheldrüse greifen das Kasein an, Nukleasen spalten Nukleinsäuren, Arginase das Arginin. Die Bakterienflora des Magens und des Darmes wirkt auf alle Nährstoffe ein in der Richtung, daß teils durch den Körper verwertbare, teils auch unverwertbare Abbauprodukte entstehen, im Enddarm bei (milch-)saurer Reaktion.

Kohlehydrate: Amylasen spalten Stärke über Dextrine zu Maltose auf. 1. Speicheldiastase (Ptyalin); 2. Pankreasdiastase; 3. Amylasen des Darmsaftes. Die Maltasen des Speichels, Pankreas- und Darmsaftes spalten Maltose in Glukose, die Invertasen des Pankreas- und Darmsaftes invertieren Rohrzucker, die Galaktase des Darmsaftes spaltet Milchzucker (Laktose) in Glukose und Galaktose.

Fettspaltende Enzyme sind: 1. die Magenlipase (Steapsin); 2. die Pankreaslipase und 3. die Lipase des Darmsaftes, die beiden letzteren durch Gallensäuren aus der Leber in ihrer Wirkung gesteigert. Vgl. S. 63!

---

[1]) Ihre abtötende Wirkung gegen mit der Nahrung aufgenommene Bakterien ist besonders hervorzuheben.

In den Nahrungsmitteln selbst enthaltene Enzyme werden durch die gewöhnliche Zubereitung zerstört. Sie besitzen nur für die „Rohköstler" nicht sehr weit reichende Bedeutung.

Nur Aminosäuren, Monosen und die Verseifungsprodukte der Fette können durch die Darmwand diffundieren und in den C h y l u s übertreten, welcher über die Lymphgefäße den Venen und dem Blutkreislaufe bzw. der Gewebslymphe zugeführt wird.

In der Regel herrscht im menschlichen Körper **Eiweißgleichgewicht,** d. h. der zugeführte Stickstoff ist gleich dem ausgeschiedenen. Bei Herabsetzung des Eiweißvorrats im Körper wird der Umsatz kleiner, bei gesteigerter Eiweißzufuhr größer, wodurch das Gleichgewicht in entsprechender Weise verschoben wird. Die Zufuhr sollte stets so groß sein, daß der Eiweißvorrat des Körpers n i c h t angegriffen wird. Unterschreitung des Eiweißminimums wirkt sich in gereizter Stimmung, Herabsetzung der Leistungsfähigkeit und des Widerstands gegen Infektionskrankheiten aus. Das Eiweißminimum hängt von der Beinahrung, der individuellen Veranlagung und von Lebensgewohnheiten, z. B. von den zeitlichen Abständen der Nahrungszufuhr ab. Auch ist das Eiweiß der verschiedenen Nahrungsmittel hinsichtlich der Ausnützbarkeit durchaus nicht gleichwertig, bei Fleisch, Fisch, Reis z. B. hoch, bei Weizenmehl und Erbsen niedrig. Der tägliche Eiweißbedarf wird mit 100 g angegeben, verteilt auf alle verschiedenen Nahrungsmittel.

Die Fettspaltung liefert aus nicht diffundierenden Neutralfetten diffusionsfähige Fettsäuren und Seifen (unter Mithilfe der Galle), welche zum Wiederaufbau körpereigenen Fettes in den „**Fettdepots**" zur Erzeugung von Energie (1 g Fett liefert 9,3 kcal., I, S. 120) oder in der Leber zur Bildung von Zucker und schließlich Glykogen verwendet werden.

Die bei der Kohlehydratspaltung entstehenden Monosen werden, soweit sie nicht sofort zur Energieerzeugung gebraucht werden, in der Leber als **Glykogen** gestapelt, durch Polymerisation und Unlöslichkeit ihrer den Körper gefährdenden osmotischen Wirkung beraubt. Aus überschüssigem Kohlehydrat wird auch Fett gebildet, welches ebenfalls osmotisch unwirksam ist. Die Fettmast mit Kohlehydraten erfordert jedoch höhere Eiweißbeinahrung. Da der Vorrat an Glykogen in Muskeln und Leber gering ist, sodaß er kaum für einen Tag ausreicht, und da andererseits die Energieproduktion hauptsächlich über das Glykogen läuft, kann Nahrungseiweiß unmittelbar nach dem Durchtritt in Glykogen umgewandelt werden und zwar ist dies bei 11 „glukoplastischen" Aminosäuren der Fall, darunter Alanin, Arginin, Tyrosin.

Wasser wird hauptsächlich mit den Speisen aufgenommen, die selbst im zubereiteten Zustand 80 % H_2O enthalten. Täglicher Bedarf ca. 2 Liter. Zur Blutbildung, zum Aufbau des Knochengerüstes und der Organe sind **Mine-**

ralstoffe genau so unentbehrlich wie die organischen Bestandteile der Nahrungsmittel. Bei gemischter Kost wird der Mineralstoffbedarf aus den pflanzlichen und tierischen Nahrungsmitteln dann gedeckt, wenn die aus geschmacklichen Gründen aufgekommene Unsitte, mit dem Ankochwasser von Gemüsen die in Wasser l. Nährsalze und Vitamine wegzugießen, nicht weiter überhand nimmt. Einen gewissen, sogar notwendigen Ausgleich dafür bilden die zahlreich angebotenen Kalksalzpräparate. Vitamine s. S. 130!

Der Grundumsatz in Bezug auf Kalorien wird mit 2000 angegeben, und zwar beim ruhenden Erwachsenen, sich steigernd bis auf 5000 Cal. beim Schwerstarbeiter, im letzteren Fall bezogen aus etwa 140 g Eiweiß, 140 g Fett und 750 g Kohlehydraten.

Die Ausnützung wird durch den Abfall bei der Zubereitung (z. B. Fleisch 10—17 %, Kartoffeln 19—37 %) und durch die unverdaulichen Reste im Kot (z. B. bei Roggenbrot aus ganzem Korn und bei gelben Rüben nahezu 21 %) beeinträchtigt.

Von besonderer Bedeutung ist in den gegenwärtigen Notzeiten eine Einschränkung der Verluste auf dem Wege vom Erzeuger zum Verbraucher durch physikalische, c h e m i s c h e und b i o l o g i s c h e Maßnahmen, merkwürdigerweise in Ländern mit reichen Nahrungsmittelquellen viel besser entwickelt als im nahrungsarmen Deutschland. Man schätzt den Verlust durch Verderb auf 13,4 % = Nahrungsmittelausfall von 200 000 t. Um wenigstens einen Teil davon zu retten, müßten wir die Voreingenommenheit überwinden, daß „chemische" Zusätze die Lebensmittel entwerten oder ihren Genuß gesundheitsschädlich machen. — In USA hat man mit Antioxydantien (Brenzkatechinabkömmlingen und Gallensäureestern) beste Erfahrungen gemacht. Seit 10 Jahren sind dort aus Hafermehl hergestellte Präparate, „Avenex" und „Avenol", für diesen Zweck im Handel. Schutzstoffe gegen andere chemische Veränderungen „neutralizers", Dickungsmittel, Festigungsmittel, Mittel gegen biologische Veränderungen, z. B. Keimen der Lagerkartoffeln, Konservierungsmittel und konservierende Überzüge können viele ha-Erträge erhalten, die sonst auf den Abfallhaufen wandern. Voraussetzung dafür ist, daß das Schutzmittel Geschmack, Geruch und Farbe nicht verändert, in sehr kleinen %-Sätzen wirksam ist, beständig gegenüber den technischen Vorgängen bei der Lebensmittelherstellung und -lagerung, u n g i f t i g auch bei dauerndem Genuß und daß es den Preis des Lebensmittels nicht wesentlich verteuert. Wie die amerikanischen Erfolge zeigen, ist dies durchaus möglich, aber es sind dazu genaue Forschungen auf breitester Grundlage erforderlich. In diesem Zusammenhang gehört auch der „Nährgeldwert". 1932 mußten für 1000 Cal. bezahlt werden: in Form von Schweinefleisch RM 1,—, von Hering RM 0,58, von Magermilch RM 0,45, Butter RM 0,50, von Margarine RM 0,15, von Kartoffeln RM 0,10, von Äpfeln RM 0,48, von Spinat RM 2,65 und von Spargel RM 23,90. Letztgenannter ist also ein Luxusgemüse, während bei Spinat der hohe Nährgeldwert, richtige Zubereitung vorausgesetzt, durch den hohen Vitamin- und Eiweißwert mehr als ausgeglichen wird.

Die Bildung von Zucker aus **Aminosäuren** hat die Entfernung der NH_2-Gruppe als NH_3, welches zu Harnstoff entgiftet wird, zur Voraussetzung, **Desaminierung,** wahrscheinlich mit folgendem Ablauf: $RCH(NH_2)CO_2H$ minus $2 H \rightarrow RC(=NH)CO_2H$ (α-Iminosäure) plus $H_2O \rightarrow RCOCO_2H$ (α-Ketokarbonsäure)$+NH_3$. Durch Tierversuche (Fütterung mit α-Ketokarbonsäuren) ist bewiesen, daß der Organismus auch die entgegengesetzte Reaktion der **hydrierenden Aminierung** ausführt. Aber auch außerhalb des Tierkörpers ist dieser Ablauf durchführbar, z. B. beim Schütteln von Ketokarbonsäuren in ammoniakalischer Lsg.

mit Palladium. — Auf die Desaminierung folgt die **Dekarboxylierung,** welche einen um ein C-Atom ärmeren Aldehyd ergibt: $RCOCO_2H$ minus $CO_2 \rightarrow RCHO$. Durch Dehydrierung des Aldehydhydrats entsteht schließlich Fettsäure: $RCH(OH)_2$ minus $2\,H \rightarrow RCO_2H$. Bei der Bildung von Glukose unterbleibt die Dekarboxylierung: Alanin $CH_3CH(NH_2)CO_2H \rightarrow$ Brenztraubensäure $CH_3COCO_2H \rightarrow$ Milchsäure $CH_3CH(OH)CO_2H \rightleftarrows$ Glukose.

Durch den vor kurzem gestorbenen Physiologen K n o o p wurde bewiesen, daß die **Fettsäuren** durch β-Oxydation abgebaut werden: $RCH_2CH_2CO_2H$ minus $2\,H \rightarrow RCH = CHCO_2H$ plus $H_2O \rightarrow RCH(OH)$-CH_2CO_2H minus $2\,H \rightarrow RCOCH_2CO_2H \rightarrow RCO_2H + CH_3CO_2H$ unter Verkürzung der Kette um 2 C-Atome; die abgespaltene Essigsäure wird sofort sekundär verändert.

Da die körpereigenen Fette nur geradzahlige Fettsäuren enthalten (C_{16}, C_{18}) nimmt man an, daß auch der Fettaufbau aus zweigliedrigen Teilstücken sich vollzieht. Azetaldehyd und auch Essigsäure liefern tatsächlich bei der Leberdurchblutung β-(OH)-Buttersäure und β-Ketobuttersäure (Azetessigsäure).

Man unterscheidet bei der **Glukose** aeroben und anaeroben Ablauf: Oxydation (Atmung) und „Glykolyse" (**Gärung**). Die in den Muskelzellen stattfindende Glykolyse stimmt weitgehend mit der alkoholischen Gärung überein und führt in beiden Fällen zu dem sehr reaktionsfähigen **Methylglyoxal** mit 3 C-Atomen statt 6: CH_3COCHO. In der Muskelzelle entsteht daraus die beständige Milchsäure. Bei der alkoholischen Gärung reagiert jedoch eine Molekel Glyoxal mit einer Molekel Glyzerinaldehyd, welcher als Vorstufe des Glyoxals durch Halbierung der Glukosemolekel entsteht und sich in der Zusammensetzung von ihm um eine Molekel H_2O unterscheidet, nach dem bei Benzaldehyd angegebenen Schema (S. 78), und zwar im Lebewesen durch Vermittlung eines gleichzeitig reduzierenden und oxydierenden Enzymes: **Oxydoreduktase.** $CH_2OH \cdot CHOH \cdot CHO + CH_3COCHO \rightarrow CH_2OH \cdot CHOH$-$CH_2OH + CH_3COCO_2H$. Die Brenztraubensäure wird dekarboxyliert: CH_3COCO_2H minus $CO_2 \rightarrow CH_3CHO$. Fängt man den Azetaldehyd als Bisulfitverbindung ab, so entsteht bei der alkoholischen Gärung Glyzerin als Hauptprodukt. Bei der normalen Gärung wird in vergleichsweise langsamem Ablauf der Glyzerinbildung nur etwa 3 % gebildet, weil der entstehende, freie Azetaldehyd mit Glyoxal durch Oxydoreduktase s c h n e l l e r in Äthylalkohol übergeht: $CH_3CHO + CH_3CO$-$CHO \rightarrow CH_3CH_2OH + CH_3COCO_2H$. Letztgenannte bildet in rascher Folge erneut durch CO_2-Abspaltung CH_3CHO.

Die Errungenschaften der Kernchemie (II, 155) werden in Bezug auf die physiologischen Erkenntnisse durch „Markierung" einzelner Gruppen mit künstlich radioaktiven Elementen oder mit Deuterium umwälzend wirken.

Mit Hilfe von $_8O^{18}$ wurde z. B. bewiesen, daß bei der Bildung des Essigesters die Hydroxylgruppe der Essigsäure (!) mit dem Wasserstoff aus der Hydroxylgruppe des Äthylalkohols zu Wasser zusammentritt. Schema des Zwischenstoffwechsels (Handwörterbuch der Naturwissenschaften, 2. Aufl., 1934):

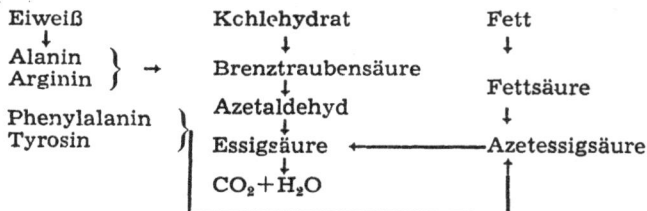

Eiweiß → Kchlehydrat → Fett
Alanin, Arginin } → Brenztraubensäure → Fettsäure
Phenylalanin, Tyrosin } Azetaldehyd → Essigsäure ← Azetessigsäure → $CO_2 + H_2O$

22. Gerberei

Nicht nur Knochen und Knorpel enthalten Kollagen (s. S. 98!), sondern auch die tierische Haut, namentlich ihre mittlere Schicht, die sog. „Lederhaut". Die nassen Häute faulen rasch oder sie werden beim Trocknen steif und hornartig. Mit Wasser gekocht, verwandeln sie sich in löslichen Leim. Das Leder, die gegerbte Haut, widersteht der Fäulnis, bleibt schmiegsam und geht beim Kochen mit Wasser nur äußerst langsam in Leim über. Die Lederbereitung ist also eine Konservierung, bei welcher sich wertvolle neue Eigenschaften einstellen, ein seit uralten Zeiten ausgeübtes chemisches Gewerbe.

Die vorbereitenden Maßnahmen (Kalken, Behandlung mit Sulfiden (CaS, As_2S_3), schwacher Fäulnisprozeß, „Schwitzen") bezwecken die Beseitigung der Haare, der verhornten Epidermis und des Unterhautfettgewebes. Die dazu verwendeten Chemikalien werden wieder entfernt und die übrig gebliebene Lederhaut wird für die Aufnahme der Gerbungsstoffe aufgelockert (Schwellen). Das aufgequollene Kollagen wird durch Gerbsäure zum Schrumpfen gebracht, wobei die chemisch widerstandsfähige Gerbstoff-Eiweiß-Verbindung entsteht, welche die hohe Zerreißfestigkeit der ursprünglichen Haut in hohem Maße besitzt, namentlich, wenn das Leder durch Zurichten, Hämmern und Walzen gedichtet wird.

Die zur Gerbung verwendeten vegetabilischen „Gerbstoffe" haben schon in der Pflanze eine ähnliche Aufgabe, nämlich die Konservierung des abgestorbenen Holzgewebes, das, nach seinem Tode mit Gerbstoff imprägniert, der Pflanze als wichtigste Stützsubstanz der Stämme erhalten bleibt.

Für die Lederfabrikation finden praktische Verwendung der Eichen-, Birken-, Weiden-, Kaffee-, Tee-, Quebracho- und Sumach-Gerbstoff. Die alte Rot-, Loh- oder Grubengerberei ist ein sehr langsam verlaufender Prozeß ($1^1/_2$—2 Jahre), welcher aber das beste Leder liefert.

Auf die Zusammensetzung der Gerbstoffe kann nicht eingegangen werden. Sie besitzen sauren Charakter, weshalb sie auch Gerbsäuren genannt werden. Das Tannin oder die Galläpfelgerbsäure, auch einfach als „Gerbsäure" bezeichnet, hängt chemisch durch eine Art Anhydrisierung mit der Gallussäure zusammen, welche durch grobes Erhitzen unter Abspaltung

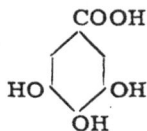

von CO_2 P y r o gallol liefert. Die phenolischen Hydroxyle werden durch grünschwarze Eisenchloridreaktionen angezeigt.

Versetzt man Tee mit Milch, so verschwindet der bittere Geschmack des Tees vollständig, man erhält ein sehr mild schmeckendes Getränk. Die Teegerbsäure hat mit dem Milcheiweiß eine unlösliche und deshalb geschmacklose Gerbstoffeiweißverbindung gebildet.

Nicht nur mit G e r b s ä u r e n , sondern auch mit B a s e n , z. B. $Al(OH)_3$ geht die Lederhaut Verbindungen ein, namentlich in Gegenwart von Kochsalzlösung. W e i ß g a r e s Leder ist aber wenig beständig. Dagegen liefert die andere Art der Mineralgerberei, die C h r o m - g e r b e r e i , durch Einwirkung von Chromverbindungen ein sehr widerstandsfähiges Leder und zwar viel schneller als die Lohgerbung.

Die Sämischgerberei liefert sehr weiches, geschmeidiges „Waschleder". Man läßt dabei fette Öle, gewöhnlich Trane auf Wildhäute (Gemse, Hirsch, Reh) einwirken; die durch Luftoxydation entstehenden OH-Fettsäuren werden sehr fest gebunden (beständig gegen Sodalösung und heißes Wasser).

Kunstleder wird aus Lederabfällen, Baumwollgewebe und losen Fasern durch Behandlung mit Zelluloidlösung und Rizinusöl und in anderer Weise hergestellt und gepreßt, hat also mit Leder fast nur den Namen gemeinsam, Ledersurrogat.

23. Färberei

Seide und Wolle, tierische Fasern, sind verwickelt gebaute, N-haltige Verbindungen mit basischem und zugleich saurem Charakter (s. S. 99!) und besitzen deshalb die Fähigkeit, mit sauren und mit basischen Farbstoffen Verbindungen einzugehen, sie lassen sich anfärben (vgl. S. 95!).

Die Baumwolle besitzt als Kohlehydrat (Zellulose, S. 106) weder basische noch saure Eigenschaften. II, 138 wurde erwähnt, daß man Baumwollstoffe durch Behandeln mit Aluminiumazetat wasserdicht bzw. schwer benetzbar machen kann. Man kann daraus schließen, daß der Zellulosefaden sich nicht ganz indifferent gegen andere Stoffe verhält, sondern mit Aluminiumhydroxyd sich durch Nebenvalenzen mehr oder weniger fest verbindet. Damit wird die verallgemeinerte Feststellung verständlich, daß man durch Behandlung mit geeigneten Stoffen (**Beizen**) der Baumwollfaser basische (durch Metallhydroxyde) und saure Eigenschaften (durch Gerbsäure) erteilen kann.

Als Vorbild für die c h e m i s c h e F ä r b u n g möge die anorganische Salzbildung dienen:

Base + Säure → Wasser + Salz.

Base + Farbstoffsäure → Wasser + Farbstoffsalz (Farblack).

Basischer Teil des Wollemoleküls + Pikrinsäure → Wasser + pikrinsaure Wolle.

Farbbase (Fuchsin) + saurer Teil des Wollemoleküls → Wasser + wollsaures Fuchsin.

(Baumwolle + Gerbsäure) + Farbbase (Fuchsin) → Wasser + gerbsaures Fuchsin in Baumwolle.

Die Färbung hängt demnach sowohl vom Anion als auch vom Kation ab. Verschiedene Beizen, die Kationen $Al^3 \oplus$ und $Fe^3 \oplus$ liefern mit d e m s e l - b e n   s a u r e n   F a r b s t o f f, z. B. Alizarin, verschiedene Farben: rot und braun.

Man unterscheidet substantive und adjektive Farbstoffe. Sehr viele Farbstoffe sind für Wolle und Naturseide **direkt färbend = substantiv** und für Baumwolle nur **indirekt, mit Hilfe von Beizen färbend = adjektiv.**

Da Baumwolle die wichtigste Textilfaser ist, haben substantive Baumwollfarbstoffe eine besondere Bedeutung, wie die vom **Benzidin**
$H_2N \langle\!\!\!\diagup \overline{}\!\!\!\diagdown\rangle\!-\!\langle\!\!\!\diagup \overline{}\!\!\!\diagdown\rangle\ NH_2$ sich ableitenden Azofarbstoffe, in welchen die Azogruppe mindestens 2 mal am Diphenylrest vorkommt, z. B. das **Kongorot.** Oder auch die **Schwefelfarbstoffe,** erhalten durch Einwirkung von elementarem Schwefel auf geeignete aromatische Verbindungen.

Mit Hilfe dieser Baumwoll- und Papierfarben wird gewissermaßen eine feste Lösung des Farbstoffes in der Faser erzeugt. Die Faser wirkt hier ähnlich wie der Äther beim Ausschütteln von ätherlöslichen Stoffen. Die Baumwolle entzieht dem Farbbade je nach dem Teilungsverhältnis den Farbstoff. Da diese „Löslichkeit" von der chemischen Konstitution der Farbstoffe abhängig ist, bildet sie einen Übergang von der c h e m i s c h e n zur **physikalischen Färbung,** bei welcher der Farbstoff durch gröbere Mittel als durch die bei der chemischen Färbung in die Faser dringenden Beizen auf der zu färbenden Faser durch Stärkekleister, Gummi, Dextrine, Albumine „festgeleimt" wird, z. B. der **Zeugdruck.**

Zwischen chemischer und physikalischer Färbung stehen auch die sog. **Entwicklungsfarben,** bei welchen man je nach dem Verfahren verschiedene Gruppen unterscheidet.

1. Kuppeln, d. h. Erzeugung von Azofarbstoffen in der Faser (s. S. 93!).
2. Salzbildung auf der Faser; z. B. Berliner Blau:

Man befeuchtet mit Eisenchloridlösung und färbt mit einer Lösung von gelbem Blutlaugensalz. Hieher gehören auch die Beizenfärbungen auf Baumwolle.

3. Oxydation auf der Faser. Beispiele: Anilinschwarz (s. S. 90!), Indigo (s. S. 95!), Indanthrenfarbstoffe.

Wenn Farbstoffe der 3. Gruppe vor der Färbung d u r c h   R e d u k t i o n wasserlöslich gemacht werden, bei Indigo z. B. unter Entfärbung, und dann d u r c h   a l l m ä h l i c h e   O x y d a t i o n   i n   d e r   F a s e r unlöslich im beabsichtigten Farbton sich abscheiden, bezeichnet man sie als **Küpenfarbstoffe.**

Beim Färben will man nicht nur eine bestimmte Farbe erzeugen, die Farben müssen auch haltbar sein und den beim Gebrauch an sie herantretenden physikalischen und chemischen Einflüssen Widerstand leisten, sie müssen „echt" sein. Möbelstoffe müssen Sonnenbestrahlung aushalten (lichtecht), brauchen in der Regel nicht waschecht zu sein. Vorhangstoffe sollen waschecht und lichtecht sein, Tischwäsche waschecht und säureecht usw.

Es ist zu viel verlangt, in einem Farbstoff alle Echtheitseigenschaften vereinigt zu besitzen. Solche Universalfarbstoffe wären sicher für billige Gewebe zu teuer. Es wäre auch unpraktisch, wenn die Farbe länger hielte, als das Gewebe. Für wenig haltbare Gewebe ist deshalb die Verwendung minderwertiger, weniger echter und daher auch billiger Farbstoffe berechtigt. Es ist keineswegs so, daß die natürlichen, aus dem Pflanzen- und Tierreich stammenden Farbstoffe echt und die künstlichen Farbstoffe schlecht sind. Sowohl bei den künstlichen als auch bei den natürlichen Farbstoffen gibt es echte und schlechte.

Der Kunst der Chemiker ist es gelungen, der Natur fast alle Farbstoffgeheimnisse zu entreißen. Natürliche Farbstoffe (z. B. Indigo) auf synthetischem Wege vollkommen rein dargestellt, sind dem Naturprodukt weit überlegen, da in letzterem auch nichtfärbende, ja sogar die Färbung störende Verunreinigungen mit in Kauf genommen werden müssen.

Besonders säure- und basen u n e c h t e Farbstoffe sind die **Indikatoren** Methylorange, Lackmus, Kongorot usw.

Für Färbereiversuche ist es empfehlenswert bei erhöhter Temperatur 40—50⁰ zu färben und zu beizen und die Gewebe vorher in lauwarmer Seifenlösung zu waschen. Als Farbstoffe eignen sich: Pikrinsäure; Fuchsin, Malachitgrün, Kristallviolett, Bismarckbraun als basische Farbstoffe; ferner Kongorot, Anilinschwarz, Alizarin und Indigo.

Tinte. Eine besondere Anwendung der Färberei ist die Färbung des Papiers beim Schreiben mit Tinte. a) Schreiben mit einer k o l l o i - d a l e n Aufschlämmung von Ruß (Tusche der Chinesen) mit Fischleim als Bindemittel.

b) Schreiben mit fertigen, echten Farbstofflösungen. Die Tinte wird durch die Feder schwach in das Papier eingeritzt und dort durch Klebstoff befestigt. Die Schrift ist zum größten Teile durch Wasser auswaschbar.

c) Schreiben mit Entwicklungsfarben (vgl. S. 126!). Ferrosulfat gibt mit Gallussäure und Gerbstoffextrakt eine in dünnen Schichten nahezu farblose Lösung. Auch hier wird Gummilösung zugesetzt, aber hauptsächlich zur besseren Benetzung von Feder und Papier. Freie Salzsäure hemmt die Oxydation zu Ferrisalz, etwas Phenol die Ansiedlung von Schimmelpilzen. Auf dem Papier aufgetragen tritt Veränderung ein. Die Säure wird durch das zum „Leimen" des Papiers verwendete Aluminiumhydroxyd gebunden. Der Luftsauerstoff bildet nunmehr schwarze Ferribindungen i n d e r F a s e r des Papiers, die nur durch Ausschaben (Radieren) entfernt werden können, mit Wasser nicht mehr auswaschbar sind. Damit man beim Schreiben die Schriftzüge sieht, färbt man diese (Urkunden-)Tinte schwach blau.

d) Schreiben mit Geheimtinten. Die mit farbschwachen Chemikalien unsichtbar aufgetragene Schrift wird erst vom Empfänger „entwickelt", z. B. bei Kobaltchlorür durch Erwärmen oder bei anderen Stoffen durch Behandlung mit Reagenzien, die mit der Geheimtinte lebhafte Farbreaktionen liefern.

24. Alkaloïde, Hormone, Vitamine

Das Bestreben, Störungen des normalen Ablaufes der Lebensvorgänge (Krankheit) nicht nur durch Bettruhe, sondern durch Zufuhr von Chemikalien zu bekämpfen, ist uralt. Die auch bei den primitivsten Völkern angewandten „Medizinen" sind verwickelte S t o f f g e m e n g e , Auszüge und Abkochungen in erster Linie von Pflanzen (Drogen), die äußerlich (Umschläge) oder innerlich (durch Einnehmen) angewandt werden.

Sehr bald hat man erkannt, daß Gifte, also Stoffe, die den normalen Ablauf der Lebensvorgänge in besonders eindrucksvoller Weise verändern und unter Umständen zum Tode führen, auch heilend wirken können (II, 19). In sehr geringen Mengen, welche für den gesunden Organismus ohne Wirkung sind, vermögen sie beim Kranken die Krankheitserscheinungen günstig zu beeinflussen. Z. B. lindert eine morphiumenthaltende Medizin den Hustenreiz schon in einer Verdünnung, bei welcher der gesunde Mensch keine besonderen Giftwirkungen verspürt. Der chemischen Forschung ist es in vielen Fällen gelungen, aus dem empirischen Stoffgemenge die wirksame Substanz zu isolieren und durch Abänderung der Molekel unerwünschte Nebenwirkungen zu mildern oder sogar auszuschalten. Für Herabsetzung der stofflichen Angriffsneigung werden besonders die Veresterung, Azetylierung oder Verätherung benützt.

Die Wirkung der Weidenblätter, die Körperwärme herabzusetzen, beruht auf ihrem Gehalt an Salizin (S. 112) und in diesem wieder auf dem Salizylrest. An Stelle der glykosidischen Abschirmung des Phenolhydroxyls wird in der Technik synthetische Salizylsäure azetyliert. Man hat so in der Azetylsalizylsäure $HO_2C(1)C_6H_4(2)OCOCH_3$, **Aspirin,** ein Heilmittel geschaffen, das weit weniger giftig ist und doch die temperaturherabsetzende (schweißtreibende) Wirkung besitzt.

Besonders gut bekannt ist die Fieberbekämpfung durch **Chinin** (aus der Rinde des Fieberrindenbaums), welches deshalb seit Jahrhunderten als „Spezifikum" gegen die Malariainfektion verwendet wird.

Die **Alkaloide,** zu welchen Morphium und Chinin gehören, sind eine Gruppe sehr verwickelt gebauter Pflanzenbasen. Sie liefern mit HCl, H_2SO_4 usw. leicht wasserlösliche Salze, schmecken meistens sehr b i t t e r , sind heftige Gifte, werden aber in sehr geringen Dosen als wirksame Heilmittel, auch als Genußmittel benützt. Auf ihren Bau, der bei den meisten erforscht ist, kann nicht eingegangen werden.

Nikotin, als Genußgift bekannt, ist in den Tabakblättern enthalten. Es wirkt nervenbelebend. Bei übermäßigem Rauchen treten schwere **Nerven- und Blutdruckstörungen** ein, namentlich **bei Jugendlichen.**

K o k a i n , aus den Blättern des Kokastrauches, ruft vorübergehende Empfindungslosigkeit auch in begrenzten Teilen des Körpers hervor (Lokalanästhesie, Zahn- und Nasenoperationen), wird auch als Rauschgift verwendet, ebenso wie seit langem in China das O p i u m , ein Gemisch verschiedener Alkaloide, darunter Morphium, mit anderen Pflanzenstoffen; gewonnen wird letzteres als eingetrockneter Milchsaft unreifer Mohnkapseln; Beruhigungsmittel. S t r y c h n i n , das Alkaloid der Brechnüsse, ist neben dem südamerikanischen Pfeilgift Curare eines der heftigsten Gifte. A t r o -

p i n , das sehr giftige Alkaloid der Tollkirsche, wird in der Augenheilkunde verwendet.

Die unterschiedliche Wirkung derartiger Gifte wird dadurch hervorgerufen, daß sie sich an besonderen Stellen des Körpers anhäufen und dort wirksam werden, z. B. suchen die „Narkotika" Morphium, Äther, Alkohol, Chloroform, Harnstoffabkömmlinge das Nervengewebe auf. Besonders empfindlich sind die Sinnesnerven. Methanolgenuß führt zur Erblindung. Gewöhnliche Alkoholvergiftung äußert sich in Augenflimmern, Ohrensausen und Gleichgewichtsstörungen.

Für Insekten ist p, p'-Dichlorphenylsulfon Cl(4)$C_6H_4SO_2C_6H_4$Cl(4') ein hochwirksames Fraßgift, während p-Dichlorbenzol (seit langem käuflich als „Globol") und auch sein o-Isomeres nebenher als Atemgifte für Insekten Kleider und ausgestopfte Tiere gegen Mottenraupenfraß schützen. Von dem Schweizer Nobelpreisträger für 1948 M ü l l e r wurde die SO_2-Gruppe durch die Gruppe $= CHCCl_3$ ersetzt und damit ein für Insekten tödliches, für den Menschen in den zur Anwendung kommenden Mengen ungiftiges Mittel geschaffenen Dichlor-diphenyl-trichlormethylmethan (DDT). Die Kombination mit dem eingeschobenen, nervenlipoidlöslichen Inhalationsnarkotikum hat bei kurzem Kontakt (eine [!] Minute) Verlust der Saugfähigkeit und nach einigen Stunden den Tod der Insekten zur Folge. Fliegen, Mücken, Wanzen, Flöhe, Zecken und Läuse sind nicht bloß „Ungeziefer", sondern auch oft gefährliche Zwischenwirte von pathogenen Erregern. Die weltweite Bedeutung ist dadurch begründet, daß bei schweren Tropenkrankheiten durch sichere Abtötung der Z w i s c h e n w i r t e weitestgehend verhindert werden, wie sich während des Pazifik-Krieges erwiesen hat. Auch für die Bekämpfung der Pflanzen-, Vorrats- und Materialschädlinge unter den Insekten eröffnen sich durch diese Forschungsrichtung neue Möglichkeiten (Gesarol; Hexachlorzyklohexan $C_6H_6Cl_6$).

Die spezifische Wirkung von Chemikalien auf die Gewebe läßt es selbstverständlich erscheinen, daß der Körper selbst bestimmte organische Verbindungen zur Regulierung der Lebensvorgänge benützt, welche sich mit den Nerven in die Überwachung des richtigen Zusammenspiels teilen. In erhöhtem Maße ist das bei Lebewesen der Fall, welche keine Nerven besitzen. Erst in den letzten Jahren sind Wirkstoffe der Pflanzen, z. B. Áuxin, β-Indolylessigsäure [1]) (Wuchsstoffe), p-Aminobenzoesäure, isoliert worden. Besonders wichtig sind die **Hormone** als im menschlichen Körper tätige und von ihm hergestellte **Wirkstoffe**. Neben den Drüsen mit Ausführungsgang, welche ihre Absonderung (Sekret) nach außen abgeben (Talg-, Schweiß-, Speicheldrüsen, Nieren), gibt es auch solche, die ihre Absonderungen in das Blut ergießen (innere Sekretion). Der chemische Reiz wirkt entweder direkt auf die Gewebe oder auf dem Umweg über das für Reizaufnahme und -abgabe spezialisierte Nervengewebe.

1. Das Schilddrüsen-Hormon (Thyroxin) wirkt auf Stoffwechsel, Wachstum und Gehirntätigkeit ein.

2. Das Adrenalin, dessen synthetische Herstellung seit etwa 50 Jahren bekannt ist, wird von der Nebenniere abgesondert: Es bewirkt die Zusammenziehung der Gefäße und wird deshalb als blutstillendes Mittel ver-

---

[1]) An Stelle der OH-Gruppe in der Indoxylformel (S. 95) steht die Gruppe — CH_2CO_2H; vgl. auch die Tryptophanformel (S. 134), welches ebenfalls ein Indolylabkömmling ist.

wendet. Durch Einwirkung auf die Leber wird Glykogen rasch in Glukose aufgespalten und an die Blutbahn abgegeben. Sein chemischer Name ist *l*-Methylamin-äthanol-brenzkatechin: (1, 2) $(OH)_2C_6H_3$ (4) $CHOHCH_2NHCH_3$.

3. Das Insulin wird von der Bauchspeicheldrüse abgesondert bzw. von einem Teile derselben, welcher die „Inseln" enthält. Es reguliert den Zuckergehalt des Blutes durch Beschleunigung der Glykogenbildung und ist somit im Zuckerstoffwechsel ein Gegenspieler des Adrenalins.

4. Der Hirnanhang (Hypophyse), die Thymusdrüse (Bries) und andere drüsige Organe sondern ebenfalls Hormone ab. In neuester Zeit ist ein Hormon festgestellt worden, das die Herztätigkeit beeinflußt. Im weiteren Sinne sind auch sehr einfache Stoffe, z. B. das CO_2, Wirkstoffe; seine Anhäufung im Blut bewirkt eine Beschleunigung der Atemtätigkeit (vgl. II, 8!).

Zu den Hormonen stehen die **Vitamine** in nahen Beziehungen. Die Bezeichnung bedeutet: Zum Leben (vita) nötige Abkömmlinge des Ammoniaks (amine). Für das 1897 als erstes entdeckte Vitamin B ist der Stickstoffgehalt zutreffend. Die Vitamine A, C und D sind jedoch N-freie, verwickelt gebaute, organische Verbindungen und werden, wie ersichtlich, mit großen lateinischen Buchstaben bezeichnet.

Die Vitamine werden meistens nicht vom Körper selbst aufgebaut, sondern müssen, mindestens als Vorstufen (Provitamine), unserem Körper dauernd von außen mit der Nahrung zugeführt werden. Während die Nährstoffe rasch als Energiespender (I, 120) oxydativ umgesetzt oder in Körperzellen eingebaut werden, „wirken" die Vitamine längere Zeit als B i o k a t a l y s a t o r e n zur Steuerung der Lebensvorgänge. Schließlich werden sie jedoch „abgenützt"; denn sonst würden die Vitaminmangelkrankheiten nicht auftreten. Die Vitamine beeinflussen tiefgehend die Entwicklung, das Wachstum, den Stoffwechsel und besonders den Zustand und die Leistungen der Körperdrüsen, welche die anderen Steuerstoffe, die H o r m o n e hervorbringen. Deshalb werden sie an den „Mangelkrankheiten" erkannt: Beriberi („B"), Skorbut („C") und Rachitis („D").

Die Gewinnung und Reindarstellung war sehr schwierig, weil sie in Verdünnungen von 1 zu 1 Million bis 1 zu 1 Milliarde vorkommen und wirksam sind. Ihre Isolierung ermöglicht die genaue Erforschung der ursächlichen Zusammenhänge und auch eine genaue Dosierung bei Mangelkrankheiten, sowie eine vorbeugende Einverleibung von Vitaminen gegen zu befürchtende Mangelkrankheiten.

Der Entdecker des 1. Vitamins, ein holländischer Kolonialarzt, stellte zunächst den Zusammenhang der Beriberi-Erkrankung mit der Verwendung von poliertem Reis als ausschließliche Ernährung fest und glaubte, in dem von dem Silberhäutchen (der Schale) durch die „Verschönerung" befreiten Reiskorn sei eine giftige, Beriberi erzeugende Substanz enthalten, die durch ein Gegengift in den Schalen (Reiskleie) ausgeschaltet wird. Daß es nicht ein vorhandenes Gift, sondern der Mangel an einem lebensnotwendigen Stoff ist, wurde durch einen in Neuguinea tätigen Arzt festgestellt und schließlich wurden 1912 aus Reis- und Weizenkleie zuerst winzige Mengen eines reinen, kristallisierten Vitamins hergestellt. Etwa gleichzeitig wurde auch Skorbut als Mangelkrankheit erkannt.

	A	B₁	B₂	C	D	E		A	B₁	B₂	C	D	E
Lebertran	+				+	+	Gurke		+				+
Sahne (Sommer)	+	+		+			Kartoffel	+	+		+		
Rinderfett	+						Salat	+	+				+
Sojabohnenöl, Hammel-, Schweinefett	+					+	Grüne Bohnen, Erbsen, Sauerampfer	+	+		+		+
Erdnuß-, Lein-, Rapsöl	+						Sellerie, Radieschen		+		+		+
Milch (Sommer)	+	+		+	+	+	Hagebutten, Gladiolenpreßsaft				+		
Milch (Winter)	+	+					Erdnuß	+	+	+	+		+
Butter (Sommer)	+				+	+	Luzerne, Klee	+	+		+		+
Käse	+	+					Timothee	+	+		+		
Niere, Leber, Lunge	+	+	+	+		+	Flachssaat, Sojabohnen	+	+				
Fleisch	+	+	+	+			Linsenkörner	+	+		+		
Fisch (mager)	+	+			+		Weizenkorn	+	+	+			
Karotten, Zitronen, Apfelsinen	+	+		+			Bohnen-, Erbsen-, Maiskörner	+	+	+			
Eidotter	+	+	+		+	+	Gerste, Roggen	+	+				+
Rhabarber, Apfel		+		+			Gekeimte Samen	+	+		+		

Durch die Reindarstellung hat man entdeckt, daß einzelne Vitamine nicht aus einem homogenen Stoff bestehen, sondern eine Gruppe bilden (B₁, B₂ ... B₁₂) und daß noch einzelne „Faktoren" dazukommen. Ferner kann man an den reinen Vitaminen und ihren Feinbauformeln die Beständigkeit gegen Erhitzen, Wasser- und Fettlöslichkeit überprüfen und so die Fehler in unserer Ernährung (durch anhaltendes Kochen, Weggießen von Zubereitungswasser in der Küche) feststellen und somit durch eine Neugestaltung des Vorgehens in der Küche Vitaminzerstörungen weitgehend vermeiden.

Frisches Obst, frisches rohes Fleisch, frisches Gemüse und Salate enthalten das antiskorbutische **Vitamin C,** welches gegen Erhitzen und Belichtung unbeständig ist. Es besitzt eine sehr vielseitige Wirkung. Alle Zellen unseres Körpers, besonders bei gesteigerten Leistungen, haben das Vitamin C nötig. Die Leistungssteigerung durch Askorbinsäure (chemischer Name für das Vitamin) äußert sich auch in verminderter Anfälligkeit gegen ansteckende Krankheiten, so daß seine Wirkung auf das Wohlbefinden des Menschen nicht hoch genug eingeschätzt

$$HO-C-C=O \qquad H_3C \diagdown \diagup CH_3$$

(Formel I - Ascorbinsäure-Struktur links, Vitamin A-Struktur II rechts)

I. (Formel)   II. (Formel)

werden kann, auch wenn es noch lange nicht zur ausgesprochenen C-Avitaminose, zum Skorbut, kommt (Formel I).

Im Gegensatz dazu verträgt **Vitamin A** ziemlich gut längeres Erhitzen. Dieses das Wachstum fördernde Vitamin ist in der Kalbsleber, im Eigelb und im Lebertran enthalten. Es wird aus pflanzlicher Kost im Tierkörper gebildet, und zwar aus seinem Provitamin, dem Karotin durch Halbierung seiner Molekel unter Anlagerung von Wasser. Sein Vorkommen in Lebeölen zeigt, daß es in Fett löslich, in Wasser unlöslich ist. Deshalb bleibt auch das Provitamin bei der Zubereitung des Gemüses erhalten. Die zugehörige Avitaminose äußert sich besonders in Schädigungen des Sehorgans und Zentralnervensystems. In reinem Zustand kommt es als „Vogan" in den Handel (Formel II).

Von der **Vitamingruppe B** sind für den Menschen B_1, B_2 und B_6 von Wichtigkeit. Außer Gemüsen, Fleisch, Kartoffeln, sowie Reis- und Weizenkleie ist besonders die Hefe als Vitamin-B-Spender zu nennen.

B_1 Aneurin

(Strukturformel)

B_1 ist wasserlöslich und unter Umständen gegen Hitze empfindlich. Es enthält außer N auch noch S im Molekül und wird „Aneurin" genannt, weil es die bei der Beriberikrankheit vorliegende Nervenentzündng (Neuritis) beseitigt. B_2, auch „Lactoflavin" genannt, beseitigt hauptsächlich Wachstumshemmungen und ist eine S-freie, aber N-haltige Substanz. B_6, auch „Adermin" genannt, beseitigt krankhafte Zustände der Haut und gewisse Formen der Blutarmut.

B_2 Laktoflavin

$$CH_2-CH(OH)-CH(OH)-CH(OH) \cdot CH_2OH$$

(Strukturformel)

Vitamin B_2 Komplex

1. Rattenwachstumsfaktor B_2
2. Rattenwachstumsfaktor B_4
3. Taubenwachstumsfaktor B_3 und B_5
4. Antidermatitisfaktor (Ratte) B_6
5. Pellagrafaktor (Mensch) [pp-Faktor], Nikotinsäureamid

symmetrische Hautveränderungen mit Schuppenbildung an Kopf u. Gliedmaßen, die der Belichtung ausgesetzt sind.

6. Antispruefaktor; 7. der kataraktverhütende Wirkstoff; 8. Antiperniziosafaktor; 9. Tropenanämiefaktor; 10. Ziegenmilchanämiefaktor.

Die zum **Vitamin D** gehörende Rachitis der Kleinkinder ist zuerst von einem englischen Arzt beschrieben worden und wird deshalb auch als „englische Krankheit" bezeichnet. Vitamin D entsteht durch Belichtung im menschlichen Körper aus dem Provitamin Ergosterin und ist in den letzten Jahren von W i n d a u s (Göttingen) dargestellt worden. Es gehört chemisch in die Gruppe der S t e r i n e , unverseifbare Fette, die in Beziehung zu den Gallensäuren stehen. Im Worte Chole- (= Galle)-sterin kommt die Verwandtschaft zum Ausdruck. Vitamin D ist im Lebertran, im Eigelb und in der Hefe enthalten und bildet sich auch in der sonnenbestrahlten Haut des Menschen. Es kommt als Vigantol = ultraviolettbestrahltes Ergosterin in den Handel. Kleine Mengen heilen Rachitis, größere führen zu schweren Kalkstoffwechselstörungen. Man kann daran erkennen, wie weise die Natur handelt, indem sie dem Menschen jeweils nur minimale Mengen von diesem lebensnotwendigen Stoff zur Verfügung stellt.

Vitamin E wird auch als Fruchtbarkeitsvitamin bezeichnet. Wie der Name sagt, steht es in Beziehung zur Fortpflanzung.

Die Buchstaben F und G wurden vorübergehend für hautwirksame Faktoren geführt, die sich nachträglich als nicht zum Begriff V i t a - m i n gehörig herausgestellt haben. Bei **Vitamin H** handelt es sich um ein echtes Vitamin, welches den Fettstoffwechsel der Haut in Ordnung zu halten hat. Die Buchstaben K und P wurden für Vitamine verwendet, die in Gemüsen und Salaten, besonders im Spinat enthalten sind.

Als neuer Wirkstoff der Vitamin B-Gruppe ist Folinsäure erkannt worden, in grünen Blättern, besonders des Spinats enthalten. Sie steht in naher Beziehung zu den Pterinfarbstoffen, z. B. der Flügelfarbe des Zitronenfalters. Das ganze Gebiet der organischen Wirkstoffe, auch **Biokatalysatoren** genannt, nämlich der Enzyme, Hormone und Vitamine hängt in sich zusammen, wie aus dem Fortschritt der biochemischen Forschung erkennbar wird. Wegen des Unvermögens der eigenen Synthese müssen von höheren Lebewesen die Vitamine mit der Nahrung aufgenommen werden. Wenn der Nahrungsspender diese Wirkstoffe s e l b s t synthetisieren kann, so haben sie für ihn die Bedeutung von Hormonen. Da die Pflanzen die Urnahrung für alle Lebewesen sind, kommt darin die biochemische Abhängigkeit der höheren Lebewesen von den Pflanzen zum Ausdruck, womit nicht gesagt ist, daß alle Pflanzenhormone im synthesefremden Organismus als Vitamine wirken müssen. Sie können auch bei der Verdauung zerstört werden oder mit stofflicher Änderung für andere Zwecke in den aufnehmenden Organismus eingebaut werden, im obigen Beispiel als Schmuckfarbe.

Von den 23 Aminosäuren (S. 122) kann der menschliche Körper 13 selbst herstellen, 10 Aminosäuren, Histidin, Leucin, Isoleucin, Lysin, Phenylalanin (S. 99), Valin. Threonin und die 3 zwischenstehend formulierten müssen dem

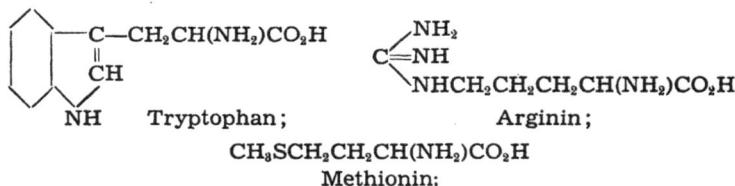

$$\text{C}-\text{CH}_2\text{CH(NH}_2)\text{CO}_2\text{H}$$
$$\overset{\|}{\text{CH}}$$
$$\text{NH}$$
Tryptophan;

$$\text{C}\overset{\diagup \text{NH}_2}{\underset{\diagdown \text{NHCH}_2\text{CH}_2\text{CH}_2\text{CH(NH}_2)\text{CO}_2\text{H}}{=\text{NH}}}$$
Arginin;

$$\text{CH}_3\text{SCH}_2\text{CH}_2\text{CH(NH}_2)\text{CO}_2\text{H}$$
Methionin;

Körper zugeführt werden. Fehlt einer dieser Baubestandteile in den Nahrungsmitteln, so stellen sich „Mangelkrankheiten" ein. Sie sind also „Vitamine" im sprachlichen Sinne des Wortes. Im Unterschiede von den eigentlichen Vitaminen A, B, C, D, von welchen Milligramme und Bruchteile davon erforderlich sind, müssen von ersteren Gramme dem Körper zugeführt werden. Aber auch die 13 „entbehrlichen" Eiweißbestandteile dürfen in der Nahrung nicht fehlen, weil sonst der Körper zur vermehrten Synthesearbeit gezwungen wird, deren Ergiebigkeit durch die dem Körper zur Verfügung stehenden oder mit der Nahrung zugeführten Rohmaterialien begrenzt ist.

Ähnliches gilt für die Unentbehrlichkeit der Linol- und Linolensäure, welche der Körper ebenfalls nicht synthetisieren kann, sowie für die **Lipoide,** welche in ihrem Verhalten den Neutralfetten ähneln. **Phosphatide** enthalten außer Glyzerin und Fettsäure eine N-haltige Base und Phosphorsäure (Kephaline und Lezithin); Zerebroside enthalten Galaktose, eine N-haltige Base und höhere Fettsäure. Die N-freien Sterine und Karotinoide, welche auch zu den Lipoiden gerechnet werden, stehen in unmittelbarem Zusammenhang mit den Vitaminen A und D.

In biochemischen Gegensatz zu den lebensnotwendigen Vitaminen stehen die **Antibiotika,** was auch die sprachliche Bildung der Bezeichnung andeutet: anti (gr.) = gegen; bios (gr.) = vita (lat.) = Leben. Bei ihnen handelt es sich um organische Wirkstoffe, welche für niedere Organismen, pathogene Bakterien, in sehr geringen Konzentrationen giftig (toxisch) sind oder deren Vermehrungsfähigkeit soweit **hemmen,** daß der befallene Organismus sich ihrer erwehren kann. Als Heilmittel übertreffen sie die unbiologischen, c h e m o t h e r a p e u - t i s c h e n Mittel an erstaunlicher Wirksamkeit, ohne auf den menschlichen Organismus Giftwirkungen auszuüben. **Penicillin** hat in der kurzen Zeit seit seiner Isolierung durch englische Forscher vielen Menschen Gesundheit und Leben gerettet. **Streptomycin** wurde 1944 in USA durch systematisches Suchen nach einem gegen den Tuberkulosebazillus wirksamen Antibiotikum aufgefunden.

25. Neuzeitliche industrielle Entwicklung

Die Herstellung von Farben und pharmazeutischen Waren ist eine auf Benzol, Phenol, Naphthalin und Anthrazen sich aufbauende Veredelungsindustrie. Obwohl die aromatischen Steinkohlenteererzeugnisse durch Jahrzehnte für Deutschland riesige Werte geschaffen haben, sind sie mengenmäßig gering gegenüber den alifatischen Bedarfsgütern, die bisher hauptsächlich aus Naturrohstoffen gewonnen wurden: Benzin, Alkohol, Azeton und andere Lösungsmittel; Kautschuk; Seife; Faserstoffe.

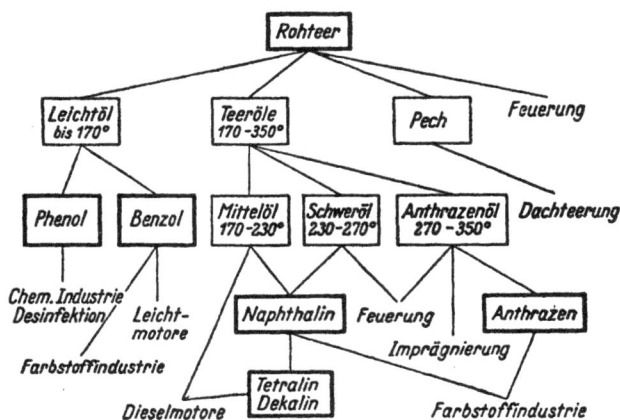

Bild 11
Steinkohlenteererzeugnisse.

Die Erdölindustrie ist über ihre anfängliche Bedeutung der präparativen Reinigung des Naturproduktes zu einer von Erdöl und Erdgas ausgehenden alifatischen, chemischen Industrie hinausgewachsen. Die ungleiche Verteilung der Ölnaturschätze hat im ölarmen Deutschland zum Aufbau einer besonderen alifatischen Industrie auf der Grundlage der Kohle oder des Wassergases geführt (S. 6): Benzinsynthese, großtechnische Herstellung von **Methanol** durch Katalyse. Aus nebenher erhaltenen, **ungesättigten Verbindungen:** Äthylen $CH_2 = CH_2$, Propylen $CH_3 — CH = CH_2$, und Isobutylen $(CH_3)_2C = CH_2$, gewinnt man durch katalytische Anlagerung von Wasser **Alkohole,** z. B. $CH_3CH = CH_2$ $+ H_2O \rightarrow CH_3 — CHOH — CH_3$ Isopropylalkohol und aus diesem Azeton. In ähnlicher Weise durch Anlagerung von Alkoholen an das Olefin gesättigte **Äther,** durch Anlagerung von Essigsäure **Ester.** Oder man **polymerisiert** zu Benzin und Schmierölen und schließlich zu hochmolekularen, kautschukähnlichen Federharzen, z. B. vom Isobutylen ausgehend, das sich in den Cräckgasen massenhaft darbietet; vgl. S. 19 und 50! Besonders in USA wurden diese Probleme von zahlreichen Forschungsgruppen bearbeitet.

Noch reaktionsfähiger als die genannten Olefine sind die **Diene,** zu denen das Isopren (S. 25) gehört. Für die Kautschuksynthese hat sich herausgestellt, daß die CH_3-Seitenkette des Isoprens nicht unbedingt erforderlich ist. Das für Buna verwendete Butadïen verdankt seine Reaktionsfähigkeit den 2 „konjugierten", d. h. untereinander in Beeinflussung stehenden Doppelbindungen. Die Umgestaltung bei der Verkettung zu sehr großen Molekeln erfolgt in der Weise, daß die Doppelbindung in die Stellung 2, 3 rückt und jeweils am 1. und 4. C-Atom je eine einfache Bindung freigegeben wird: $CH_2 = CH — CH = CH_2 \rightarrow — CH_2 — CH = CH — CH_2 —$. Das gasförmige Butadïen läßt sich zu Riesenmolekeln verketten, in welchen das Buten z. B. 2000 mal enthalten ist. Auf je 4 C-Atome ist im „Rohgummi" noch je eine Doppelbindung vorhanden, welche bei der „Vulkanisation" mit Schwefelatomen in Reaktion tritt, soweit diese

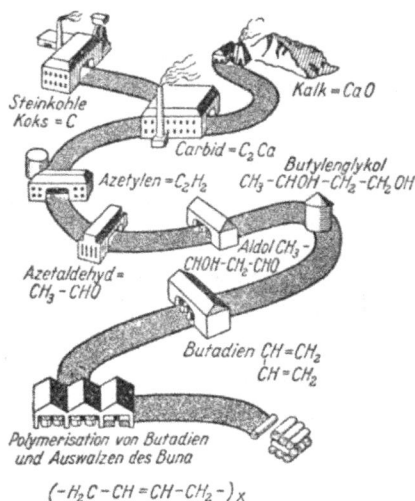

Bild 12
Werdegang des Buna.

Doppelbindung nicht schon durch „netz"-artige Verknüpfung der langen Ketten aufgebraucht ist (S. 142). Anfänglich wurde die „Polymerisation" durch metallisches Natrium bewirkt, S. 138. Daher der Name **Bu-na** für diese Gruppe neuer Werkstoffe, die dem Naturprodukt ebenbürtig sind und vor allem aus einheimischen Stoffen hergestellt werden können. Aus Koks und gebranntem Kalk kann mit Hilfe von Wasserkraftelektrizität CaC_2 in beliebigen Mengen erzeugt werden. Das daraus erhältliche Azetylen wird in einem Vierstufenvorgang in Butadïen umgewandelt: 1. Wasseranlagerung an Azetylen (S. 141); 2. Kondensation zu Azetaldol (S. 45); 3. Hydrierung zu Butylenglykol; 4. katalytische Abspaltung von 2 Mol Wasser (Bild 1 und 12).

Außerdem gibt es ein Verfahren, aus Äthylalkohol durch katalytische Abspaltung von 2 Wassermolekeln u n d 2 Wasserstoffatomen in einem Zug direkt Butadïen herzustellen. Dies kommt jedoch nur für Agrarländer in Frage, wenn es gelingt, Äthylalkohol aus stärkereichen Pflanzen zu sehr niedrigem Preise herzustellen. In Amerika ist beabsichtigt, den Liter Alkohol unter Heranziehung von brachliegenden Ackerflächen zum Preise von 7 bis 8 Pf. (!) zu gewinnen. Dadurch würden die K o h l e h y d r a t e , als alifatischer Ausgangsstoff, in technischen Wettbewerb mit dem Erdöl treten. Letzteres ist zur Zeit die Grundlage der alifatischen Industrie in Amerika. Da aber die Naturschätze nicht unbeschränkt sind, besitzen derartige Bestrebungen, alljährlich ‚von selbst" zuwachsendes Pflanzenmaterial als Industriegrundlage auszunutzen, nicht bloß lokales Interesse.

Für Deutschland kommt in bezug auf die neu entstehende alifatische Industrie nur die Grundlage der Kohle in Betracht. Die Tafel S. 6 läßt die vielseitige Verzweigung erkennen, ist aber bei weitem nicht vollständig. Lösungs-, Weichmachungs- und Anstrichmittel, Kunstharze und Faserstoffe können **vollsynthetisch** aus Rohstoffen hergestellt werden, die unbeschränkt zur Verfügung stehen, nämlich aus Kohle, Kalk, Wasser und Steinsalz (Chlor). Zur Gewinnung der Ausgangsstoffe muß aber sehr viel künstliche Energie aufgewendet werden (z. B. Darstellung von Kalziumkarbid). Auch die Wasserkraftelektrizität ist, weil sie Sonnenenergie auf großen Umwegen ausnützt, letzten Endes der direkten Umformung der Energie des Sonnenlichtes in die chemische Energieform „Kohlehydrate" durch den Assimilationsvorgang unterlegen. Voraussetzung ist, daß diese Kohlehydratsynthese durch natürliches Wachstum „industriell" betrieben und aus der Versorgung der Bevölkerung mit Nahrungsmitteln herausgelöst werden kann, was wohl nur für weiträumige Agrarstaaten oder dünn besiedelte Kolonien möglich ist.

26. Hochmolekulare Stoffe

A) **Gemeinsame Merkmale.** Von den niedrigmolekularen Stoffen, besonders der anorganischen Chemie (Größenordnung 10^{-7} mm), unterscheiden sich die hochmolekularen dadurch, daß die Länge der Molekeln sich in das Gebiet ausdehnt, das II, 102 der Teilchengröße der kolloiddispersen Verteilung zugeschrieben wurde (10^{-6} — 10^{-4} mm). Dabei kommt es besonders auf die Gestalt der Molekeln an, linienförmig, flächenförmig oder kugelig. Obwohl Fadenmolekeln in der Längenausdehnung den Bereich der mikroskopischen Sichtbarkeit erreichen können (10^{-3} mm), bleiben sie dennoch deswegen unsichtbar, weil der Querdurchmesser tausendmal kleiner ist und so dünne Stäbe trotz ihrer Länge sich nicht mehr abzeichnen. In einer Lsg., also in molekularer Verteilung, beansprucht aber solch ein dünner, langgestreckter Stab wesentlich mehr Platz, als er in fester Substanz in koordinativer Verbindung mit den anderen Stabmolekeln einnimmt, und zwar a) infolge seiner eigenen Wärmeschwingung, b) infolge der Braunschen Bewegung. Diese Raumbeanspruchung steigt proportional dem Molekeldurchmesser und dem Quadrate der Länge der Stabmolekel an: **spezifische Viskosität** der Lsg. = Anteil der inneren Reibung, die dem gelösten Stoff zukommt, aus welcher sich das M. G. ermitteln läßt. Eine 1 %-ige Lsg. von Kautschuk in Benzol besitzt eine 100 mal größere Viskosität als die dem reinen Lsg.-Mittel zukommende. Bei sehr konz. Lsg. wird der Raum für diesen Wirkungsbereich unterschritten. Es tritt Ausflockung ein: Grenze zwischen Gel und Sol-Lsg.

Für die Kennzeichnung der Hochmolekularen ist folgendes maßgebend: 1. Chemische Bauformel des Grundbausteins (Monomeren) und die Verknüpfung zur Großmolekel. 2. Atomgruppierung an den Enden der Kette. 3. Durchschnittliche Zahl der Monomeren in der Großmolekel.

Sind z. B. am Kettenschluß Aldehydgruppen, wie bei der Zellulose, so ist eine M. G.-Bestimmung durch quantitative Analyse der reduzierenden Wirkung unter Einhaltung besonderer Bedingungen möglich. — Die Zusammenlagerung der Monomeren zur Großmolekel läßt sich nicht völlig exakt für nur eine Polymerisationszahl ausführen. Es entstehen in einem Streubereich Stoffe mit niedrigerem und höherem Polymerisationsgrad, **Polymerhomologe,** so daß bei der variablen Länge der Ketten für die Kennzeichnung die durchschnittliche Zahl verwendet werden muß. Auf der Verschiedenheit in Bezug der Polymerhomologen beruht der Unterschied zwischen Kunstkautschuk, aus synthetischem Isopren hergestellt, und Naturkautschuk, dessen Monomeres ebenfalls das Isopren ist. Das Erdöl kann man als polymerhomologe Reihe auffassen, deren Monomeres ($-CH_2-$) ist, mit dem Kettenverschluß durch H-Atome, so daß für die einzelnen Glieder der polymerhomologen Reihe die allgemeine Formel von S. 13 gilt. Dextrine, Stärke, Glykogen und Zellulose bilden eine polymerhomologe Reihe, die aus Glukosemonomeren aufgebaut ist.

Die Großmolekeln werden in der Technik mittels 2 chemisch verschiedener Verfahren erhalten. 1. **Polymerisation.** Monomere mit einer ungesättigten Bindung werden „aktiviert". Die Energiezufuhr kann geschehen durch Wärmezufuhr, Belichtung, sogar durch Druck und Bewegung, bei Gegenwart von Katalysatoren $SnCl_4$, BF_3 und vielen anderen, oder durch Einwirkung von endothermen Stoffen, z. B. Benzoylperoxyd. Letzteres wirkt aktivierend, aber auch kettenverschliessend infolge Anlagerung seiner Teilstücke an freie Kettenenden. Die Polymerisation ist nicht etwa eine physikalische Teilchenvergrößerung, sondern die Verknüpfung der Monomeren durch Hauptvalenzen unter Übergang der aktivierten Doppelbindung in einfache Bindung (Formulierung S. 141). Die beim „Kettenstart" zugeführte Energie wird durch das Längerwerden der Kette allmählich aufgebraucht, falls nicht vorher ein Kettenverschluß durch anderweitige Absättigung der freien Hauptvalenz am Kettenende stattfindet.

Auf diese Weise lassen sich, von verschiedenen Monomeren ausgehend, nicht bloß Mischungen der Großmolekeln herstellen, sondern, durch entsprechende Auswahl der Anregungsenergie, in der Großmolekel selbst gemischte Stoffe, z. B. die „Buchstabenbuna"-Sorten, bei Butadien und Styrol Buna S. 136.

Diese Klarstellung der Vorgänge ermöglicht es auch, die unerwünschte „Naturharzbildung" in Benzin zu vermeiden, welches ungesättigte Bestandteile enthält. Der durch oxydierende Einwirkung des Luft-O_2 eingeleitete Kettenstart wird durch sehr gering-%-igen Zusatz von die Selbstoxydation unterbindenden Antioxydantien (z. B. Aminophenolen) verhindert.

Vorgehen bei der Polymerisation. 1. Die Blockpolymerisation in der Lsg.-mittelfreien Substanz selbst ist nur mit Stoffen durchführbar, welche beim Erwärmen ohne Zersetzung erweichen; hoher durchschnittlicher Polymerisationsgrad. 2. Bei der Lsg.-Polymerisation wird der Kettenabbruch durch das Lsg.-Mittel begünstigt; uneinheitliche Produkte mittleren Polymerisationsgrads. 3. Bei der Emulsionspolymerisation wird mit Alkalisalzen, Seifen, organischen Basen u. a. bei Gegenwart von Schutzkolloiden (Leimstoffe oder Polyvinyläther) und von wasserlöslichen Katalysatoren, z. B. H_2O_2, bis zur Endstufe polymerisiert Man bekommt Dispersionen, „Latices", die durch Säurezusatz ausflocken. Eine Abart, die Korn- und Perl-Polymerisation, wird ohne Emulgierungsmittel durchgeführt.

2. Bei der **Polykondensation** finden Atomwanderungen unter stofflicher Veränderung des Verbindungstyps statt, z. B. bei der Aldolkondensation, die von der Bruttoformel aus betrachtet wie ein Polymeres aussieht. Oder es werden unter Einreißung von Lücken in die Monomeren kleine Molekeln (H_2O, NH_3, HCl) dabei ausgestoßen. Die Polykondensation hat 2 oder mehrere zur Kondensation geeignete Gruppen in den Monomeren zur Voraussetzung, z. B. OH-Karbonsäuren oder mehrwertige Alkohole. Die Esterbildung (S. 42) ist eine Kondensation. Aber die Partner besitzen nur je e i n e kondensationsbereite Gruppe. Deshalb bleibt die Reaktion mit der Zusammenfügung der Teilstücke zum Äthylester stehen. Auch bei den Glyzeriden mit M o n o karbonsäuren schreitet die Reaktion trotz des III-wertigen Alkohols nicht über den Tri-Ester hinaus. Nimmt man jedoch Dikarbonsäuren (Maleïnsäure, Phthalsäure) zur Kondensation mit Glyzerin, so findet Polykondensation statt: Maleïnatharze, Alkyd- oder Glyptalharze (Kunstwort aus Teilstücken der Partner).

Mit Glykol statt Glyzerin erhält man weiche Harze (Fadenmolekeln), mit Glyzerin dagegen härtbare 3-dimensionale Polyester. Ein synthetischer Ausgangsstoff für Polyester ist Pentaerythrit $C(CH_2OH)_4$, welcher aus Azetaldehyd und Formaldehyd technisch hergestellt wird. Phenole wirken wegen des Vorhandenseins von leicht beweglichen Kern-H-Atomen (S. 72!) ebenfalls als mehrwertige Teilstücke.

Eigenschaften. Hochmolekulare weisen bis zu Temperaturen, die sie ohne Zersetzung vertragen, außerordentlich geringe Flüchtigkeit auf, können also auch im Hochvakuum nicht destilliert werden. Die Löslichkeit ist vom Bau der Molekel abhängig. Enthält das Monomere heteropolare Gruppen, z. B. — CO_2H (Polyakrylsäure) oder OH (Polyvinylalkohol auf dem Umweg über Polyvinylester dargestellt), so sind sie in Wasser löslich oder auch, wenn sie koordinative Gruppen enthalten, Cu-ammin-zellulose. Wenn nur homöopolare Bindungen vorhanden sind (Zelluloseester und -äther, Kautschuk), lösen sie sich nur in homöopolaren Lsg.-Mitteln, Äther, Azeton. Innerhalb einer polymerhomologen Reihe nimmt die Löslichkeit mit wachsendem M. G. ab. Die Löslichkeit ist umso geringer, je stärker die zwischenmolekularen Kräfte im festen Zustand sind (z. B. Zellulose). Diese sind wiederum umso größer, je höher die Symmetrie des Monomeren ist. Hydrokautschuk mit „störenden" CH_3-Gruppen, aber ohne Doppelbindungen, Monomeres — $CH_2CH(CH_3)CH_2CH_2$ —, ist l. l., unverzweigtes Polymerparaffin ist unlöslich. Quellungserscheinungen, die den niedermolekularen Stoffen fehlen, kommen davon her, daß Lösungsmittelmolekeln zwischen die Fadenmolekeln eindringen und infolge koordinativer Haftung diese auseinanderdrängen.

Wenn die Monomeren reaktionsfähige Gruppen tragen, gehen diese wie bei den Niedermolekularen, aber mit geringerer Reaktionsgeschwindigkeit chemische Umsetzungen ein. Wie weit die Großmolekel dabei erhalten bleibt, hängt von den Umständen ab, da die Hochmolekularen beim Erwärmen und von der Norm abweichendem p_H zur Molekelverkleinerung neigen. Bei der Herstellung von Zelluloseestern, für Kunstfasern muß ein beträchtlicher Abbau der ursprünglichen Molekelgröße der „nativen" Zellulose in Kauf genommen werden, ebenso schon bei der Zelluloseherstellung aus Holz.

Auch bei anorganischen Stoffen sind die Großmolekeln Träger technisch wichtiger Eigenschaften. Von den Riesenmolekeln der Silikate bildet der Asbest Fadenmolekeln, Glimmer und Kaolin Flächenmolekeln, Quarz, Feldspat und die Gläser 3-dimensionale. Die Verwendung des Graphits als Gleitmittel beruht auf der flächenhaften Ausbildung seiner Großmolekeln, II, 29, Bild 9.

B) Kurze Übersicht über technisch bedeutende org. Großmolekeln. I. Polymerisate. 1. **Kumaronharze.** Die bis 200⁰ siedende Fraktion des Mittelöls aus Steinkohlenteer, „Solventnaphtha", enthält polymerisationsfähige Stoffe, verstümmelte Naphthalinmolekeln. Im Inden C_9H_8 ist eine CH-Gruppe des $C_{10}H_8$ unter Ausbildung einer CH_2-Gruppe durch ein H-Atom ersetzt, im Kumaron C_8H_6O ist weiterhin diese CH_2-Gruppe durch ein O-Atom ersetzt. Der in beiden noch vorhandene Benzolring ist im Zyklopentadïen C_5H_6 abgerissen. Aus dem vorgereinigten Gemisch hergestellte Harze sind neutrale, gegen Säuren und Laugen beständige Stoffe mit hohem elektr. Isolationsvermögen; vielseitige Anwendung für Kitte, Klebstoffe, Siegellack, Linoleum, Bautenschutz usw. 2. **Vinylderivate.** Unter ihnen sind viele zwischen 100⁰ und 140⁰ verformbare Thermoplaste, vgl. II, 31. Polyvinylchloride bzw. Mischpolymerisate sind Vinylite, Vinoflex, Vinidur, Igelit (für Fasern), Mipolam (für Armaturen, Rohrleitungen). Polyvinylazetate werden Vinnapase, in USA Gelva genannt. Mowilith ist polymerer Chloressigsäurevinylester. Polyvinylalkohol (Klebstoff, Appreturen) führt auch die Bezeichnung Polyviol. Trolitul ist polymerisiertes Styrol, in seinen Eigenschaften dem Zelluloid ähnlich. Für polymere Akrylsäureester, Troluloid, Plexigum und (für Sicherheitsglas) Acronale sind patentierte Vorsichtsmaßregeln erforderlich, da die Reaktion mit explosionsartiger Geschwindigkeit vor sich gehen kann. — Durch die CH_3-Substitution wird in der Meth(yl)akrylsäure $CH_2 = C(CH_3)CO_2R$ die Esterbindung infolge molekularräumlicher Verhältnisse (sterische Hinderung) gegen verseifende Einwirkung von Alkalien derart gefestigt, daß sie praktisch unverseifbar und auch wasserfest sind. Besonders wertvolle Eigenschaften besitzen die Kunststoffe aus Methakrylsäuremethylester. Da sie bei 80 ^{0}—125 ^{0} erweichen, kann man sie wie Zelluloid verformen. Bei niedrigen Temperaturen sind sie sehr widerstandsfähig gegen mechanische Einwirkungen, lassen sich gut bearbeiten, sägen, bohren, fräsen, schnitzen, schleifen, polieren und dienen als Glasersatz unter dem Namen Plexiglas, in USA Lucite.

Vinyl ist die Bezeichnung für das Radikal „$CH_2 = CH$—". Vinylalkohol, das niedrigste Glied der Olefinalkohole $C_nH_{2n}O$, zu welchen der bei 97 ^{0} siedende, aus Glyzerin durch Erhitzen mit wasserfreier Oxalsäure herstellbare Allylalkohol $CH_2 = CH \cdot CH_2OH$ gehört, ist eine hypothetische Verbindung. Er sollte bei Einwirkung von H_2O auf C_2H_2 entstehen, technisch ausgeführt durch Einleiten von C_2H_2 in eine heftig bewegte Suspension von $HgSO_4$ in verd. H_2SO_4 bei Raumtemperatur. An Stelle von $CH_2 = CHOH$ erhält man den isomeren Azetaldehyd $CH_3 — CHO$, d. h. die Doppelbindung wird sofort innerhalb des Molekels zum Sauerstoff verschoben. Ist der bewegliche Wasserstoff der alkoholischen Hydroxylgruppe (S. 37) durch andere Gruppen ersetzt, z. B. durch $COCH_3$ im Vinylazetat $CH_2 = CHOCOCH_3$ oder durch C_2H_5 im Vinyläthyläther (vgl. S. 47), Kp. 35 ^{0}, oder auch durch Vinyl selbst im Vinyläther $(CH_2 = CH)_2O$, Kp. 39 ^{0}, so sind dies beständige Verbindungen, welche unter bestimmten Umständen Polymere liefern. Styrol kann aufgefaßt werden als Vinylbenzol, Akrylsäure als Vinylameisensäure, der eben genannte Allylalkohol als Vinylmethanol und das Butadien als Divinyl.

$C_2H_2 + CH_3CO_2H(HgSO_4$ als Katalysator) → $CH_2=CHO_2CCH_3$; $C_2H_2 + C_2H_5OH$ (Alkali als Katalysator) → $CH_2 = CHOC_2H_5$; $C_2H_2 + HCl (HgCl_2$ als Katalysator) → $CH_2 = CHCl$. Letzteres (das Vinylchlorid), vom Äthylen aus betrachtet Monochloräthylen, ist der Chlorwasserstoffsäureester des Vinylalkohols. Im weiteren Sinne gehört auch das Polyisobutylen, $CH_2 = C (CH_3)_2$, zu den Vinylharzen. Fabrikname O p p a n o l, im Ausland Vistanex, Kautschukkrepp-ähnliche Massen. Auch in der anorganischen Chemie beruhen chemische Eingriffe häufig auf der Überführung von Doppelbindungen in einfache Bindung. Während bei der Bildung von Säuren durch Wasseranlagerung an Oxyde (I, 78) die Reaktion mit e i n e m (verschiedenartigen) Molekül (H$_2$O), bezogen auf 1 Doppelbindung mit der Bildung einer Verbindung 2. Ordnung (II, 46) zu Ende geht, nehmen bei der Selbstpolymerisation Hunderte und sogar Tausende von g l e i c h a r t i g e n Molekülen teil: vom monomeren Molekül aus betrachtet, Verbindungen „tausendfacher Ordnung".

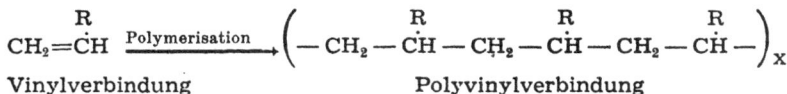

$$\underset{\text{Vinylverbindung}}{\overset{R}{CH_2=CH}} \xrightarrow{\text{Polymerisation}} \underset{\text{Polyvinylverbindung}}{\left(-CH_2 - \overset{R}{CH} - CH_2 - \overset{R}{CH} - CH_2 - \overset{R}{CH} - \right)_x}$$

Nach obigem Schema kommt in den entstandenen Ketten nur die einfache Hauptvalenzbindung vor: chemisch stabile Großmolekeln. Im Gegensatz dazu hinterbleibt bei Dienen auf je 4 C-Atome der Kette eine ungesättigte Bindung, S. 136. Außer der 1,4-Polymerisation kann hier auch, namentlich bei B u n a, durch 1,2-Polymerisation ein Netzwerk von verzweigten Großmolekeln entstehen, welches die Weiterverarbeitung erschwert. Es wird dadurch die Plastizität, d. h. die Gleitmöglichkeit der Stabmolekeln aneinander, herabgesetzt und andererseits die Elastizität, d. h. das Ausrichten der verknäuelten Molekeln ohne gleitende Ortsveränderung, gesteigert. Rohkautschuk selbst zäh, wird auf den Kalanderwalzwerken plastisch. Als gewaltsame Einwirkung bei erhöhter Temperatur und Luft-O_2-Zutritt zerreißt diese „Mastikation" nicht nur die Verzweigungen, sondern auch die Stabmolekeln selbst. Dagegen bleibt die natürliche Festigkeit, welche durch den Mastiziervorgang geschwächt wird, bei der modernen Latexverarbeitung erhalten.

Mit Schwefel und Bleiweiß, auch mit S_2Cl_2, verliert der Rohkautschuk Klebrigkeit und Formbarkeit; Zusatz von Gasruß erhöht die Festigkeit und den Abriebwiderstand (Reifenindustrie). Bei dieser **Vulkanisation** (S. 26!) reagieren die Vulkanisationsmittel bei Weichgummi mit etwa einem Zehntel der Restdoppelbindungen. Letztere sind auch die Ursache für die „Alterungserscheinungen" durch Einwirkung von Luft-O_2 (durch Licht, Wärme und Spuren von Eisensalzen katalytisch beschleunigt): Leimig- und Unbrauchbarwerden der Gummiwaren. Dies wird durch „Alterungsschutzmittel", z. B. Aldol-α-Naphthylamin, verzögert. Besonders wichtig geworden sind die Vulkanisationsbeschleuniger, N-haltige org. Verbindungen, z. B. Hexamethylentetramin, oder S-haltige, z. B. Xanthogensäureverbindungen. Sie verkürzen die Einwirkungsdauer und erhöhen damit die Wirtschaftlichkeit der Vulkanisieranlagen und die Qualität der Fertigware. **Hartgummi** ist eine in der Kälte harte, elastische Masse, welche sich wie Holz bearbeiten läßt und Hitzeplastizität besitzt. Durch 10-fachen S-Zusatz (bis zu 50 %) und Steigerung der Temperatur auf 150 ⁰ werden die restlichen Doppelbindungen völlig vernetzt.

Wichtige kautschukähnliche Kunststoffe werden nach einem anderen Kettenbauprinzip hergestellt: **Thiokol** (82 % S-Gehalt), Polyäthylensulfid aus Äthylendichlorid und Alkalipolysulfid; Atomgruppierung — $CH_2CH_2S(= S)$ $CH_2CH_2S(= S)CH_2CH_2$ —, welche an den IV-wertigen Kettenschwefel II-wertigen S angefügt enthält. Verwendung für Herstellung von Schläuchen, welche gegen Erdöl und aromatische Kohlenwasserstoffe quellbeständig sind.

Chlorkautschuk, „Tornesit", ein Kunststoff aus Kautschuk $C_{10}H_{12}Cl_8$, durch Chlorierung in CCl_4-Lsg., ist ein Depolymerisationsprodukt mit vollständigem Verschluß der ungesättigten Bindungen. Er ist deshalb l. l. in aromatischen Kohlenwasserstoffen und wird zur Lackierung von Eisenrohren verwendet, die in die Erde verlegt werden.

II. Polykondensate 1. **Hochmolekulare, aus dem Stoffwechsel von Pflanzen und Tieren,** von der Natur fertig geliefert. In älteren Lehrbüchern wurden Stärke und Zellulose als Polymere der Zusammensetzung $C_6H_{10}O_5$ angeführt. In Wirklichkeit ist das Monomere $C_6H_{12}O_6$, die Glukose. Die Zusammenfügung erfolgt durch Austritt von H_2O unter Ausbildung einer homöopolaren „Äther"-O-Brücke, mit dem für Zuckerverbindungen üblichen Fachausdruck Glykoside genannt. Die Verschiedenheit im Aufbau der Großmolekeln von Stärke und Zellulose ist auf der Formeltafel Seite 149 erkennbar. Wohl bestehen beide aus Glukosemonomeren, die Grundbausteine sind jedoch v e r s c h i e d e n e Biosen, bei Stärke die Maltose, bei Zellulose die Cellobiose.

Durch den Hetero-6-Ring aus 5 C-Atomen und einem O-Atom im Feinbau der Glukose sind 2 Stereo-Isomere bedingt. Es ist nicht gleichgültig, ob die OH-Gruppe der am ursprünglichen Aldehyd-C-Atom (1) ausgebildeten CHOH-Gruppe in Bezug auf die Ebene des Hetero-6-Rings oben oder unten steht. Die starke Verschiedenheit der Cis/trans-Isomeren ist ersichtlich aus ihren inneren Anhydriden (durch Erhitzen im Vakuum auf 170 ⁰)

α-Glukosan F. 119 °, Drehung der D-Linie bei 20 ° $= + 69,8$ °; β-Glukosan F. 180 °/Drehung $= - 66,2$ °; Bruttoformel der beiden $C_6H_{10}O_5$. Der Hetero-6-Ring besitzt in den Großmolekeln bemerkenswerte Festigkeit. Wie aus den gezeichneten Formeln hervorgeht, können höchstens T r i - Substitutionsprodukte entstehen, Trinitrate (irreführend Trinitrozellulose genannt), Triazetate usw., da eben nur je 3 freie OH-Gruppen für die Veresterung vorhanden sind. Die CHOH-Gruppe der Monosen in der Stellung 1 und auch in 4 sind der Glykosidreaktion besonders leicht zugänglich. Maltose ist 4-α-Glukosidoglukose; Cellobiose 4-β-Glukosidoglukose; Rohrzucker 2-α-Glukosido-β-fruktosid. Die S. 45 genannte Akrose ist ein Gemisch der Spiegelbildisomeren (d + l)-Fruktose. Die Konfigurationsbestimmung, von E. F i s c h e r systematisch begonnen, mußte mit ganz besonderer Sorgfalt durchgeführt werden. Unter Hinweis auf die Formeltafel kann ein winziges Glied der Beweiskette gebracht werden. Dextrose, Lävulose und d-Mannose geben bei Phenylhydrazineinwirkung dasselbe Osazon. Da die Osazonbildung n u r an den C-Atomen 1 und 2 vor sich geht, muß bei den 3 Zuckerarten der Rumpf, d. h. die Gruppen an den C-Atomen 3, 4, 5, 6 die gleiche Konfiguration besitzen. Für Mannose besteht als Aldose keine andere Möglichkeit wie, daß das C-Atom 2 die OH-Gruppe auf der anderen Seite enthält wie die Dextrose (d-Glukose). Bei Lävulose befindet sich am C-Atom 2 die CO-Gruppe (Ketose), während im Unterschied von den beiden Aldosen das C-Atom 1 eine CH_2OH-Gruppe trägt. Wegen der Ü b e r e i n s t i m m u n g mit d-Glukose und d-Mannose i n B e z u g a u f d i e K o n f i g u r a t i o n wird die Lävulose als d-(!)Fruktose bezeichnet trotz der entgegengesetzten Drehung des polarisierten Lichtes nach links (S. 67!).

Zelluloid (S. 108) ist als Kunststoff seit langem bekannt, ebenso die Nitrozellulose- und Zaponlacke. Neueren Datums sind **Cellon** (Acetylzellulose) und **Cellit** (Azetobutyrylzellulose), in USA Hercose C genannt, ferner Glutolin, Tylose u. a.

Die **Textilfasern** Wolle und Seide stellt man sich als lange, annähernd parallel zur Achse der Faser orientierte Großmolekeln vor (S. 149). Die Dehnbarkeit der Wolle wird auf reversible Streckung der Großmolekeln selbst zurückgeführt, wie bei der „Nürnberger Schere", während sie bei Seidenfibroin und auch bei Baumwolle der Gleitung der Großmolekeln zugeschrieben wird.

Fischwolle besteht aus 80 % Zellwolle und 20 % Fischeiweiß. Der Faden ist reiß- und verschleißfest, wärmehaltend und färbt sich als „animalisches" Erzeugnis mit Wollfarbstoffen an. Man verspinnt ein Gemisch von Viskose- und Eiweißlösung. Der zuerst ausfallende Eiweißschlauch umhüllt den Zellulosekern. Auch beim Streckspinnverfahren schreitet die Verfestigung von außen nach innen fort. Die härtere Außenschicht wird über dem weicheren Kern zum Gleiten gebracht unter Ausrichtung der Großmolekeln parallel zur Fadenachse, verbunden mit Festigkeitserhöhung. Die Feinheit der Fäden wird allgemein nach dem Gewicht für 9 km Länge berechnet. Die chemische Zusammensetzung des Zellstoffs bringt es mit sich, daß die in dem andersartigen chemischen Bau der Naturseide und der Wolle (S. 100) liegende Verschiedenheit nur gemildert werden kann. Aus der Baumwolle wird durch physikalische Verbesserung keine Wolle oder echte Seide. Wenn auch durch „Kräuselung" das Wärmehaltungsvermögen der Zellwolle dem der Schafwolle angeglichen werden kann, so können doch zahlreiche andere Eigenschaften der Zellwolle wegen der Hemmungen durch den chemischen Bau der Zellulose und ihrer Ester der Naturwolle nicht weiter genähert werden. Der Rückgriff auf tierisches oder pflanzliches Eiweiß bedeutet aber eine Schmälerung unserer Ernährungsgrundlage. Erwähnt sei die „Milchwolle", eine Eiweißfaser aus Kasein. Versuche, das Keratin (S. 100) aufzulösen und zu verspinnen, hatten nicht das gewünschte Ergebnis.

2. Die thermische und mechanische Gebrechlichkeit der animalischen Faser und ihre Beschaffenheit als Bakteriennährboden wird bei den neuesten **Kunstfasern mit Eiweißcharakter** dadurch ausgeschaltet, daß zwischen die CO- und NH-Gruppen an Stelle der vereinzelt stehenden und Seitenketten tragenden CH-Gruppe eine längere, unverzweigte Kohlenstoffkette aus 4—6 oder sogar aus 9 CH_2-Gliedern eingeschoben wird, ausgehend z. B. von $H_2N — CH_2(CH_2)_7CH_2 — COOH$ **(Polyamide)**. Die **Nylonfaser** (Carothers, USA) ist ein Superpolyamid vom M.-G. 12 500, dargestellt aus einem Diamin $H_2N(CH_2)_6NH_2$, Hexamethylendiamin und einer Dikarbonsäure $HOOC(CH_2)_4COOH$ (Adipinsäure).

Die beiden Ausgangsstoffe können aus Phenol und damit aus Steinkohlenteer hergestellt werden. Der F. von Nylonfasern liegt über der Zersetzungstemperatur der Naturfasern. Das spez. Gewicht 1,1—1,2 ist geringer als bei Naturseide (1,37) und Viskose (1,5). Trocken- und Naßfestigkeit, Elastizität und Scheuerfestigkeit liegen über den Werten der Naturfasern. Die Tragdauer der Gewebe aus Nylonseide gegenüber Kunstseide und Naturwolle ist bis zum Auftreten der gleichen Fehlerzahl vervielfacht[1]). Aus diesem edlen Spinn- und Werkstoff können außer „unzerreißbaren" Damenstrümpfen leder- oder hornähnliche Borsten, Folien und Filme hergestellt werden.

3. **Phenoplaste**, bernsteinähnliche Kunstharze aus Formaldehyd und Phenolen. Die Erzeugnisse sind in Wasser und organischen Lösungsmitteln unlöslich, halten Temperaturen bis 300 ⁰ aus, ohne zu erweichen, und sind an der Luft bei gewöhnlicher Temperatur unbegrenzt haltbar. Sie vertragen auch Zusätze von Füllstoffen (z. B. 50 %) Holzmehl) ohne Einbuße der wertvollen Eigenschaften.

Für die Verarbeitung ist das Auftreten in 3 physikalisch verschiedenen Herstellungsstufen von wesentlicher Bedeutung. Bakelit A (Resol), in der Kälte zähflüssig oder in der Wärme flüssig; entspricht dem frischen Harz aus den Bäumen. Bakelit B (Resitol), in der Wärme zähplastisch; Übergangsstufe. Bakelit C (Resit) unlöslich und (unzersetzt) nicht mehr schmelzbar; Endstufe, entspricht dem durch Jahrtausende lange Lagerung unter Luftabschluß in Bernstein übergegangenen fossilen Harz. Herstellung der Waren durch Vergießen. Darauf folgt die „Härtung" genannte Überführung in Resit durch Erhitzen in Druckkesseln bei etwa 6 atü. Handelsname Bakelit, Trolon u. a.

---

[1]) Wegen der „unbiologischen" Zusammensetzung der Faser können sie von Insekten und Bakterien nicht verwertet werden, sind also von vorneherein „motten"- und fäulnisecht.

Je nachdem saure oder basische Kondensationsmittel verwendet werden und je nach dem Einsatzverhältnis von CH_2O und C_6H_5OH ist der Verlauf verschieden. Alkalisch entsteht zunächst aus hydratisiertem Formaldehyd $H_2C(OH)_2$ mit einem o-H-Atom des Phenols ein OH-substituierter Benzylalkohol (Salizylalkohol, Saligenin) $(1)HOC_6H_4(2)CH_2OH$. Durch Kondensation von 2 Molen entsteht daraus 2′ Oxymethyl (1,1′) dioxy (2,6′) diphenylmethan. Wegen der CH_2OH-Gruppen werden derartige Verbindungen als Methylole bezeichnet. Infolge von Verätherung der Methylolgruppen (H_2O-Abspaltung) sind im Resitol hauptsächlich Benzylätherabkömmlinge vorhanden. Bei der alkalischen Weiterkondensation reagiert unter Kernverknüpfung außer dem o-H-Atom der Phenolkerne auch das p-H-Atom, wodurch Vernetzung eintritt. Bei der Härtung reagieren die 2 H-Atome der CH_2-Brücke im Diphenylmethanderivat mit dem Aldehyd-O unter Bildung einer Vinylverbindung $CH_2 = C(C_6H_4R)_2$, die unter den Bedingungen der Härtung unter Umlagerungen zu 3-dimensionalen Großmolekeln polymerisiert. — Saure Kondensation führt zu langkettigen Molekeln, bei denen nur die o-H-Atome der Phenole sich an der Reaktion beteiligen; dauernd lösliche Novolake.

4. Aminoplaste. Am längsten bekannt ist die Härtung von Milchkaseïn durch Formaldehyd: Galalith. Aber auch das Eiweißabbauprodukt Harnstoff liefert mit Formaldehyd vorzügliche Kunstharze, die auch wasserklar durchsichtig hergestellt werden können.

Die A-Stufen der Harnstoffharze werden als in H_2O l. l. Klebemittel verwendet. Weiterkondensation durch CH_2O und Wärme zur wasserfesten Stufe ergibt z. B. den Kauritleim. Für Kunstmassen wird die B-Stufe durch Gießen, Pressen und Schmelzen geformt, unter Verhinderung des vorzeitigen Übergangs in die Endstufe, und dann auspolymerisiert; glasklare Beschaffenheit und hellste Farbtöne, Handelsname Pollopas, für Tassen, Teller und Dosen.

Auch hier werden zunächst Methylole gebildet, z. B. $NH_2CONHCH_2OH$, Methylolharnstoff. Bei Gegenwart von Säure wird Imid-H mit dem Methylol-OH als H_2O unter Entstehung einer Doppelbindung abgespalten $CH_2 = NCONH_2$, von welcher die Polymerisation zur Endstufe ausgeht. Die 3-dimensionalen Großmolekeln des Harnstoffharzes werden in neuerer Zeit als eine Art Proteingroßmolekeln angesehen.

Übg. 35: 5 ccm (40%iges) Formalin werden mit einer Lösung von 2,5 g Harnstoff in 5 ccm Wasser vermischt. Unter Umrühren wird 0,1 ccm konz. Schwefelsäure zugesetzt. Nach kurzer Zeit wird die Lösung trüb und unter Selbsterwärmung gallertartig. Schließlich erstarrt sie zu einer weißen, harten Masse.

5. Zu den schon im allgemeinen Teil genannten Alkydharzen gehören auch die Maleïnsäureaddukte an Abietinsäure (Harzsäure, Hauptbestandteil des Kolophoniums) $C_{19}H_{29}CO_2H$, ein Phenanthrenabkömmling, welcher 2 konjugierte Doppelbindungen in einem Ring enthält. Durch Veresterung mit Polyalkoholen, daraus Maleïnatharze. Die Alkalisalze der Abietinsäure selbst, Harzseifen, werden vielfach als billige Zusätze zu Kernseifen und in der Papierindustrie für die „Leimung" durch Ausfällung mit Alaun verwendet.

6. Karbonylharze aus Aldehyden und Ketonen. Durch Kondensation von Azetaldehyd und Erhitzen des Reaktionsproduktes auf höhere

Temperatur wird der vielseitig verwendete Wackerkunstschellack hergestellt. — Die vom Zyklohexanon $C_6H_{10}O$ sich ableitenden Harze haben sich in der Praxis gut bewährt. Letzteres wird aus Phenol durch Hydrierung mit Ni als Katalysator hergestellt.

7. **Silikone.** Die Bezeichnung rührt davon her, daß man anfänglich glaubte, $(CH_3)_2Si = O$ entspreche den Ketonen, etwa dem Azeton $(CH_3)_2C = O$, was sich als Irrtum herausstellte. Die Großmolekel dieser Verbindung mit dem Skelett — Si — O — Si — O — Si — O —... ist das Urbild einer neuzeitlichen Kunststoffklasse. Formel ohne Verschluß der Kettenenden —O—$(CH_3)Si(CH_3)$ —O— $(CH_3)Si(CH_3)$ —O— $(CH_3)Si(CH_3)$ —O —... Da die Si-Wertigkeiten, wie bei C, r ä u m - l i c h nach Tetraederecken verlaufen und die Richtung der Sauerstoffwertigkeiten von 180⁰ abweicht, ist die Kette mit alternierenden Si- und O-Atomen anders gewinkelt als die C-Kette der unverzweigten Alkyle.

In den anorganischen Siliziumverbindungen sind die Si- und O-Atome zu einem 3-dimensionalen, starren Netzwerk zusammengefügt, da infolge der beiden anderen Wertigkeiten der in der Kette stehenden Si-Atome andere Ketten quer zur primären Kette verlaufen und so von den einzelnen IV-wertigen Siliziumzentren in den Valenzwinkeln je 4 Ketten ihren Ursprung nehmen, z. B. bei Quarz, dem eigentlich die Formel $(SiO_2)x$ zukommt, wobei x eine sehr große Zahl ist. In den Silikaten wechseln die Längen der Seitenketten und der Hauptkette durch Verschluß mit I-wertigen Metallionen oder Wasserstoff oder durch Einbau von mehrpoligen Elementen (Al) oder Elementen mit gleicher Zuordnungszahl, (PO_4) statt (SiO_4), II, 163. An Stelle der Metallionen stehen in den Silikonen in regelmäßigem Wechsel die Hauptketten einhüllende, homöopolar gebundene Alkyle: gemischte organisch-anorganische Großmolekeln, deren anorganischer Grenzfall der Quarz ist. Nächste Hauptstufe sind die vom 3-poligen Silantriol $RSi(OH)_3$ sich ableitenden 3-dimensionalen Großmolekeln der Poly-silesquioxane —O— $(CH_3)Si(\downarrow)$— O— $(CH_3)Si(\downarrow)$— O —... (die nach unten gerichteten Pfeile geben die Verkettung in der 3. Dimension über weitere O-Atome an). Als weitere Hauptstufe folgen die oben formulierten Fadenmolekeln der Silikone im engeren Sinn, welche vom 2-poligen Silandiol $R_2Si(OH)_2$ abstammen und auch als **Polysiloxane** oder **Organosilikonoxyde** bezeichnet werden. Die 3. Hauptstufe ist nur dimer, vom einpoligen Silanol $R_3Si(OH)$ abstammend: R_3Si — O — SiR_3 Disiloxan. Der organische Grenzfall sind die monomer bleibenden Si-tetraalkylverbindungen, z. B. $Si(CH_3)_4$ ist eine beständige, in Wasser unlösliche, in organischen Lsg.-Mitteln l. l. Flüssigkeit. $Si(C_6H_5)_4$ ist eine feste, gut kristallisierende Substanz.

Im Anklang an Meth a n werden die Si-H-Verbindungen als **Silane** bezeichnet. SiH_4 bis Si_6H_{14} sind bekannt geworden als an der Luft selbst entzündliche Verbindungen, welche Wasserstoff gegen OH, Cl und OC_2H_5 austauschen. Das abweichende Verhalten der Si-Verbindungen von den C-Analogen ist im periodischen System damit begründet, daß bei C die 4 Valenzelektronen kernnah über der He-Schale liegen und die niedere Kernladungszahl (6) die Festigkeit der homöopolaren Bindung begünstigt, während bei Silizium durch die Kernladung 14 die homöopolare Bindung geschwächt wird und die Valenzelektronen durch die dazwischen liegende volle L-Schale in die M-Schale hinausgedrängt sind. Dies kommt auch in der Verschiedenheit des Atomradius' zum Ausdruck: (C) = 0,77 Å (am Diamant gemessen); (Si) = 1,18 Å.

Die Si-Halogenverbindungen, besonders die des Chlors, sind Ausgangs-stoffe für die Herstellung von C-Si-Bindungen nach 4 Methoden. 1. Aus Metallalkylen: $Zn(C_2H_5)_2 + 2 SiH_3Cl \rightarrow ZnCl_2 + 2 SiH_3C_2H_5$. 2. Abwandlung der Wurtz'schen Synthese: $SiCl_4 + 4 C_6H_5Cl + 8 Na \rightarrow Si(C_6H_5)_4 + 8 NaCl$. 3. Ab-wandlung der Grignard-Reaktion durch den englischen Siliziumforscher Kipping: Mg wird in einer Äther-Lsg. von $SiCl_4$ suspendiert und Halogen-alkyl, z. B. C_2H_5J zugetropft. 4. Ungesättigte Kohlenwasserstoffe und CO treten unter Druck bis zu 100 atü bei Katalyse durch Metallchloride mit $SiCl_4$ in Reaktion: $CH_2 = CH_2 + SiCl_4 \rightarrow ClC_2H_4SiCl_3$ (russisches Patent). 5. Das amerikanische Verfahren von E. Rochow geht von elementarem Si-Pulver aus: $2 CH_3Cl + Si$ (im H_2-Strom mit Si gesintertes Cu als Katalysa-tor) $\rightarrow (CH_3)_2SiCl_2$. Nebenher wird auch CH_3SiCl_3, $(CH_3)_3SiCl$ und $Si(CH_3)_4$ erhalten; das Gemisch wird durch Fraktionierung getrennt.

Chemisches Verhalten: — Si — Si — Si-Ketten werden auch bei Er-satz der H-Atome durch Alkyl von wässerigen Alkalien angegriffen und sind gegen oxydierende Einwirkung und gegen Erhitzen unbe-ständig. Dagegen sind — Si — C — Si — C — Si-Ketten sehr beständig (vgl. I, 86!). Der schon genannte Silikonforscher Rochow hat derartige Großmolekeln in Form von klebrigen Harzen erhalten. In den alky-lierten — O — Si — O — Si — O-Ketten sind die C — Si-Bindungen an den Si-Wertigkeiten außerhalb der Kette überaus reaktionsträg und widerstandsfähig gegen hohe Temperaturen, so daß die Silikone alle anderen organischen Großmolekeln in dieser Hinsicht übertreffen. Außer langen Ketten können bei der Polymerisation auch Ringe mit größerer Atomzahl als bei karbozyklischen Verbindungen gebildet werden.

Eigenschaften der Silikone. I. Flüssigkeiten; II. Harze; III. Kaut-schukähnliche Massen. Die Harze (II) härten durch Erhitzen auf 100 ^{0} bis 130 ^{0} infolge Vernetzungskondensation aus. Die Fluorphenylsilikone sind besonders bemerkenswert als bei hohen Temperaturen nicht ent-flammbare Harze. Methylsilikonöl widersteht extremen Temperaturen bis 530 ^{0} und ist unempfindlich gegen Metalle und die meisten chemi-schen Einwirkungen. Die Viskosität ändert sich von tiefen zu hohen Temperaturen nur unbedeutend.

Herstellung wasserabweisender Überzüge. Die einfachste Form besteht in der raschen Umsetzung von Methylchlorosilan d a m p f mit OH-Gruppen oder adsorbiertem Wasser an Oberflächen, um ein sehr dünnes Häutchen von Methylpolysiloxan niederzuschlagen. Ein gewöhnliches Filtrierpapier, dem Dampf für eine (!) Sekunde ausgesetzt, wird unbenetzbar. Wasser rollt vom Papier ab und läßt es trocken. Kohlenwasserstoffe (Benzin) benetzen leicht, lösen aber das Häutchen nicht ab. In der gleichen Weise reagieren Baumwolle, Holz, Glas und keramische Werkstoffe. Für den gefahrlosen Übergang aus großer Flughöhe in niedere wasserdampfhaltige Luftschichten waren derartige wasserabweisende Überzüge schon während des Krieges in der Flugtechnik von wesentlicher Bedeutung. Bei keinem anderen Stoff anzutreffende elektrische Besonderheiten und thermische Beständigkeit bei extremen Temperaturen können zu Umwälzungen im Elektromotorenbau führen. Welche sonstigen Auswirkungen diese neu entdeckte Kunststoff-klasse mit sich bringen wird, ist noch nicht abzusehen.

27. Wiederholungsaufgaben

1. Welche Grundsätze sind für die Aufstellung von Bauformeln in der Chemie der Kohlenstoffverbindungen maßgebend? Die möglichen Isomeren von der Zusammensetzung C_7H_{16} sind die Bauformeln zu entwickeln. 2. Welche Überlegungen führen zu der Bauformel für Äthylen? 3. Führe 2 homologe (?) Reihen C_nH_{2n-2} mit je 2 Beispielen an! 4. Berechne a) die prozentische Zusammensetzung von C_2H_6 und C_2H_5OH! b) Die Rohformel für die Zusammensetzung 65 % C, 13,5 % H! c) 53,5 % C, 15,5 %H, 31,1 % N! d) 9,40 % C, 2,15 % H, 89,40 % J! e) 48,98 % C, 2,72 % H, 48,3 %Cl! 5. In welcher Hinsicht unterscheiden sich Alkoholate von den anorganischen Salzen? 6. Wie unterscheiden sich die Isomeren von der Zusammensetzung $C_4H_{10}O$ in physikalischer und chemischer Hinsicht? 7. Welche Bedeutung kommt der Wassergasreaktion für die organische, chemische Industrie zu? 8. Welche Ausgangsstoffe können für die Herstellung von C_2H_5OH verwendet werden und welche Umsetzungen führen von diesen zu dem gewünschten Endprodukt? 9. Wegen des Verhaltens gegen einen glimmenden Holzspan (?) ist man im Zweifel, ob eine Stahlflasche, an deren Ventil noch 20 atü gemessen werden, N_2 oder CO_2 enthält. Wie kann man dies entscheiden? 10. Gib 2 Reaktionen der Ameisensäure an, welche bei den übrigen Karbonsäuren nicht stattfinden! 11. Wie kann man am einfachsten entscheiden, ob der Inhalt einer Flasche ein Äther oder ein Ester ist? 12. Welchen Isomeren ist die Rohformel $C_4H_8O_2$ zuzuordnen? 13. Durch Erhitzen von 60 g Eisessig mit Äthylalkohol soll mit einer Ausbeute von 85 % Ester hergestellt werden. Wie viel g C_2H_5OH muß man anwenden? $k = \frac{1}{4}$. Wie kann man ohne Überschuß diese Ausbeute sogar übertreffen? 14. Wie kann man sich vergewissern, ob eine Flüssigkeit Alkohol, Aldehyd, Keton oder Karbonsäure ist? 15. Der Verlauf der Jodoformreaktion ist aus Teilgleichungen zu entwickeln. 16. Vergleiche die physikalischen und chemischen Eigenschaften von Ammoniak, Anilin, Azetamid und Harnstoff! 17. Wie kann man n-Propylamin aus Äthylalkohol gewinnen? 18. Welches Vorgehen gestattet eine Unterscheidung von Pflanzenöl und Erdölprodukt? 19. Wie viel Wasserstoff braucht man zur „Härtung" von 1,768 kg Öl von der Rohformel $C_{57}H_{106}O_6$ (Bauformel?)? 20. Welche Reaktionsstufen durchläuft die Synthese von Malonsäure aus Azetylen (über Cl-Essigsäure)? 21. Wie verhalten sich Oxalsäure, Malonsäure und Bernsteinsäure bei der Wasserabspaltung? 22. Wie hängen Essigsäure und Benzoesäure formelmäßig durch gedachte Substitution zusammen? Wie ist der saure Charakter des Phenols zu erklären? 23. Durch welches Vorgehen kann man wässerige Lösungen von Trauben- und Rohrzucker unterscheiden? 24. In Bauformeln sind die Stoffe anzugeben, welche bei der Nitrierung von Nitrobenzol, Toluol, Benzoesäure und Monochlorbenzol erwartet werden dürfen? 25. Wie kann man eine Lösung von Phenol und Kapronsäure $C_6H_{12}O_2$ (beide schwer l. in Wasser) in Benzol ohne Zuhilfenahme der Destillation in die 3 Komponenten trennen? 26. Welche Stufen (mit Bildungsgleichungen!) durchläuft die Herstellung von Chloramin T aus Steinkohlenteer? 27. Unter Benützung welcher Reaktionen kann man zwischen der Zusammensetzung $C_6H_5CH_2Cl$ und $CH_3C_6H_4Cl$ (1,4), mit Benennung der Reihenzugehörigkeit dieser Stoffe, entscheiden? 28. In welchen Reaktionen verhalten sich alifatische und aromatische Aldehyde analog, in welcher unterscheiden sie sich? 29. Welche Isomere sind von der Rohformel $C_6H_3(OH)_3$ möglich? 30. Stelle die Bauformeln auf für Inden, Cumaron und Zyklopentadien auf Grund der Angaben auf S. 141 auf!

Anleitung für die Beantwortung: Im Sachverzeichnis sind die Seitenzahlen für den Gegenstand der Aufgaben aufzusuchen.

Rohrzucker — *Glucose*

$C_{12}H_{22}O_{11}$

Maltose $C_{12}H_{22}O_{11}$

Cellobiose $C_{12}H_{22}O_{11}$

$\beta = Form$ $\alpha = Form$

Stärke $C_6H_{10}O_5$ $C_6H_{10}O_5$

Cellulose $C_6H_{10}O_5$ $C_6H_{10}O_5$

Gerüst einer Eiweiß„kette"
$R_{1,2,3,4,5}$ *verschiedene Radikale*
„Peptidkette"

3,5 Å

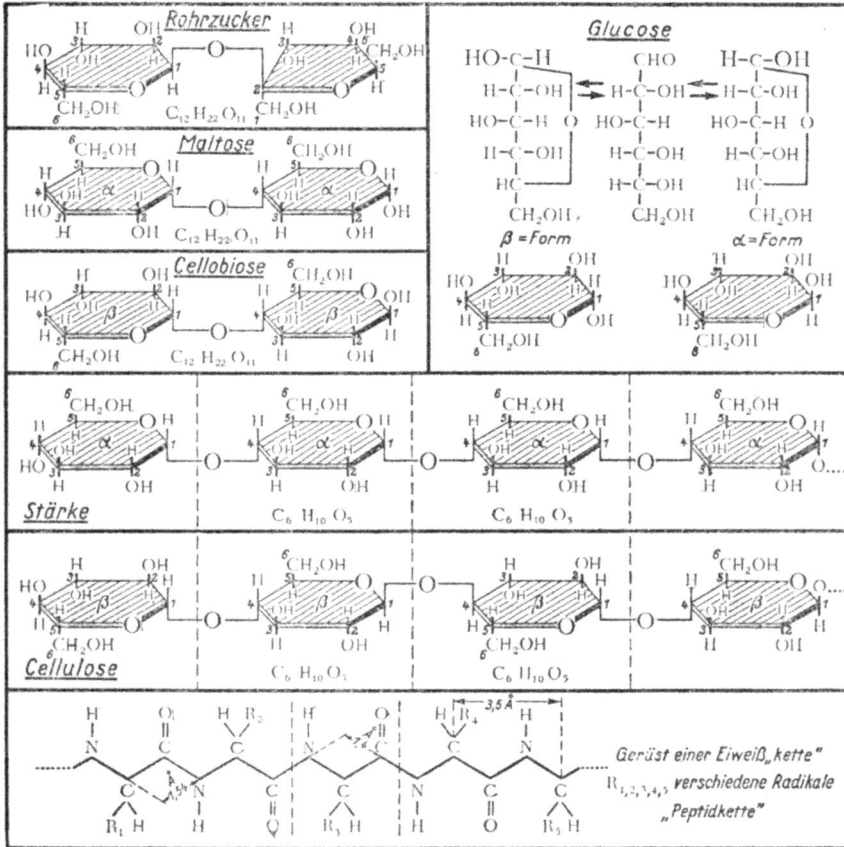

Namen- und Sachverzeichnis